如何确定保护区是否有效

王昊　张迪　吕植　著

北京大学出版社
PEKING UNIVERSITY PRESS

人与自然和谐共生行动研究 | Action Research on People and Nature | 丛书主编 吕植

图书在版编目（CIP）数据

如何确定保护区是否有效/王昊，张迪，吕植著. —北京：北京大学出版社，2023. 5

（人与自然和谐共生行动研究. Ⅰ）

ISBN 978-7-301-33957-2

Ⅰ. ①如…　Ⅱ. ①王…②张…③吕…　Ⅲ. ①自然保护区–研究–中国
Ⅳ. ①S759.992

中国国家版本馆CIP数据核字（2023）第065059号

书　　名	如何确定保护区是否有效 RUHE QUEDING BAOHUQU SHIFOU YOUXIAO
著作责任者	王　昊　张　迪　吕　植　著
责任编辑	黄　炜
标准书号	ISBN 978-7-301-33957-2
审 图 号	川S【2023】00010号
出版发行	北京大学出版社
地　　址	北京市海淀区成府路205号　100871
网　　址	http：//www. pup. cn　　新浪微博：@ 北京大学出版社
电子信箱	zpup@ pup. cn
电　　话	邮购部010-62752015　发行部010-62750672　编辑部010-62764976
印 刷 者	北京宏伟双华印刷有限公司
经 销 者	新华书店 720毫米×1020毫米　16开本　18.5印张　270千字 2023年5月第1版　2023年5月第1次印刷
定　　价	90. 00元

“人与自然和谐共生行动研究Ⅰ”
丛书编委会

前　言

几年前，我访问了一个云南省的国家级自然保护区，向保护区的一位副局长了解情况。这个保护区的日常巡护、监测、科研合作等工作，在他的具体负责下蒸蒸日上，可以说是全方面的快速提高。正因如此，对这些进步是如何被推动的、是不是还有足够的动力维持下去、哪些做法切实有效并能够推广，我们非常感兴趣，希望能从中总结出一些经验，让更多的保护区能够做得跟他们一样好、一样快。访谈中，我们谈到保护区护林员的工作成效。

护林员和社区公益性岗位人员是很重要的保护力量，他们不属于保护区的正式编制，大多来自保护区内部或周边的社区。随地区不同，参与自然保护的护林员的数量差别很大，从几十人到上百人甚至上万人都有。很多护林员有非常好的野外工作能力，有些还在当地社区颇有威望，他们不仅填补了保护区人力不足的短板，在不少方面还改善了保护区能力不足的状况，甚至有些保护区全部野外工作都是由护林员完成的。然而，用好并管理好护林员，并不是一件容易的工作。护林员分散居住在各自村寨，不需天天打卡上班，仅确认他们是不是在按要求开展工作都很有难度。为此，很多保护区想了各式各样的检查和考核办法，例如，轮班在野外固定的位置上放置和取回特定的标志物，使用手机应用定位等。但总有“聪明”的护林员想出应对的办法，例如，工作手机常常出故障。这类“智力竞赛”一直在“与时俱进”。

在访问中，这位副局长颇为自豪地告诉我，他们的护林员能够保证每个月有二十天的时间在山上。“在山上”说的就是保护区的日常巡护监测，是保护区最为必要的常规工作。这样的说法引起了我的思考：“如果每月三天，或五天的工作，就能达到二十天的效果，那么是不是可以不要求他们必须二十天都上山了？”“如果能做到让护林员二十天上山，那么除了满足巡护监测的需求外，是不是可以实施别的保护行动？”这位副局长非常同意我的想法。要是能够把每天的巡护监测活动和保护区的目标成效建立量化关系，即使不是很精确，对他更有效率地安排工作，也会很有帮助。要解决他的问题，就需要通过保护成效评估，把防止森林火灾、保护濒危物种等保护目标，同日常的巡护、反偷猎、放置红外相机、记录监测数据等保护行动建立数量联系。

早在 2004 年我们就开始接触保护成效评估。当时同保护国际（Conservation International，CI）的合作者一起，试图搜集一些证据，给捐资者一个说法，证明所捐献的资金确实用于行之有效的保护，包括有多少物种因此而受益、有多少面积得到了保护、有多少威胁被消除等。实际上，如果没有足够的数据和适用的计算方法，要回答这些问题几乎是不可能的。我们当时能做到的最好程度是只能大致说明捐献资金支持的活动发生在哪些区域、大致面积是多少以及这些区域内有哪些受威胁物种等。由于数据的缺乏，这些区域内还有哪些受威胁物种存在都不是很确定。可以想象，当时的我们要在不长的时间内回答一个数据缺乏、方法缺乏的问题是多么的困难。即使到现在，经过十多年的努力，觉得可以做些阶段性的总结，把对保护区进行保护成效评估的收获总结到这本书时，仍然存在太多的问题无法回答。幸好当时的捐资者对于我们无能的宽容就像他们捐出资金时一样大度，并没有因此而停止对自然保护的捐献。

其实，保护成效评估的必要和重要，要远远超过让保护区工作人员节省几天上山的时间，或获取捐资者的满意和信心，我们也用了十多年的时间，才一步步地有了更为深刻的认识。

我们所处的时代被称作人类世（Anthropocene），在众多的地质历史时期中，这是一个以人这个物种命名的特殊的地质时期，也是远比其他地质“世”短得多的一个时期。然而现代人这个物种却极大地改变了地球上的生态系统，留下了大量的痕迹，即使经过千万年的时间，也仍然可以从地层中找到，并能明显地和其他地层中的内容区分开来。从古生代的地层中，我们能找到三叶虫化石，在中生代的地层中可以找到恐龙化石，然而，在人类世的地层中，可以想到，除了人的化石以外，大量被发现的可能是鸡、猪、牛、猫，还有狗等与人关系非常密切的物种的化石，而相当数量的其他物种，包括渡渡鸟、白鱀豚……则极难被找到。当前，地球上 1/4 的物种正面临生存危机，如果人类没有对自己的生产生活方式做出足够大的改变，那么到 2100 年，多达一半的物种将有可能面临灭绝。

所幸越来越多的人已经意识到了这个危机，并竭尽全力去挽救。自然保护的合力已经在政府、非政府组织和公众中形成，并且逐渐壮大起来。越来越多的人意识到，保护生物多样性是人类可持续发展的保障。为此，包括中国在内的世界各国政府已经在不断地增加投入，中国在 2011—2018 年的 8 年中在生态保护上至少投入了 1.48 万亿元人民币的资金，同期全球投入生物多样性保护的资金为 1200 亿～ 1500 亿美元 / 年，投入还在增加。然而，即便如此，全球生物多样性仍然处在持续恶化中，要实现《生物多样性公约》设定的 2050 年的愿景目标，扭转物种持续灭绝的趋势，还需要继续成倍地增加投入。与此同时，必须提高保护资金的使用效率，减少浪费。在庞大的资金规模下，即使是 1% 的微小比例的效率提升，所节省的资金都会以数十亿，甚至数百亿规模地递增，这些提升只能通过保护成效评估来实现。

在发展经济的过程中，很多国家都没能从先行国家的发展过程中汲取教训，仍然走一条先破坏后治理的道路，留下了很多需要修复的地方。把私人和社会资金动员起来，投入生态修复的领域，并从生态修复中获得收益，实现投资的增长，很可能成为长期保护资金运行的重要模式。这种资金运行模式已经有很多国家在尝试，然而，缺乏用来认可修复成功的指标是目前资金使用中的困难之一。要达到更高的生态指标，需要投入更多的资金。指标定低了，达不到恢复的目的；指标定高了，投入的资金不但得不到足够收益，甚至还会有损失。没有收益当然就不会有资金投入。是否达成修复目标，怎么衡量保护效果，也离不开保护成效评估。

无论是衡量保护行动达成的效果，还是提高资金的使用效率，其前提都是能够对保护行动的成效进行客观评估。然而，这些做起来确实很难：生态系统极其复杂，相当多的保护行动产生的变化，并不会立竿见影地展示出来，往往需要等待很长的时间。例如，长生命周期的动物，其种群的恢复就需要很长的时间；同一个保护行动，在不同的地方，所产生的效果会不一样，甚至效果会完全相反；在年降水量不足的地区种树，同降雨丰沛的地方相比，往往更难或根本没有办法成林。生态系统是一个充满变量、非常难以测量的系统，我们对其中各组分之间的关系的了解还处于初步阶段；长期以来，这方面的研究并没有得到足够的重视，在生态学和生物多样性领域工作的科学家也很少；对保护成效的评估，从数据到方法、从目标到原则都有很多空缺。

缺乏有效衡量保护成效的手段，不能对保护行动引起的变化做出及时的评估，这不仅是全球保护生物学研究领域的核心问题，也是生物多样性保护成功的掣肘，我们试图从相对较熟悉的自然保护区入手来为回答这个问题寻找一些线索。

自20世纪50年代以来，我国已经逐步建立以国家公园为主体，层次多级、类型多样的自然保护地体系，这一体系在我国生物多样性保护中起着关键的作用。总数超过1万个的各种类型保护地所占的面积超过了陆域国土面积的18%，覆盖了大量需要保护的野生动物种群和栖息地，保护区只有采取有效的保护行动，不断科学调整行动计划以适应变化的环境，不断提高资源使用效率，才能够更好和更快地实现我国生物多样性保护目标。

我国保护区数量众多，尽管保护生物多样性的总目标一致，然而，由于各保护区面积悬殊，保护对象千差万别，发展历程各有特色，所处地域贫富悬殊，涉及社区情形各异，工作人员的数量和能力也差别显著，使得建立一套标准的成效评估指标和方法成为极其困难的工作。

本书中的研究建立在对全国保护区成效评估的多次调研，以及协助建立和分析保护区的监测数据等工作基础之上。针对中国自然保护区（地）多样化的特点，我们总结出保护区（地）成效评价应当遵守个性化、客观性、行动导向性和灵活性四项原则，并在“压力—状态—响应—惠益”的框架下，构建了基于保护目标的自然保护区保护成效定量评价体系——保护成效评估报告（Conservation Outcome Report，COR），作为保护区定期发布保护成效评估报告的框架。COR体系是一个开放的框架，目前涉及生态系统完整性及生态服务功能的维持和提高、物种多样性的维持和改善、干扰减轻、保护行动有效以及生物多样性保护产生的惠益得到公平的分享等方面的五个模块28项指标，在此基础上，还可以不断增加和完善。经过实证研究发现，现有的模块和指标能够与保护区适应性管理相结合，可以反映出保护区已采取的行动对生物多样性保护的成效，并能指导下一步行动的调整和管理计划的制订。COR体系在国内保护区评估领域具有良好的推广价值，也能够满足对自然保护区的质量监管需求；COR体系对评估方法标准化的探索，既解决了保护成效评估的数据支撑问题，也使得保护区耗费巨大人力和资金收集的监测数据得到了有效地利用。

为了探讨在全国保护区（地）实现成效评估和适应性管理的可行性，我们研究了全国238个自然保护区的总体规划，结果发现，有相当数量的保护区积累了 10 年以上的物种监测数据，具备实施成效评估的客观条件，可以成为我国推进保护区（地）成效评估的先行试点。在本书中，我们绘制了在全国实现保护区（地）有效性评估的路线图。

本书的主体框架，基于张迪的博士论文，在她论文的基础上，我们汇集了过去 20 年中所开展的相关工作和思考，很多还比较粗糙，错误更是难以避免。然而，可以前瞻到，在我国和世界范围内的自然生态保护领域，将需要大量从事第三方咨询的专业人士，而保护成效评估和报告将是一项核心业务，迫切需要一本有参考价值的专业书。尽管本书的内容还很不完善，我们还是决定抛砖引玉，把我们的观点和工作如实地展示出来，希望能给从事自然保护的同行提供一些参考。

缩 略 语

CEMP	Conservation Effectiveness Monitoring Program 保护成效监测项目（澳大利亚首都领地）
CI	Conservation International 保护国际
COR	Conservation Outcome Report 保护成效评估报告（即本研究所设计的评估体系）
DEM	Digital Elevation Model 数字高程模型
EOH	Enhanced Our Heritage 世界自然遗产地评估
EVI	Enhanced Vegetation Index 增强型植被指数
FOS	The Foundation of Success 成效基金会
GFW	Global Forest Watch 全球森林观察
GIS	Geographic Information System 地理信息系统
IPBES	the Intergovernmental Science-Policy Platform on Biodiversity and Ecosystem Services 生物多样性和生态系统服务政府间科学政策平台
IUCN	International Union for Conservation of Nature 世界自然保护联盟
METT	the Management Effectiveness Tracking Tool 管理成效追踪工具

MODIS	The Moderate Resolution Imaging Spectroradiometer 中分辨率成像光谱仪
NVDI	Normalized Difference Vegetation Index 归一化植被指数
PAME	Protected Area Management Effectiveness 保护地管理成效
RAPPAM	Rapid Assessment and Prioritization of Protected Area Management 自然保护区管理快速评估和优先性确定方法
TNC	The Nature Conservancy 大自然保护协会
WCPA	World Commission on Protected Areas 世界保护区委员会
WRI	World Resources Institute 世界资源研究所
WWF	World Wildlife Fund for Nature 世界自然基金会

名词解释

为统一对术语的使用，对以下易混淆名词的定义做出解释*：

名词	解释
保护地 Protected Area	明确界定的地理空间，经由法律或其他有效方式得到认可、承诺与管理，以实现对自然及其生态系统服务和文化价值的长期保护；在本研究中保护地泛指包含自然保护区、国家公园、自然公园等在内的所有类型的保护单元
自然保护区 Nature Reserve	指代范围小于保护地。在本研究中特指我国的自然保护区，是我国主要的保护地类型，也是本研究关注的评估对象。我国对自然保护区的定义为“保护典型的自然生态系统、珍稀濒危野生动植物种的天然集中分布区、有特殊意义的自然遗迹的区域。具有较大面积，确保主要保护对象安全，维持和恢复珍稀濒危野生动植物种群数量及赖以生存的栖息环境”
管理成效 Management Effectiveness	主要指保护地的管理进展，关注具体的管理过程，如基础建设、管理规范等。常用的评价框架IUCN-WCPA将保护地管理成效的评估维度分为背景、计划、投入、过程、产出、成效六个部分
保护成效 Conservation Outcome	保护干预所产生的短期或中期影响，注重结果，如保护带来的生态变化，或社会、态度、行为改变。与管理成效的不同之处在于，保护成效只关注保护对象的实际变化和保护目标是否达成
影响评估 Impact Assessment	干预行为直接作用的、与干预行动具有因果关系的变化，基于反事实假设法，是更严谨的论证Outcome的方式
保护目标 Conservation Objective	保护区计划带来的改变和成果，是定量的、具体的，直接影响管理计划和行动决策

*部分定义参考自Mascia等（2014）和Pressey等（2015）。

目　　录

第一章

为什么需要评估保护成效

1.1 保护生物学和保护成效评估

保护生物学（Conservation Biology），从字面上理解，是一门研究如何保护生物的科学。其中，行为是保护，对象是生物，没说出来的主体是人类。最重要的词是“保护”，其英文的关键词也是“保护”。关于保护谁，谁来保护，用什么方法保护，在哪里保护，花多少资源保护，保护到什么程度，是这门科学的中心问题，用另一种说法，保护生物学是关于人类如何与自然和谐相处的知识汇总。

现代人从自然界中微不足道的一个物种发展到今天，需要一个专门的词来定义有了人之后的时代，即人类世，其被定义的特征之一是“人类对全球环境空前的影响”不可忽视（Steffen et al., 2015）。人类对自然界的影响自 20 世纪 70 年代后显著增加，对粮食、能源、木材的需求不断增长，日益扩大的全球贸易加剧了自然栖息地的破碎化程度，这种影响导致了生物多样性的急速下降与物种的大灭绝，全球化的进程使得人类破坏自然的手段以更快的速度传播到全球，包括那些曾经偏远的区域（Johnson et al., 2017）。根据联合国的预测，到 2050 年，世界人口将达到 96 亿人，对生态资源的需求，如水、食物和能源的消费会翻倍，从自然界争夺土地也会加剧，保留给野生动物的自然资源将更加有限（Joppa et al., 2016b）。在这种危机下，保护生物学出现并快速发展起来。

生物多样性是人类可持续发展的保障，在长时间尺度上维持生物多样性的良好状态，是保护生物学的终极目标（Meyer et al., 2015; Phillis et al., 2013; Robinson, 2006）。谈及达成此目标的手段，Soulé 等在 1985 年说过，“保护科学是行动导向的学科”，对保护行动的研究理应是这门学科的核心内容（Soulé, 1985; Robinson, 2006）。然而，直到现在，在这一领域的研究并没有一直聚焦在行动导向的方向上。2017 年，Di Marco 等总结说，在保护科学快速发展的今天，保护研究与保护实践的脱节却越来越严重，在行动导向的研究中，健全对保护行动的绩效考核体系和成效汇报标准成为当务之急（Di Marco et al., 2017; Mace, 2014; Sandbrook et al., 2019）。

从资金方面来说，生物多样性保护需要来自政府、社会力量的大量投入。据 Waldron 等统计，在 1992—2003 年间，包括中国在内的 109 个国家在保护上投入了 144 亿美元（Waldron et al.，2017）。根据财政部所发布的全国公共预算支出决算数据保守统计，在 2011—2018 年的 8 年间，中国在生态保护上至少投入了 1.48 万亿元人民币的资金，而同期全球投入生物多样性保护的资金也增长到 1200 亿～ 1500 亿美元 / 年。但即便如此，全球的生物多样性仍在持续下降，包括物种多样性与种群规模降低、栖息地持续破碎化、生态系统完整性降低，保护地内的物种濒危程度仍在加剧，人类干扰也尚未得到明显遏制（Collen et al.，2009；Butchart et al.，2010；Barnes et al.，2017；Jones et al.，2018；Díaz et al.，2019；Geldmann et al.，2019）。在严峻的保护问题面前，保护资金仍然是短缺的，现有鸟类保护资金只占需求的 12%，保护地现有的投入资金也比需求的少一个数量级，想要实现《生物多样性公约》2050 年愿景目标，遏制生物多样性下降趋势，目前的投入还远远不够（McCarthy et al.，2012；Watson et al.，2014；Guerry et al.，2015；Wintle et al.，2019）。

投资回报不清晰会阻碍保护参与者的热情，导致政府和企业的支持力度下降、保护资金进一步短缺的恶性循环。在全球生物多样性保护的预算如此有限的情况下，判断保护行动的有效性，在不同保护情景下实施最有效的干预手段，以尽可能提高资源的使用效率是非常重要的（Kuempel et al.，2020）。庞大的资金规模下，即使是 1% 的微小比例的效率提升，也可以减少数十甚至数百亿元的资金浪费。在其他领域，如企业界，不汇报业绩有可能是违法的，但保护领域尚没有形成成熟的绩效考核和成效汇报标准，联合国《千年生态系统评估》也指出“对于最常见的生物多样性保护措施，也很少有严密设计的实证分析来评估其效果”，长此以往会阻碍保护领域的发展（MEA，2005；Ferraro et al.，2006；McDonald-Madden et al.，2009；Mace，2014）。

那么，进行了保护成效评估，会在哪些方面有所改善呢？Hockings 等给出了答案，认为保护成效评估的结果会：① 提升适应性管理能力；② 可以用于审计和监督；③ 有利于优化保护资源的配置；④ 可以提升大众的认知，从而得到更多的社会支持。上述几点无疑都有助于效率的提高，理论上，只要能及时、准确地对保护成效进行客观的评价，就可以实现上述目标（Hockings et al.，2003；Margoluis et al.，2001；Possingham，2001）。

保护成效评估是整套管理行为中的一个环节，其目的是使生物多样性能够得到保护。其评估对象是保护行动，评估中使用的指标是生物多样性、威胁因素等的状态在时间上的变化。其产出包括：某一行动是否有效；在达成同样指标时，将两个行动对比，是不是一个比另一个更节省资源和时间，甚至两个团队相比，是不是一个比另一个更为尽职。科学研究也是一种保护行动，保护成效评估也适用于它，制定保护行动需要知识的支持，研究的目的是填补知识的空缺，保护实践者、政策制定者都需要依靠保护生物学研究者的学术文章来制定管理决策（Robinson，2006；Soulé，1985）。若一个国家所支持的保护生物学研究，没有针对性地填补这个国家生物多样性保护战略中的最关键知识空缺；一个保护区或国家公园所支持的研究，错过了填补制订管理计划所需的必要知识空缺，那么这些主体在支持研究这个行动上，就是低效，甚至无效的。从 Di Marco 等人所报告的结果来看，越来越多的研究与保护实践脱节，还真是让人着急（Di Marco et al.，2017）。

有学者建议，保护应当借鉴商业化管理的做法，使用绩效评估，把保护成效与所投入的公共资源对应起来，生物多样性的增加或减少都用可审计的资源负债表来呈现，以此显示保护行动或政策带来的净收益（Possingham et al.，1999；McDonald-Madden et al.，2009）。衡量保护成效的重要性还在于，加强保护支出的问责制可以减少错误的、模棱两可的决策，这对生物多样性正快速丧失的地区尤为重要（Pressey et al.，2002）。

然而，实际操作起来困难还是很大。保护行动实施后，目标对象的积极变化并不会马上发生。例如，新建了一个保护区来保护大熊猫，受保护范围内的大熊猫数量并不会马上增加；又例如，一个保护区加强了巡护，减少了非相关人员在保护区内的活动，保护区内的生物多样性并不会在当年表现出全面增长。同时，有些保护行动是防范性的，例如，为防范森林火灾而加强了对入林人员火源的管理，减少的是发生火灾的可能性，其效果只有经过多年的比较，才能显示出来。有些措施是为了将某种威胁控制在低位，而不是彻底消除，自然原因导致的火灾、偷猎等都属于这类，实施保护行动的人员主观上再积极主动，再努力，也难以杜绝上述威胁的发生。很多保护对象状况的改善，不是某一行动的结果，而是很多行动的综合效应。例如，某个保护区中大熊猫种群数量保持稳定或增长，需要种群中有足够的大熊猫个体，有足量的适宜栖息地，充足的食物，发情期不受干扰，有足够的育幼巢穴，有足够数量的幼仔能存活到繁殖期，等等；在一系列保护行动中，只有上述条件都被照顾到，大熊猫种群数量才可能增加。可以看出，如何对保护行动导致的保护对象状态变化进行客观评估，不是一个容易的问题，其实，这正是全球保护生物学研究领域的核心难题之一（Bull et al.，2020；Hockings，1998）。

成效评估的发展最初受到保护机构的推动，并以保护项目为评估对象，作为项目审计的手段（Kleiman et al.，2000；Stem et al.，2005）。2002 年多个保护组织包括大自然保护协会（TNC）、CI、FOS、世界自然基金会（WWF）等联合建立了“保护措施伙伴关系”（Conservation Measures Partnership，CMP），旨在开发有效的工具来监测保护项目的有效性，TNC 主导设计了开放标准框架（open standards，OS），随后由 FOS 主导在开放标准框架基础上衍生出 Miradi 适应性管理评估软件，并将适应性管理引入保护项目的管理周期中（CMP，2004；Teofili et al.，2011；Redford et al.，2018）。剑桥保护论坛（Cambridge Conservation Forum）也设计了对保护成果的打分量表。对保护成效的记录、监测和评估受到了越来越多的关注，但尚有诸多难题有待研究和解决（Pullin et al.，2001；Salafsky et al.，2002；Kapos et al.，2009；Burivalova et al.，2019）。

1.2 适应性管理

适应性管理（Adaptive Management），简单地说，就是一个围绕指标，不断调整活动的管理方式。举个例子，开车去某个目的地，为了尽量保持直线行进，就需要不断调整方向盘，往左偏了就向右打一点，往右偏了就往左打一点；如果是骑马，那还需要让马知道向左或向右的指令，并根据到达目的地的位置，不断地向马发布指令。以上对行进方向的调整就是一种“适应性管理”。再举个例子，我们中的很多人会经常称体重，接着把自己的体重和身高一起代入一个公式，计算出自己的身体质量指数（BMI），然后与指标，即所谓的标准值做比较，根据比较结果判断自己的肥胖程度。据说中国有一半以上的成年人计算出的数字都高于这个标准值，意味着这些人属于某种程度的肥胖。接下来，这些“超标”的朋友，很多会在每天吃饭时，花更多的时间来关注食物种类和数量，有意识地增加运动量，并持续进行体重的测量和计算，直到 BMI 降到标准值以下。然后，对自己的要求可能会有所放松，错过几次运动，偶尔在饮食上放纵几次，然后又很伤心地发现 BMI 升到了标准值之上，于是又开始新一轮的“体重监控”。这也是一种“适应性管理”，围绕 BMI 标准值这项指标，采取不同的行为模式，达到体重处在健康范围的目的。

保护管理类似对汽车行进方向，或对体重的管控，只是更复杂，自然生态系统就是一个处在不断变化中的复杂系统。以静态的管理计划对自然生态系统进行管理，会因系统发生变化而失效。有效的管理计划需要随系统变化而及时进行动态调整，因此，适应性管理被推荐为保护地最有效的管理方式（Salafsky et al.，2001；Holling，2001；Allan，2007）。

适应性管理包括以下阶段的循环：确定保护目标（Goals）—制订管理计划（Plan）—实施保护行动（Do）—监测保护目标的变化（Evaluate）—形成报告（Report）（评估成效和修正管理计划）（图 1.1），Meffe 等将其定义为“以科学实验的思路进行自然资源管理，使其具有科学研究的严谨性和明确性，从而产生对实践有用的新知”（Brawata et al.，2017；Parks and Wildlife Service，2013；Meffe et al.，2012）。

简单来说，适应性管理是在科学方法支持下“边做边学”的过程：保护目标相当于研究问题，保护计划相当于研究假说，保护行动则相当于实验过程，在评估环节得出论证结论，增加了对该生态系统的认知，并提出下一阶段的问题。自20世纪70年代被提出后，适应性管理已经成为广泛应用的自然生态系统管理模式（Holling，1978；Walters，1997；Oglethorpe，2002）。许多管理成效评估工具所基于的逻辑框架、项目管理周期也都是适应性管理的变形。适应性管理通过对保护对象进行持续监测而反映保护行动的有效性，引导更科学的保护决策，成为全球保护地管理中主流的手段（Walters，1986；McCarthy et al.，2007；Williams，2011）。

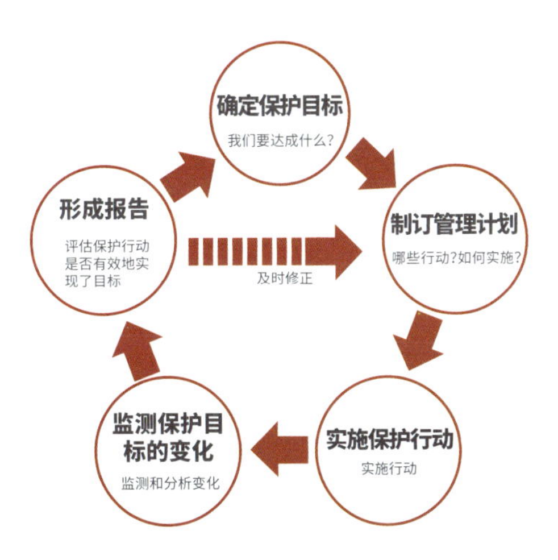

图1.1 适应性管理框架（修改自Brawata et al.，2017）

1.3 保护地的成效评估

建立自然保护地是全球生物多样性保护最重要的干预措施，在栖息地快速退化的今天，保护地逐渐成为濒危物种最后的庇护所

（Adams，2008；Coad et al.，2015；Watson et al.，2014；Laurance et al.，2012；Le Saout et al.，2013；Ricketts et al.，2005）。《生物多样性公约》第十次缔约方大会通过了《生物多样性战略计划》，并制定了20项2011—2020年生物多样性保护的爱知目标（Joppa et al.，2016a）。其中与保护地相关的目标11“保护地覆盖17%的陆地面积，10%的海洋面积”被认为是最接近达成的一项——自2010年后，全球陆域保护地增长了2.3%，海洋保护地增长了5.4%，已覆盖14.9%的陆地面积与7.44%的海洋面积（Díaz et al.，2019；Geldmann et al.，2020；UNEP-WCMC et al.，2018）。

然而，该目标中对保护地“有效保护”的要求却远没有达到，有研究认为全球能做到“有效管理”的保护地数量不足，只有20%～50%，在海洋保护地中这一比例更是低至1%（Mace et al.，2018；Visconti et al.，2019；Blom et al.，2004；Laurance et al.，2012；Leverington et al.，2010；Burke et al.，2012）。与此同时，保护地内物种的濒危程度仍在加剧，种群数量与丰富度依然不断下降，栖息地仍在丧失，大部分保护地的地理代表性差，且保护资源也贫乏，三分之一以上的保护区仍面临日益增加的人口压力和人为干扰（Craigie et al.，2010；Clark et al.，2013；Maisels et al.，2013；Riggio et al.，2013；Butchart et al.，2015；Barnes et al.，2017；Hallmann et al.，2017；Jones et al.，2018；Khan et al.，2018；Venter et al.，2018；Geldmann et al.，2019）。

在2021年10月召开的《生物多样性公约》第十五次缔约方大会上，一个更有雄心的2020年后保护目标（Post-2020）成为会议的焦点，在《生物多样性公约》秘书处提交的草案中，提出了30×30的建议，即到2030年，全球有效保护和养护至少30%的地球陆地、海洋和淡水生态系统（CBD，2020）。然而，实现这一目标却是非常有挑战性的，一方面当前保护地的质量堪忧，另一方面投入保护地的资金尚不足需求的10%。在预算如此有限的情况下，提高保护行动的有效性，优化资源的配置效率是至关重要的。为此，研究者纷纷呼吁关注保护地的保护质量或成效。即使数据还不完善，保护地目标也应该汇报生物多样性的变化而非单纯的面积增长，而监测、评估和提高保护地的有效性也作为建议的《生物多样性公约》2020年后保护地重点目标而被提出来（Bottrill et al.，2009；McCarthy et al.，2012；Watson et al.，2014；Waldron et al.，2017；Barnes et al.，2018；Visconti et al.，2019）。

现阶段，全球对保护地有效性的主流评估方法和国家对保护地的考核方式是管理成效评估（Protected Area Management Effectiveness，PAME），管理成效评估在20世纪90年代末在IUCN、WWF、TNC等保护组织的推动下开始发展，相继发展出IUCN-WCPA、RAPPAM、METT、TNC-5S、TNC-CAP、EOH等评估工具，这些工具重在评估保护地的运营过程，比如边界是否清晰、硬件是否完善、人员是否齐全等，但管理成效评估被质疑无法反映保护地的生物多样性保护成效（Hockings et al.，2003；Ervin，2003；Stolton et al.，2003；TNC，2003；Dudley et al.，2007；Hockings et al.，2007；Geldmann et al.，2019；Pressey et al.，2015）。

在全球应用最广的IUCN-WCPA框架将保护地管理成效评估分为六个维度：背景（Context）、计划（Planning）、投入（Input）、过程（Process）、产出（Outputs）、成效（Outcomes）（Hockings et al.，2003）。而其中只有最后一个维度反映的才是保护成效，即保护区对生物多样性、生态系统的实际影响，是评估保护有效性最直观的也是最重要的部分。在管理成效评估体系下，对于成效的评价以基于主观印象的打分法为主，且保护成效被隐藏在大量管理过程指标中，使得管理成效评估的结果不足以反映保护有效性，保护地达成的管理成效评估考核标准并不需要证明其对生物多样性带来的实际影响（Leverington et al.，2010；Visconti et al.，2019）。Geldmann等的研究也发现管理成效的打分结果与由物种种群数量变化代表的实际保护成效关联性极弱，由此导致虽然全球保护地的管理成效评估评分总体是在增加的，但保护地内生物多样性依然在下降（Watson et al.，2014；Geldmann et al.，2015；Geldmann et al.，2018）。

综上，在《生物多样性公约》2030年的战略阶段，管理过程有效性的评估无法满足对保护地的关注以及汇报和提升保护成效的紧迫需求，对保护地的考核需要向保护成效评估升级。

生物多样性的保护成效通过基于实证研究的物种现状和趋势来反映，保护成效的评估指标也应基于地方尺度的具体的保护目标来设定，成效需要系统性地监测，从而形成从保护目标、保护监测到成效评估的有机整体（Bull et al.，2020）。然而，虽然国际上越来越多的研究开始呼吁关注保护成效，实际的研究成果和案例却相对较少，亟须补充更加客观定量的保护成效评估方法和研究案例（Ferraro et al.，2011；Pressey et al.，2015；Barnes et al.，2018）。

中国是生物多样性最丰富的国家之一，自然保护地的建立是我国最重要的就地保护措施（Xu et al.，2019a；Wang et al.，2020）。截至2018年，中国已建立10个类型约12 000个保护地，覆盖了20%的陆域面积和4.6%的海域面积，其中，自然保护区面积约占保护地总面积的67%，覆盖全国陆域总面积的14.8%（Wu et al.，2019；唐小平 等，2019），是我国除国家公园外最主要的也是最严格的保护地类型。生物多样性保护成效评估不仅是国际上的研究需求，也是我国自然保护区在从数量向质量转型阶段所提出的科学化、精细化的保护质量需求（王毅，2017）。但我国现阶段的保护区评估仍以基于打分法的管理过程评估为主（王伟 等，2016），缺乏能够反映生物多样性保护成效的评估方法与研究案例，这是本书致力于填补的研究空缺和拟解决的保护需求。

保护地最主要的职责是自然保护——防止生态系统、物种多样性的丧失并维持其生态功能及其他的自然价值，因此，保护地是否成功（有效），衡量它的标准也应是阻止了多少生物多样性的丧失。然而，虽然保护地建立的目的是明确的，但自爱知目标设立以后，对保护地的进展汇报主要集中在面积上，仅知道保护地被建立并不能代表物种得到了有效的保护，单一的面积指标难以充分衡量保护的成绩。该目标中的其他重要成分——“effective and equitably managed, ecologically representative and well connected”（保护地被有效和公平地管理着，所持有的生态代表性被很好地连接着——著者译），与保护有效性直接相关，但这些因素没有得到充分的研究和重视，而且，社会经济因素、生物因素及其复杂的耦合关系也给量化地说明保护区和生物多样性间的关系带来很多困难（Babcock et al.，2010；Leverington et al.，2010；Edgar et al.，2014；Ferraro et al.，2014；Tittensor et al.，2014；Butchart et al.，2016）。

什么是保护成效以及如何提高成效的问题难以回答，也给管理者的资源分配和保护实践者的行动规划带来很大困难。造成这种困难的原因有三点：① 保护地发展初期以抢救性保护为主，以圈地为主要手段，并没有建立严谨的成效评估流程，即如医药领域评估药品功效所采用的实验对照设计；② 保护地划建时有一定的“残余性”，并非都由保护需求来决定，决策者通常将其划建在经济开发价值低的区域，划建位置、资源配置、管理计划上欠缺考虑，以至于保护地无法最大化地发挥作用；③ 不论是全球还是区域尺度，对保护地都缺乏与质量相关的定量目标——爱知目标中唯一的定量目标是保护地的覆盖面积，而现行管理成效考核又太侧重于运营性指标（如资金、人员、硬件设施等），这些目标的达成并不需要保护地给生物多样性带来实际影响，保护成效依然不清（Kirkpatrick，2001；Ferraro et al.，2006；Joppa et al.，2009；White，2009；Pfaff et al.，2014；Pressey et al.，2015）。以上问题也导致了现阶段保护地上的政策实践与期望达成的自然保护目标之间存在断层。

保护地面积扩张与物种多样性持续下降趋势的反差使得更多研究者呼吁对保护效率进行关注。国际公约对于保护地的发展目标，也应更多地从“数量”向“质量”聚焦，成为“后2020”时期的国际保护共识。对于具体可行、可测量且响应及时的质量目标的提倡与全球保护的发展背景是相契合的（Coad et al.，2015；Maxwell et al.，2015；Barnes et al.，2018）。

对保护成效的后续监测与评估，还需要系统性的方法支持，对保护地质量评价方法的研究和相关案例也亟须填补。保护行动对生物多样性起到了什么作用？干预是否比不干预更好？回答这些问题需要建立与检验生态学假设同样严谨的方法，但基于实证研究的保护成效评估至今仍是保护行业的难点与弱项，其中监测数据的限制是主要原因之一（Sutherland et al.，2004；Brown et al.，2015）。除保护研究者外，以自然保护地为主要保护目标的一线保护机构在生物多样性调查和监测中扮演着越来越关键的角色，保护成效的研究需要与保护实践工作更好地结合起来。

目前已经在保护地应用和建议使用的评估方法有三类，分别是管理成效评估、保护成效评估和保护影响评估，我们下面分别予以详细说明。

1.3.1 管理成效评估

对保护地最初的成效评估类型是管理成效评估，IUCN 将保护地管理成效评估定义为“检验保护地被管理得怎么样”（Hockings et al.，2006）。管理成效主要指的是从管理角度出发评估保护区所得到的支持，该类型的评估更关注保护地的具体管理过程，综合性地涵盖了从管理基础（如保护规划、管理计划、保护资金、员工能力、基础建设等），到对每个保护区单独进行的评价。使用统一的评价体系时，评估结果可用于横向对比，也可用于同一保护区不同发展阶段的纵向对比，其前提假设是收集到的管理过程信息与保护成效的提升有关，即好的管理会导致积极的成效（Patton，2008；Leverington et al.，2010）。

最早的评估框架由 IUCN-WCPA 在 1997 年提出，其后的管理成效评估工具多是基于这个框架设计的。IUCN-WCPA 框架的设计基于变化理论（Theory of Change，ToC）和逻辑模型框架，按照适应性管理周期，设计了背景、计划、投入、过程、产出、成效六个评估阶段，框架体系是开放的，可根据保护区的不同特点来选取适合的指标进行评估（Hockings，1998）。此外，还有 TNC 设计的保护规划与评估框架 TNC-5S（TNC，2003）、Measure of Success（Parrish et al.，2003）、TNC-CAP（Dudley et al.，2007）等。此后，以

WWF为代表的保护机构相继设计了评分量表——RAPPAM方法（Ervin，2003）、METT（又称为WWF/WB tracking tool）（Stolton et al.，2003），以及评估世界自然遗产地的EOH（Hockings et al.，2007）等。

《生物多样性公约》中对管理成效评估的覆盖度目标是全球60%的保护地，管理成效评估也因此成为全球运用最广的保护地评估类型，同时也发展为保护投资机构如全球环境基金、世界银行等使用的评估工具（Leverington et al.，2010）。GD-PAME是保护地管理成效最大的数据库，其收集了全球保护区近18 000份管理成效评估数据，及95种不同的管理成效评估工具。这些工具绝大部分是打分表，即由李克特量表或等级表构成的复合指标，借助访谈、问卷等主观打分来反映现阶段的管理进展，如管理计划完善程度、法规执行力度等，也包括具体的数字，如保护地资金预算、员工数量等，但很少记录与生物多样性变化相关的定量数据（Likert，1932；Coad et al.，2015）。管理成效评估的评估过程也是快速的，由专家、非政府组织和保护地管理人员参与主观打分，通常1～2天即可完成对一个保护地的评估。在管理成效评估工具中，应用最广泛的是METT（在2045个保护地使用了4046次）和RAPPAM（在1930个保护地使用了2276次）（Coad et al.，2015）。

在2005年后，管理成效评估逐渐从非政府组织主导过渡到由保护地主管机构主导和实施，并与适应性管理相结合，如澳大利亚新南威尔士州、维多利亚州的保护地状况报告（State of Parks，简称SOP），韩国、芬兰等国家的保护地评估和成效汇报项目。在这个阶段的评估中，开始增加了对保护成效定量证据的支持。但生物多样性保护成效在众多管理过程指标中仍占比不足（Hockings et al.，2009；Parks Victoria，2007；Heinonen，2006；Korean National Parks Service，2009）。

管理成效评估也是我国政府对国家级自然保护区的考评方式，自2007年以来，由环境保护部（现生态环境部）、国家林业局（现国家林业和草原局）、国土资源部（现自然资源部）等7个部门联合开展的国家级保护区管理成效评估分为10项管理过程指标，包括基础设施、规划制定、范围界定、运行经费、资源本底、保护对象动态、能力建设等，并参考IUCN-WCPA评估框架在2018年发布的《自然保护区管理评估规范》（HJ913-2017），对评估指标进行了扩充，评估方式为评审专家结合保护区的汇报和其主观意见打分。冯春婷等（2020）基于该规范对长江经济带120处国家级自然保护区的管理状况进行了评分，结果显示长江经济带上的国家级自然保护区总体管理状况较好，其中建立时间越长的，相应管理体系越规范。国际上主流的管理成效评估工具在国内也有应用，例如，刘义等（2008）使用RAPPAM对北京市自然保护区的管理现状进行了快速评估，权佳等（2009）基于METT评估了全国535个自然保护区的管理现状，韩晓东等（2017）使用METT评估了吉林省自然保护区的管理现状，武文等则结合IUCN-WCPA、环境表现指标等构建了用于青岛胶州湾滨海湿地海洋特别保护区的评价体系（Wu et al.，2017）。

管理成效评估作为快速的、成本低廉的评估方式，在数据缺乏的年代对于掌握保护地的管理进展具有重要价值，但管理成效评估对保护成效，如生态完整性、保护对象的动态变化等分析不足，在管理成效评估链上，各环节被认为没有直接的因果关系，如保护行动产出的增加并不意味着生物多样性的改善（Stolton et al.，2003；Cook et al.，2011；Joppa et al.，2016a；Pressey et al.，2015；Adams et al.，2019）。

管理成效评估的设计者们也认为，由于评价者的主观性，以及在评价方式上的不足，使管理成效评估在客观体现保护成效上具有较大的局限性。例如，采用打分法，以分数代表成效的做法，在打分的过程中会模糊掉关键信息。有研究将管理成效评估与独立收集的保护成效数据进行比较，发现管理成效评估的分数与实测的保护成效间并没有显著的相关性（Carranza et al.，2014；Nolte et al.，2013；Nolte et al.，2013；Coad et al.，2015）。

总之，基于主观打分的管理成效评估方法无法充分反映保护成效，对保护成效的评估需要更客观定量的支持工具。

我国对保护区的管理早已提出重视质量的要求，国际上也呼吁全球保护地的建设应更关注质量，即生态成效。然而，尽管国内外对保护有效性的评价都有很大需求，然而在对保护地的成效评估方法方面的研究却非常不足（Woodley et al.，2019；Barnes et al.，2018）。

1.3.2　保护成效评估

保护成效（Conservation Outcome）指的是保护行动所达成的客观效果。与管理成效评估的不同之处在于，保护成效评估聚焦保护对象实际发生的变化，或保护行动设计时的目标是否实现的客观现实。对保护行动进行有效性评估，首先要了解保护对象的变化，其次要将变化和保护行动的成本联系起来，最后要能够及时调整保护行动的策略和资源分配。

保护成效首先体现在对自然资源的保护上，如濒危物种的恢复，防止过度的资源开发，有研究者认为成效也应包括其为当地社区带来的社会与经济利益，以及对原住民权益的维护（Pollnac et al.，2001；Halpern，2003；Charles et al.，2008；Bennett et al.，2014）。Pressey 等对保护成效框架的梳理，将成效分为三个层次：① 调查的成效（Outcome for Sampling），如对生物多样性的覆盖度、了解程度；② 应对威胁的成效（Outcome for Threat），如威胁类别与程度的变化；③ 对生物多样性状态改善的成效（Outcome for State of Biodiversity），如生态系统、栖息地、种群数量上的变化（Salafsky et al.，1999；Kapos et al.，2008；Pressey et al.，2015）。

目前，在保护成效方面的研究仍然较少，跟保护地在全球的数量、重要性和需求远不匹配。Geldmann 等检索了以物种和栖息地为指标的全球陆地保护地保护成效研究，仅找到 86 篇研究成果，且 60% 是借助遥感数据的森林面积变化研究，野生动物种群数量的相关研究成果仅35篇，其中57%是对非洲动物的研究，保护成效方面的研究存在很大的空缺，很大程度上是因为监测数据缺乏的限制（Geldmann et al.，2015）。

由于保护成效研究在历史上的长期缺位，当前的保护地体系在对保护目标的覆盖上显示出效力不足，或者错位。例如，从Pressey等分类中的覆盖成效角度看，Venter等的研究认为尚有85%的濒危脊椎动物的栖息地未被现有保护地体系充分覆盖，有17%完全没有被覆盖（Rodríguez-Rodríguez et al.，2011；Venter et al.，2014；Klein et al.，2015；Kuempel et al.，2016）。保护地划建期间的粗线条操作所致的成效不足，也在评估下突显出来。历史上有些国家为达成保护地覆盖度的目标，在保护地选址时增加了经济发展不重要区域的份额，也许是由于当时可用的生物多样性数据不足，也许是由于当时对经济发展的考虑更多，因而把实际有保护价值的区域排除在保护地之外，导致一些低效保护地的存在。即使是数据比较充分的生物多样性热点区域，其中被保护地覆盖的比例仍然不够。比如，全球只有0.01%的珊瑚礁在保护地内，且全球20%的濒危鸟类栖息地也与保护地不重叠（Ando et al.，1998；Rodrigues et al.，2004；Mora et al.，2006）。

国内研究中，余建平等以黑麂（*Muntiacus crinifrons*）栖息地范围为指标评价了钱江源国家公园功能区划的合理性；申小莉等也以保护区旗舰物种的栖息地利用为指标评价过4个保护区的功能区划；郭子良等从物种濒危性、特有性和多样性方面，制定了评价保护区内物种多样性价值的定量标准，以区分保护区的保护优先性，为保护区晋级和管理资源分配提供建议；徐卫华等基于水土保持、防风固沙、固碳、濒危物种栖息地等特征，评价了全国保护区对关键生态功能区的覆盖度；闻丞等评价了国家级保护区对96种濒危物种栖息地的覆盖情况，发现保护区对大部分最受关注的濒危物种覆盖不足；周大庆等对3632种脊椎动物的分布和被保护区覆盖的情况进行了评估，发现94.7%的脊椎动物在保护区内有分布，然而只有其中的23.5%得到了有效保护，即这些物种有足够的分布区面积被保护区覆盖（余建

平 等，2019；Shen et al.，2020；郭子良 等，2017；Xu et al.，2017；闻丞 等，2015；周大庆 等，2016）。

在评估减轻人类干扰和威胁的成效方面，2001 年，Bruner 等对热带地区保护地所做的评估认为，多数保护地在减少诸如砍伐、盗猎和放牧等人为干扰上起到了积极作用，这些成效与保护区提高执行力、加强边界管控和实施生态补偿等管理措施有关；Geldmann 等于 2019 年对全球 152 个国家的 12 315 个保护地内的人类干扰变化情况进行了对比，发现在过去 15 年中，平均来说，保护地并没有展现出显著的干扰控制和消除方面的积极作用，在热带地区，保护地内天然植被转化为农田的压力反而更大，这项研究还比较了保护地内部和外部的相似区域，结果发现，在保护地内，森林退化的速度相对外部低，然而森林减少的压力却在逐年上升（Bruner et al.，2001；Geldmann et al.，2019）。

国内研究中，韦伟等对比了全国大熊猫第三次调查（1999—2003）与第四次调查（2011—2014）期间，32 个大熊猫保护区内外的人类干扰强度变化，总体上保护区内各类人为干扰有明显下降，并且保护区内的下降趋势快于保护区外。在全国范围内，徐卫华等对国家级保护区的人类干扰进行研究后发现，2000—2010 年，在 82% 的保护区内，人为干扰的程度维持不变或有所减少，干扰主要集中在保护区的实验区范围内，然而，在湿地类型的保护区中，核心区范围内的人类干扰增加情况最为严重（Wei et al.，2020；Xu et al.，2019b）。

在评估生物多样性状态变化方向的保护成效研究方面，在陆地保护地中，2007 年，Stoner 等对比了坦桑尼亚不同级别保护地内大型食草动物种群密度的变化，结果显示，在保护级别较高的国家公园中，大型食草动物被保护的成效更好；在此后不久的 2009 年，同是非洲的肯尼亚，Western 等比较了保护地内部和外部野生动物减少的程度，结果发现保护地内外减少的程度相近；随后的 2010 年，Craigie 等在更大范围内评估非洲大型哺乳动物因保护地而受益的情况，在对 78 个自然保护地内大型哺乳动物的种群规模指数进行对比后，发现自然保护地内的种群规模指数平均下降了59%，保护区的存在，未能扭转这些物种数量减少的趋势。2012年，Laurance等基于元分析对全球60个热带地区保护地的评估表明，大约有半数的保护地处于有效保护下，然而在其余的保护区内，生物多样性下降趋势明显，其中，栖息地丧失、盗猎和森林砍伐是主要威胁因素；2016年，Barnes等对全球范围内保护地中野生动物种群数量变化进行了预测，认为保护地能够维持鸟类与兽类的稳定，然而保护地这方面的成效要受所在国的社会和经济条件的制约；进一步，Geldmann等在全球尺度对陆地保护地的成效研究揭示，脊椎动物的种群规模的正向变化，与保护地的管理能力和资金量是正相关的（Stoner et al.，2007；Western et al.，2009；Craigie et al.，2010；Laurance et al.，2012；Barnes et al.，2016；Geldmann et al.，2018）。

在海洋保护地中，Selig等认为全球的海洋保护地对当前珊瑚礁退化的减缓是有成效的，然而，Brodie等对澳大利亚大堡礁保护地的研究则发现，大堡礁的珊瑚礁在近30年内退化迅速，同期鱼类数量也有所下降；Edgar等以鱼类生物量的变化作为成效评价的指标，并以此对全球87个海洋保护地进行了评估，结果表明，与保护地外海域相比，保护地内的大型鱼类丰度更高，在被评估的海洋保护地中，那些面积大、位置相对孤立、采取了禁渔措施的保护地对鱼类的保护效果更加显著，这项研究把物种保护指标（鱼类丰度）同保护手段（建立和管理海洋保护地）联系起来，结果为新建海洋保护地给出了有科学依据的建议（Selig et al.，2010；Brodie et al.，2012；Edgar et al.，2014）。

在国内，这方面以哺乳类的数量和密度作为指标开展了一些研究，包括：黄族豪等以有蹄类种群密度变化为指标，评估了甘肃盐池湾国家级自然保护区的保护成效，认为岩羊（*Pseudois nayaur*）种群数量下降，鹅喉羚（*Gazella subgutturosa*）数量则有所增加，有蹄类种群数量的变动与水土流失和草场退化有关；邵建斌等以羚牛（*Budorcas taxicolor*）的数量和栖息地面积变化为指标评价了陕西牛背梁国家级自然保护区的保护成效，结果为正向；关博结合样线调查数据，分析了吉林长白山国家级自然保护区野生动物痕迹遇见率的变化，发现啮齿类动物和鼬科动物的数量有所增加，分布范围扩展，自 2001 年后的 10 年周期内马鹿（*Cervus elaphus*）、狍子（*Capreolus capreolus*）、野猪（*Sus scrofa*）等物种遇见率下降；晏玉莹基于石首麋鹿国家级自然保护区的监测数据，评估了保护区内麋鹿（*Elaphurus davidianus*）的种群动态并对保护区成效进行打分，评估认为保护区成效良好（85 分），麋鹿种群数量保持增长趋势；康东伟等基于全国大熊猫第三次调查和第四次调查的数据，在四川 23 个保护区范围内，对比了前后两次调查期间大熊猫种群数量和栖息地的变化，发现二者都保持稳定，并没有显著的增长。在植物方面，张镱锂等研究过青藏高原 11 个代表性自然保护区的高寒草地植被净初级生产力（NPP）变化，认为 82% 的代表性自然保护区 NPP 比保护区周边及青藏高原的平均水平低，但半数以上保护区在研究期内的 NPP 增幅高于保护区外（黄族豪 等，2005；邵建斌 等，2012；关博，2012；晏玉莹，2014；Kang et al.，2018；张镱锂 等，2015）。

为持续监测成效，研究机构建立了全球尺度收集保护成效证据的数据库，如收集物种种群数量变化的地球生命力指数（LPI）（Loh et al.，2005），收集海洋鱼类数据的 The Sea Around Us（Pauly，2007），反映全球森林面积变化的全球森林观察（Global Forest Watch，GFW）（Hansen et al.，2013），以及借助遥感技术手段绘制的保护地内人类压力数据（Andam et al.，2008；Nelson et al.，2011）。

在成效评估方法的研究方面，也不断有新的指标和做法被提出来。例如，McDonald-Madden 等从区域尺度提出两条衡量成效的指标，分别简称为 Fit 和 Mi，用于反映植被类型、栖息地变化等，其中 Fit 用于衡量资源的净变化，Mi 用于衡量两个时间点之间的变化速率。Visconti 等建议将保护对象的现状距基准值的距离（百分比表示）、某类群中低于基准值的物种数占比这两个指标，用于国家和全球尺度的成效评估。生物多样性补偿区（Biodiversity Offsets）是一种较新的保护地形式，当某处原本自然的空间被商业开发或其他用途占用或改造时，需要在其他地方置换一块区域作为补偿，以确保生物多样性总量平衡，Marshall 等建议这种情形适用的成效指标应为“零净减”，即补偿区的生物多样性与被占用的区域相比，总量不得出现净减少（McDonald-Madden et al.，2009；Visconti et al.，2019；Marshall et al.，2020）。

在空间尺度比较大的情况下，例如，在全球、整个国家这样的尺度进行的评估研究，往往只能关注到单一的价值，或者使用单一的评估指标，很难顾及不同保护地间不同保护目标和对象、发展阶段及其独特的多元价值，在大空间尺度上进行的评估，其结果可以显示出大的趋势，往往难以直接促进在地保护行动的改善（Caro et al.，2009；Coad et al.，2015）。要想直接引起保护行动改变，需要在每个保护区单独进行保护成效评估。保护地是最直接的管理单元和保护行动实施对象，针对每个具体的保护地，有可能根据其自身特点进行量身定制的评估，并提出最适合这个保护地的具体行动建议。这是我们在本书中重点关注的内容，Visconti 等也提出了同样的建议（Visconti et al.，2019）。

把适应性管理的思路应用到保护地管理，普遍被认为是一种行之有效的方式。近些年，在各国保护地管理实践的探索中，越来越多的保护地管理者都采用了适应性管理的框架，围绕保护目标制订计划，实施保护行动，通过监测了解保护目标的变化，并进行定期的成效评估和汇报，再反馈修改保护行动计划。此类评估需要长期监测数据的支持，通常由政府主导，保护地（国家公园）管理局负责执行，研究人员提供研究和技术支持，会定期发布保护地状况报告（State of Parks），成效评估的结果既是对上一阶段保护工作的反馈，也能够指导下一阶段保护计划的制订（Jones，2000，2015；Chape et al.，2005；Heinonen，2007；Roux et al.，2011）。

Woodley 和 Kay 最早提出了用于加拿大国家公园的生态完整性评估（Ecological Integrity Assessment）体系，指出生态完整性是国家公园管理要达成的目标，包括生态系统的结构、功能及生态过程和生物群落的完整。加拿大在 1998 年出台的《国家公园法案》中将国家公园的生态系统完整性定义为“组成一个自然区域的特征，包括非生物环境、本土物种和生物群落变化和维持的过程”。该评估体系由生物多样性、生态系统过程和保护压力三部分组成。对指标的选取遵照各地的生态特征，其流程包括：① 建立国家公园内主要生态系统的概念生态模型，以了解其生态组成与特征、保护侧重；② 通过概念模型选择适合的生态评估指标与方法，指标的选取需基于生态系统的关键结构和功能；③ 检验评估指标的可行性，考虑可获取性、可测量性、评估成本与实用性等；④ 为评估指标制定阈值，以评判现状的好、中、差等级；⑤ 建立监测流程，对每项指标的方法、数据和相应项目进行跟踪记录；⑥ 评估结果汇报与质量监督，考虑长期应用性和可重复性。在具体指标中，以森林生态系统为例，可包括森林恢复趋势、森林斑块连通性、入侵物种影响程度、脊椎动物种群稳定性、湿地水体污染等多项指标，反映了不同的保护主体（Woodley et al., 1993；Parks Canada，1998，2007；Henry et al.，2008；Timko et al.，2008）。

美国国家环境保护局（U. S. Environmental Protection Agency, UESPA）在 1980 年制订了对国家公园的监测计划，又名生命特征监测（Vital Signs Monitoring），将保护地分成 32 个生物地理区系，并针对不同区系提出共性的监测目标（Fancy et al.，2009；National Park Service，2017）。在制定对国家公园的监测体系时，遵循明确定义目标—整合已有信息—构建概念框架—选择指标—设计调查方法—设计监测规范—建立数据管理和评估的流程（Kurtz et al.，2001）。对监测结果进行评估时，包含三个层次，包括遥感评估（Remote Assessment）、快速评估（Rapid Assessment）和详细评估（Intensive Assessment）。按照评估成本（数据获取、时间和人力成本等），就评估目的选择合适的评估方法。遥感评估适用于可通过遥感数据获取的指标，并多用于较大空间尺度上的评估，如生态系统完整性、景观连接度、人类干扰（修路、开矿）、土地利用变化等；快速评估则通过随机分层抽样获取调查位点，结合实地调查获取保护项目实施情况的信息，这是一种定量与半定量相结合的方法；详细评估则基于严格的实地调查与长期监测，对该区域的植被状况、动物分布、种群数量、环境质量等生态系统完整性指标进行评价，也是准确性最高的评估方法。

此外，南非克鲁格国家公园、芬兰国家公园等也是较早实践适应性管理进行物种监测与评估的保护地（Venter et al.，2008）。近年来发展较为成熟的是澳大利亚的保护地监测体系，如塔斯马尼亚的成效监测汇报体系（Monitoring and Report System）分六个模块，覆盖范围从项目点到全州，在适应性管理的框架下实施长期监测和定量的成效评估（Parks and Wildlife Service，2013）。其设计特点是仅关注保护成效（Outcome-focused）、基于实证、面向公众、对保护管理者实用，并认为实施成效评估项目最重要的三个要素是需要保护区的参与、可读性强（能被保护区和公众理解）和对实地的保护工作有用。首都领地州政府 2017 年将成效监测纳入保护地管理体系中（Brawata et al.，2017），并吸纳了南非、芬兰等国家的评估经验，提出该体系的原则：① 保护地的管理问题应当与其开展的监测和科研挂钩，并随问题的改变进行动态调整；② 保护地开展的监测项目必须与保护评估相联系；③ 应当制定并设计相应的概念模型用以理解生态系统动态过程、生态因子间关系与关键假设；④ 所有利益相关方都应参与到监测项目中来；⑤ 生物多样性监测与评估应当有专项资金的支持；⑥ 应当制订明确、连贯的监测方案，并在实施过程中监管数据的完整性；⑦ 要确保监测项目成为保护地 / 土地管理与决策制定的有用工具。

以上各评估体系和原则存在较大的共性，也为本研究提供了借鉴，其共同强调的要素包括：① 与适应性管理结合；② 保护地需要明确的保护目标；③ 保护成效评估需要围绕保护对象及其所受的威胁，客观，并基于长期监测；④ 评估结果需要反馈到保护行动；⑤ 评估需要保护地的参与，评估过程要公开、透明。同时，这些评估体系在评估对象、指标上都是存在差异的，也说明保护地的保护成效监测与评估，要根据实地需求有针对性地设计，做到因地制宜。

1.3.3 保护影响评估

对保护成效的评估同样需要严谨的证明过程，比成效评估更进一步的评估方式是影响评估（Impact Assessment）。影响评估更强调保护行动（保护区）与保护成效之间的因果关系，在一些学者看来，这才是“真成效”（McDonald-Madden et al.，2009；Pressey et al.，2015；Ferraro et al.，2015），即确定是由保护地的建立所带来的改变。对影响的分析需要基于反事实假设（Counterfactual Hypothesis）设计严密的控制实验和空白对照，突出保护区存在或不存在对资源变化带来的不同。但受资金、人员和能力的限制，保护区建区前很少做空白对照的设计，影响评估在多数保护地是达不到的。近年来一些统计模型被借助来构建基于观测值的反事实假设，如源自计量经济学统计模型的匹配法（Matching）、DID（Difference in Difference）等（Balmford et al.，2003；Ferraro et al.，2006；Barnes et al.，2018）。匹配法通过寻找保护地外环境背景相似的区域替代空白对照，来评价以保护地有无作为单一变量引起的生态变化。已有研究多集中在保护地在减少森林、草地退化中的作用。如 Joppa 和 Pfaff 利用匹配法的分析表明保护地对减缓森林消失起到了积极的作用，但也由于保护地的存在，对外围周边区域可能造成溢出效应（Joppa et al.，2009）。国内的研究中，宋瑞玲等利用匹配法对三江源国家级自然保护区（以下简称“三江源保护区”）的草地保护成效进行评估，并认为整体上保护区对草地地上生物量的变化未起到显著作用，对 18 个子保护区的单独分析认为 28% 的子保护区具有保护成效。Zhao 等同样利用匹配法对西南山地 137 个保护区的森林变化研究发现，63% 的保护区对减少森林退化具有成效（宋瑞玲 等，2018；Zhao et al.，2019）。

但目前此类影响评估的研究也仅限于时空连续的遥感数据所能覆盖的对象，野生动物因缺乏保护地外的对照数据而鲜有影响评估，并且，很多野生动物在保护地外也没有分布，无法建立对照，从影响评估的角度，当保护地达不到建立空白对照的条件时，将成效评估融入适应性管理过程中也是一种有效的替代性做法（Karanth，2002；Coad et al.，2015）。影响评估虽是更严谨的成效论证方式，但其多是一次性的（在保护项目结束时或保护地某节点上开展），相比起来，整合进适应性管理的成效评估是周期性重复的，各个环节之间也存在逻辑上的因果关系，是更适用于单体保护地的评估方式。在已有的案例中，单体保护地的保护成效评估多由保护地主管机构（如国家公园管理局）主导，在适应性管理的框架下将其嵌入保护目标制定、长期监测规划、成效汇报的管理周期中（Stem et al.，2005；Roux et al.，2011）。

1.4　我国保护地成效评估的现状、问题和挑战

在国家公园试点政策之前，自然保护区是我国最主要的保护地类型，也是保护严格程度最高的保护地类型（Xu et al.，2017）。截至2018年，全国已建成2750处自然保护区，总面积1 471 700 km^2，其中陆域面积1 427 000 km^2，约占我国国土面积的14.86%。国家级自然保护区469处，总面积974 500 km^2，占国土面积约10%。经过1980—2005年间的快速扩张，自然保护区的面积增长趋于平缓（图1.2）。我国保护区的发展正在从前几十年的“数量扩展期”进入“质量保证期”，国家林业和草原局作为保护地的主管部门，提出下一阶段保护地的管理要向科学化、精细化转变。

保护地所采取的行动是否有效，是否能更科学地规划和使用资源来提高效率，是提高我国生物多样性保护成效的重要内容。但现阶段对中国保护地的已有研究多集中在面积上，如对保护地生态系统和生物多样性的代表性和空缺分析、保护地功能区划的合理性分析等（Huang et al.，2012；Xu et al.，2018a，2018b；代云川 等，2019；Shen et al.，2020）。与成效相关的研究相对较少，且主要是对管理成效的评估，多使用管理成效评估的常用工具，包括RAPPAM和METT（王伟 等，2016；Luan et al.，2009；权佳 等，2011）。

未来的研究重点应更多关注生物多样性的长期监测与评估和保护地的有效管理，保护地的有效性也关乎我国的区域生态安全和生物多样性的维持，缺乏评价标准也被认为是导致保护地管理水平较低的原因。评估生物多样性进展有赖于长期监测，虽然越来越多的保护地已开始了监测工作，也建立了长期的监测网络，但对监测数据的利用尚未形成规范化的指标体系，也还没有为保护成效评估提供支撑（Jiang et al., 2006；权佳 等，2010；Ma，2011；马建章 等，2012；Turner, 2014；吕植 等，2015；Mi et al., 2016；Li et al., 2018）。

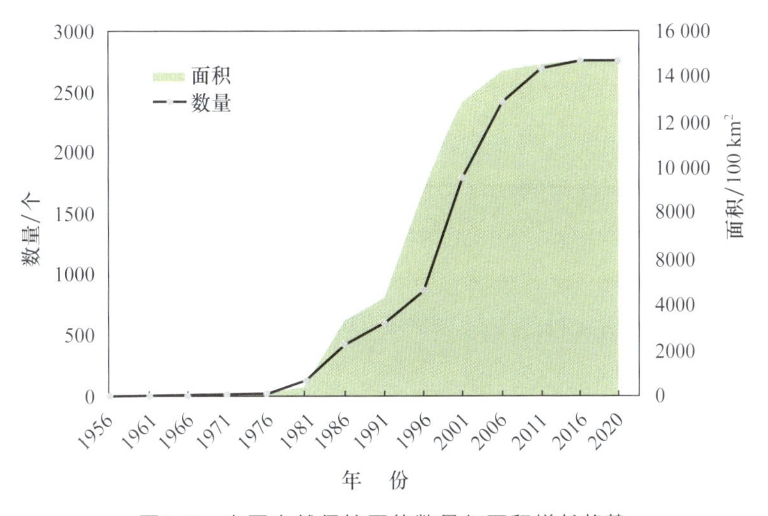

图1.2　中国自然保护区的数量与面积增长趋势

在我国，保护地主管部门尚未形成规范化的保护成效监测和汇报体系，学术界对保护成效的研究也较少。在本研究写作期间，在中国知网和 Web of Science 中按“保护区保护成效评估”主题进行文献检索，搜索到 51 篇，筛选掉内容不符和重复的，与保护区保护成效评估相关的文献共 26 篇（表 1.1）。其中定量研究多借助遥感解译评估某一类生态系统的土地或植被类型变化，缺少综合性的反映生物多样性、特别是野生动物的保护成效的研究；与保护行动相结合的成效评估研究为零。以下对已有研究进行梳理。

国内研究者对各生态系统 / 保护地类型的成效评估方法的研究多开展于 2012 年后，与本研究同期进行（2014 年后）。至 2020 年，已有针对不同生态系统类型而设计的指标案例：如森林生态系统中，韦惠兰等（2013）利用问卷调查的方法围绕秦岭的自然保护区，选用7项指标评估保护成效，但指标侧重于探讨保护区与周边社区的关系，对生态成效评估较少；辛利娟等（2015a）基于PSR框架以苍山洱海国家级自然保护区为例设计了森林保护成效评估体系，综合了生态变化与管理过程的指标，以基于遥感分析的定量方法与定性评价相结合；邓舒雨等（2018）从森林生态系统服务的角度评估了神农架国家级自然保护区的成效。湿地生态系统中，郑姚闽等（2012）从保护价值、湿地动态变化、干扰压力等角度出发，横向评估了中国湿地自然保护区的保护成效；靳勇超等（2015）选取湿地动态变化（面积、聚集度）与水鸟多样性变化为指标，对内蒙古辉河国家级自然保护区2004—2013年间的保护成效进行了评价。在荒漠类型中，张秀霞（2018）基于遥感数据以敦煌4个自然保护区为例建立了极干环境下的保护区成效评估体系，以遥感手段为主对比了保护区30年间的景观组成与格局变化，以及人类足迹变化，以此作为评价指标；辛利娟等（2015b）以甘肃安西极旱荒漠国家级自然保护区为例，提出了荒漠类保护区的成效评估指标；刘方正等（2015）也以植被增长趋势为指标分析了该保护区的植被保护成效。在野生植物类型中，蔡磊（2014）以贵州赤水桫椤国家级自然保护区为例构建了包含生态有效性、管理有效性、人为影响等30个指标的评估体系。在草原生态类型中，郭子良等（2017）从景观分类和动态变化的角度对内蒙古阿鲁科尔沁国家级自然保护区进行了评估；辛利娟等（2014）以内蒙古辉河国家级自然保护区为例，基于DPSIR模型和生态完整性指标构建了草地类保护区的成效评估体系；杜金鸿等（2017）构建了草地类保护区生态质量变化的评价指标。在海洋生态系统中，王在峰等（2011）结合熵权综合指数模型、模糊综合评价模型等以蛎岈山牡蛎礁海洋特别保护区为例构建了生态系统健康评价指标体系。在陆域野生动物类型中，杨道德等和晏玉莹等分别针对候鸟类型保护区和陆生脊椎动物保护区设计指标体系，这些体系主要为融合了保护成效、保护价值和管理过程的静态指标，评估方法以定性的专家打分为主（杨道德 等，2015；晏玉

莹 等，2015)。

对检索到的国内保护地成效评估研究进行归纳可以发现（表1.1），已有研究覆盖的生态系统类型较为全面，定量的评估方法多数是基于遥感数据的生态系统或用地类型变化，也有些体系仍保留了定性的打分法和管理过程指标——严格来说并不算保护成效评估，而属于管理成效评估。但已有评估体系中涉及野生动物的成效指标较少，且都没评估结果的应用过程，缺乏与保护地的行动关联，对于保护地也就缺乏实用性。此外，从指标设计到评估过程也很少有保护地的参与，对保护地监测数据的应用较少。总体来说，已有的研究尚存在三方面的不足：

（1）与保护地实际工作结合不足，反映在评估过程缺乏保护地参与，且没有衔接保护地监测工作。

（2）评估结果缺乏行动导向性，评估成效是为了改善成效，但已有研究并没能对保护地提出行动建议，尚不能够满足保护地科学化、精细化的管理需求。

（3）野生动物保护成效的定量评估指标和方法不足，设计了野生动物成效评估体系的研究，仅检索到与本研究同期进行的两篇，为杨道德等（2015）和晏玉莹等（2015）分别针对候鸟类型保护地和陆生脊椎动物保护地设计的指标体系，该体系主要为融合了保护成效、保护价值和管理过程的静态指标，评估方法以定性的专家打分为主。前文中已经论证过，主观的打分法并不能有效反映野生动物的动态变化，因此，我国能定量评估生物多样性、特别是野生动物保护成效的方法体系仍是缺失的。

综合以上对研究背景的分析，可以得出，保护地的生物多样性保护成效亟须评估，但现阶段广泛应用的管理成效评估工具不能充分反映保护成效。在国际上，近年来提倡的保护成效评估方法是基于单体尺度，在适应性管理模式下将保护监测与成效评估相结合，周期性地汇报保护进展，从中学习并改进下一周期的保护行动。中国的保护地成效研究起步较晚，尚缺乏能在保护地实际运用的保护成效评估体系，已有的研究探索虽在评估指标和案例上提供了借鉴，但与保护行动之

表 1.1 国内保护区保护成效评估研究梳理

评估类型	生态系统类型	案例	定性 / 定量	指标数量	数据类型	野生动物保护成效指标	保护区参与 / 保护目标	保护应用	文献
保护成效评估（Outcome）	荒漠	敦煌的 4 个自然保护区	定量	7	遥感数据				张秀霞，2018
		中国的荒漠类自然保护区	定量	20	遥感数据＋监测数据				辛利娟 等，2015b
		甘肃安西极旱荒漠国家级自然保护区	定量	1	遥感数据				刘方正 等，2016
	森林	云南苍山洱海国家级自然保护区	定量	12	遥感数据		√		辛利娟 等，2015a
		云南苍山洱海国家级自然保护区	定量	1	遥感数据				陈冰 等，2017
		海南的自然保护区	定量	1	遥感数据				Wang et al.，2013
		卧龙国家级自然保护区	定量	1	遥感数据				Liu et al.，2001
		中国的国家级保护区	定量	1	遥感数据				Ren et al.，2015
	内陆湿地	中国的湿地保护区	定量	35	遥感数据				郑姚闽 等，2012
		松嫩平原西部国家级湿地自然保护区	定量	1	遥感数据				路春燕 等，2015
		内蒙古辉河国家级自然保护区	定量	7	遥感数据＋监测数据	√			靳勇超 等，2015
		吉林向海国家级自然保护区	定量	3	遥感数据＋监测数据	√	√		任春颖 等，2008
		四川若尔盖湿地国家级自然保护区	定量	1	遥感数据				左丹丹 等，2018
	草原草甸	青藏高原 11 个代表性自然保护区	定量	11	遥感数据				张镱锂 等，2015
		青海三江源国家级自然保护区	定量	1	遥感数据＋地面样方				宋瑞玲 等，2018
		全国草地类自然保护区	定量	15	遥感数据＋物种调查	√			辛利娟 等，2014
	野生动物	吉林长白山国家级自然保护区	定量	2	监测数据	√	√		关博，2012
	海洋海岸	乐清西门岛海洋特别保护区	定量	2	遥感数据				李利红，2013

续表

评估类型	生态系统类型	案例	定性 / 定量	指标数量	数据类型	野生动物保护成效指标	保护区参与 / 保护目标	保护应用	文献
管理成效评估（PAME）	内陆湿地	宁德环三都澳湿地水禽红树林自然保护区	定性	51	打分法	√			冯雪萍 等，2017
	野生植物	贵州赤水桫椤国家级自然保护区	定性	38	问卷＋打分		√		蔡磊，2014
	野生动物	国家级野生动物类型自然保护区—陆生脊椎动物	定性＋定量	40	问卷＋打分法＋监测数据	√			晏玉莹 等，2015
	野生动物	候鸟类国家级自然保护区	定性	36	问卷＋打分法	√			杨道德 等，2015
	海洋海岸	青岛胶州湾滨海湿地海洋特别保护区	定性＋定量	79	问卷＋监测数据	√			Wu et al.，2017
	其他	广西的自然保护区	定性	10	打分法				安辉 等，2015
静态	海洋海岸	江苏省海门市蛎岈山牡蛎礁海洋特别保护区	定量	24	监测数据				王在峰 等，2011
社区	森林	秦岭的自然保护区	定性	7	问卷				韦惠兰 等，2013

注：野生动物保护成效指标是指栖息地、种群数量变化等动态指标；野生动物保护成效指标、保护区参与 / 保护目标、保护应用三项中，对应研究有涉及则打√，无涉及则保留空白。

间缺乏连接，尚未能达到评估成效的目的——责任审计（监管）和行动改善（Mark et al.，2000）。

总结起来，中国保护地的生物多样性保护成效评估研究，仍存在两大空缺和一点不足：

（1）缺乏实用性 / 可推广性。已提出的保护地成效评估指标体系多由研究者独自完成，缺乏保护地的参与，评价内容与保护地自身的保护目标和工作内容匹配度不高，也未与保护地的监测工作有效结合，这也是评估体系在保护地推广的难点。

（2）缺乏行动导向性。评价成效的根本目的是提高保护效率，但以往的成效评估仅停留在绩效考核和研究结果展示上，与保护行动的改善之间存在断层，评估结果没有最终导致保护地行为的改变，没有达成直接指导保护地工作的效果。

（3）野生动物保护成效的定量评估指标和方法不足。

保护成效评估难以推广和落地也是全世界相关研究面临的共同难题。这两大空缺和一点不足也正是本研究致力于填补和解决的问题，故本研究旨在：① 构建基于实证的保护地生物多样性保护成效评估体系，该体系对保护地具有实用性，并能够改善保护行动；② 以野生动物保护区为先行探索的评估案例，通过案例实践和对指标的准确性分析验证 COR 体系的可行性，总结和提出在全国保护地开展保护成效评估的建议。

第二章

指　　标

有时候你注意到了，有时候你没注意到，各种各样的指标，每天都在我们的生活中发挥作用。从每天的早餐说起，你可能经常会特意去看印在食品包装上的营养成分表中的一个个数字，还有食品的保质期等。这些数字决定了你的早餐是按照什么标准生产出来的，是不是可以被售卖，以及这份早餐是不是仍然可安全食用。作为普通消费者，你并不需要去了解所吃的谷物、蔬菜、肉类是如何生产的，也不需要去调查蔬菜在生长过程中是不是使用了过多的农药，更不需要去食品加工厂守护食品生产过程中的每个步骤，只需要了解包装上的各项指标的意思就足够了，而不需要去纠结这些指标是怎么算出来的。如果对花生过敏，你只需要查看食物成分中有没有花生或花生制品；如果想控制摄入的热量，成分热量表会告诉你食物所包含的热量；如果吃的时候觉得味道不对，可能是因为忽视包装上的保质期而摄入了变质食品。有了这些生产者和消费者都认可的指标，大家参照这些指标去生产和消费，复杂的食物营养、安全问题一下子变得简单，生活也变得很方便。

指标，是保护成效评估的焦点。对于一个保护地，一个保护项目，一项保护行动，乃至一项全球范围的保护运动，其保护成效是否实现，都需要通过具体的指标来体现。

好的指标设计，能够让事情变得很容易；指标设计不合理，起到的作用则正好相反，甚至会让用户抓狂到想去抱怨指标设计者。通常来说，简单和容易实现的指标，会得到用户的欢迎，但也不意味着指标设计者一定不能选择复杂的指标，如果这项指标是必需的，并且没有其他简单指标可以替代，虽然复杂，但确实是可行的，那也应该入选。

有充足理由的指标，往往也是事情往好的方向发展的指引。在利用指标实施评估中，可能短期会碰到一些困难。然而，随着评估需求的增加，技术的进步，人员水平的提高，成本和实施门槛会逐步降低，利用指标也就不再困难。在保护地的成效评估中，可举出不少例子，比如使用遥感数据监测森林变化，需要有这方面专业知识的人、遥感影像、相关的计算机设备和专业的软件，还需要大量的地面验证调查，可谓应用门槛很高，对很多保护地来说应用都是极其困难的。

然而，随着时间的流逝，现在应用已经相对容易，越来越多的保护地自己有，或者能比较容易地找到有相关技能的人员，有多个全球共享的遥感数据可以直接拿来使用，不需要自己去购买卫星遥感图片（以下简称“卫片”）、做森林分类和变化分析这一系列工作，有些保护地顶多需要补充一些地面验证的工作。

2.1　适合中国保护地的指标

那么，哪些指标适用于中国保护地的成效评估，是一个指标就可以包打天下，还是需要一系列组合指标？是一套指标应用于所有的保护地，还是各保护地可采取彼此不同的指标系统？是由国家自上而下地发布指标，保护地严格执行，还是容许保护地自下而上地根据自己情况提出指标，由国家审核认可？是采用无论谁都能看懂的数量硬指标，还是采用经过同行评议，相对而言没那么硬的半定量或定性指标？是用一套固定几十年不变的指标体系和标准，还是每年和每几年就可以提出更新的体系和标准？指标选择是更容易让上级主管部门监督，还是更有利于下一步保护行动的调整增效？指标证据的收集、分析、提交和审核是由保护地和主管部门完成，还是需要没有利益冲突的第三方参与？这些问题，都与指标选取和指标体系构建直接相关。我们在研究这个项目的过程中，这些问题不时地涌现出来，伴随着对它们的探究和讨论，我们对如何选择适合中国保护地评估的指标，也有了更为清晰和深入的认识。

对于第一个问题，答案非常明显，国内外的研究都没找到这个神奇的、可以包打天下的指标。即使通过给保护地打一个简单的分数，类似高考的总分，来衡量这个保护地是否达标，或比起别的保护地是否更优秀，就像在国家级自然保护区管理评估时做的那样，这项满分为 100 的总分也来自 10 个不同类别的问题，每个各占 10 分，在每个问题的 10 分中，还细分了很多更为具体的内容。因此，无论最终评估指标是否以一个分数的形式体现，支持这个分数的都是一套具体的指标体系。

第二个问题，是一套指标应用在所有的保护地，还是各保护地可采取彼此不同的指标系统？我们认为答案是后者，每个保护地都应该采取适合自己的指标体系，即彼此有所不同。看一下我国保护地的类型和特征，就足以说明。在经度、纬度、高（深）度三个空间维度上，我国都占据着相当大的范围。地理、气候在演化历史上的多样组合，成就了我国丰富的生物多样性，而自然空间中人口密度、交通设施和经济发展程度的差异，进一步增加了目标保护地（物种）所面临的威胁的复杂度。结果就是，在我国，没有两个保护地是完全一样的：即使它们保护着同一个物种；即使它们在地理上肩并肩，或背靠背地保护着一座山的两侧，或一条河的两岸；即使在同一级政府管理下，由同一组人管理，由于相似，因而可以使用同样的评价指标，由于不同，因此每个保护区会有更适合自己的评价指标。

举个例子，按照我国在 2018 年时仍然使用的自然保护区分类体系，有以森林生态、草原草甸、荒漠生态、内陆湿地、海洋海岸等生态系统为主要保护对象的保护区，也有以野生动物、野生植物等物种为主要保护对象的保护区，还有少量以地质遗迹和古生物遗迹为保护对象的保护区（图 2.1）。

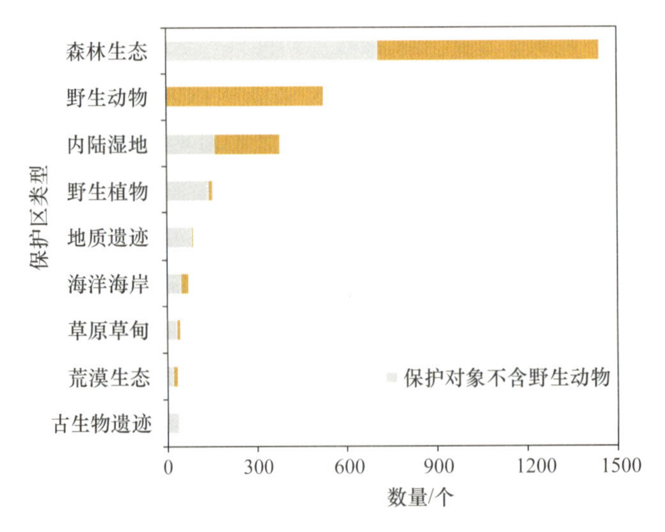

图2.1　各类自然保护区数量与保护对象含野生动物的比例（数据统计截至2018年）

按照截至 2018 年的数据，在这九大类保护区中，以森林生态类型作为主要保护对象的保护区数量占比为 52%，野生动物类型的保护区数量占比为 19%，这是我国保护对象占比最高的两种类型，其次是内陆湿地和野生植物。绝大部分保护区都有多个保护对象同时存在，例如，以森林生态为主的保护区中有 51% 的也保护野生动物；以野生动物为主的保护区中有 60% 属于森林生态系统；统计所有保护对象中含野生动物的，共有 1547 个，数量占到了全国所有保护区总数的 56%。

由于以森林和野生动物为主要保护对象的保护区数量占比高，我们也优先选择了这类保护区作为建立保护地成效评估指标体系的出发点。

接下去的问题，是由国家自上而下地发布指标，保护地严格执行，还是容许保护地自下而上地根据自己情况提出指标，由国家审核认可？为了回答这个问题，我们先看看在不同层次上先后提出的三套指标体系，即我国的《生态保护红线保护成效评估指标体系（试行）》，《自然保护区生态环境保护成效评估标准（试行）》，和正在讨论和审议的《2020 年后全球生物多样性框架》指标体系。

PSRB（Pressure-State-Response-Benefit）框架在 IUCN 所设定的一些监测指南中被采用，例如，*Guidelines for planning and monitoring corporate biodiversity performance*（Stephenson et al.，2021），该框架包括了对生物多样性产生冲击的因素（压力）、由压力和响应所影响的生物多样性状况（状态）、人类采取的措施（响应）和生物多样性得到有效保护后人类因此的受益（惠益）这个复杂因果链条上的每个环节，对完整链条上情况的监测，有助于及时调整对策，实施有效的适应性管理，从而达到保护生物多样性和人类福祉的目的。鉴于此，能有效付诸实践的生物多样性保护和监管指标应该包含上述框架内容。

为了帮助分析，我们使用 PSRB 框架和生物多样性的三个层次建立了一个 4×3 的交叉表，以下简称“指标归类矩阵”，将每个体系中的指标粗略归入矩阵中的某个类别，这样就可以对指标体系的组合设计有一个比较宏观的认识（表 2.1）。可以设想，完善的指标框架应该覆盖这个交叉矩阵上的所有网格：如果从表格行的方向看，在生物多样性的三个主要层次上都有一个或多个指标覆盖，没有空缺；如果从列的方向看，在每一个生物多样性层次上，都有指标覆盖保护行动的完整逻辑链条。

表 2.1　指标归类矩阵：基于 PSRB（压力—状态—响应—惠益）的四项指标和三个生物多样性层次的组合

类别	生态系统多样性	物种多样性	遗传多样性
压力	生态系统—压力指标	物种—压力指标	遗传—压力指标
状态	生态系统—状态指标	物种—状态指标	遗传—状态指标
响应	生态系统—响应指标	物种—响应指标	遗传—响应指标
惠益	生态系统—惠益指标	物种—惠益指标	遗传—惠益指标

然而，从我们分析中发现，目前已经建立和在建的三套指标体系，都未能完整地覆盖所有网格，不同程度地存在明显空缺，即还不能对生物多样性三个层次上面临的危机和所采取的解决方案进行完整的监测和评估，从这个角度讲，基于宏观视角，有必要自上而下地设计一些指标。

2.1.1　生态保护红线保护成效评估指标

生态保护红线是在生态空间范围内具有特殊重要生态功能、必须强制性严格保护的区域，是保障和维护国家生态安全的底线和生命线。2020 年 11 月 24 日，生态环境部为贯彻落实《中华人民共和国环境保护法》和《中共中央办公厅 国务院办公厅关于划定并严守生态保护红线的若干意见》要求，规范生态保护红线保护成效评估的技术要求，制定并发布了《生态保护红线监管技术规范保护成效评估（试行）》，用于评估县级及以上行政区生态保护红线的保护成效。

该标准规定了生态保护红线保护成效评估的评估周期、评估目标与方式、评估指标与计算方法、综合指数计算方法与分级标准的具体要求。依据“面积不减少、性质不改变、功能不降低”和严格监督管理的要求，生态保护红线保护成效评估指标体系包括面积、性质、功能、管理四个方面指标，如表 2.2 所示。表中适用周期的“通用”指年度评估和 5 年评估均适用的情况，标准还允许地方根据当地实际和区域保护特色增设生态功能类指标和特色指标，特色指标数量不多于 2 项。

表 2.2 生态保护红线保护成效评估指标体系 *

监管要求	序号	评估指标	主要获取手段	适用周期	备注
面积不减少	RLMI-01	生态保护红线面积比例（%）	地方提供、遥感监测、地面核查	通用	可一票否决
性质不改变	RLMI-02	人类活动影响面积（km^2）	遥感监测、地面核查	通用	
	RLMI-03	生态修复面积比例（%）	地方提供、遥感监测、地面核查	通用	
	RLMI-04	自然生态用地面积比例（%）	遥感监测、地面核查	通用	
	RLMI-05	海洋自然岸线保有率（%）	遥感监测、地面核查	通用	适用于涉海地区
功能不降低	RLMI-06	植被覆盖指数	遥感监测、地面核查	通用	
	RLMI-07	水源涵养能力	遥感监测、数据分析	5 年	适用于水源涵养生态保护红线
	RLMI-08	水土保持能力	遥感监测、数据分析	5 年	适用于水土保持生态保护红线、水土流失生态保护红线、石漠化生态保护红线
	RLMI-09	防风固沙能力	遥感监测、数据分析	5 年	适用于防风固沙生态保护红线、土地沙化生态保护红线
	RLMI-10	洪水调蓄能力	遥感监测、数据分析	5 年	适用于洪水调蓄生态保护红线
	RLMI-11	重点生物物种种数保护率（%）	地面观测、数据分析	5 年	
	RLMI-12	线性工程密度（km/km^2）	地方提供、遥感监测	5 年	
严格监督管理	RLMI-13	生态保护红线制度与落实	地方提供	通用	
	RLMI-14	公众满意度（%）	问卷调查、抽样调查	通用	
	RLMI-15	生态破坏与环境污染事件	地方提供、12369 举报、舆情监控信息等	通用	减分项，可一票否决

注：*，本表内容来自《生态保护红线监管技术规范保护成效评估（试行）》，在原表基础上做了少量修改，包括增加了 RLMI-XX 的格式的指标序号，调整了列的排列，仅为阅读和下文引用方便。

我们试着将15项生态保护红线保护成效评估指标放入指标归类矩阵内容与其最相近的格子中（表2.3），可以看到这套指标包括了PSRB的所有环节，有潜力形成若干可管理的环路，以及与此对应的适应性管理措施。同时也可看出，这套指标侧重于生态系统和区域的监测，其中大部分指标都直接或间接用于生物多样性保护和监管，可以直接使用或经处理后使用，无须重复设置。

表2.3 生态保护红线保护成效评估指标用指标归类矩阵归类

类别	生态系统多样性	物种多样性	遗传多样性
压力	RLMI-02 人类活动影响面积（km^2） RLMI-12 线性工程密度（km/km^2）		
状态	RLMI-01 生态保护红线面积比例（%） RLMI-04 自然生态用地面积比例（%） RLMI-05 海洋自然岸线保有率（%） RLMI-06 植被覆盖指数	RLMI-11 重点生物物种种数保护率（%）	
响应	RLMI-03 生态修复面积比例（%） RLMI-13 生态保护红线制度与落实 RLMI-15 生态破坏与环境污染事件		
惠益	RLMI-07 水源涵养能力 RLMI-08 水土保持能力 RLMI-09 防风固沙能力 RLMI-10 洪水调蓄能力 RLMI-14 公众满意度（%）		

生态保护红线的范围预计覆盖全国30%的陆域面积，几乎包括所有以国家公园为主体的自然保护区网络的陆地覆盖范围。然而，要实现对全国生物多样性的有效保护和监管，理论上，在物种和遗传多样性上，需要补充一些指标；在海洋上，也需增补一些指标。

2.1.2 自然保护区生态环境保护成效评估标准

生态环境部于2021年11月15日批准了《自然保护区生态环境保护成效评估标准（试行）》，并开始执行。该标准由中国环境科学研究院起草，以贯彻《中华人民共和国环境保护法》《中华人民共和国海洋环境保护法》《中华人民共和国自然保护区条例》《关于建立以国家公园为主体的自然保护地体系的指导意见》，规范自然保护区生态环境保护成效评估工作，目标是要整体上提升我国自然保护区的保护效果。

该标准中规定了自然保护区生态环境保护成效评估的原则、周期、方法、流程、指标体系、评分标准、结果以及报告格式。

其中指标体系的制定遵循了科学性、系统性和可操作性的原则。指标覆盖主要保护对象、生态系统结构、生态系统服务、水环境质量、主要威胁因素、违法违规情况等 6 项评估内容。评估指标共 28 个，考虑到中国保护区的个性，分为应用于所有保护区的 9 项通用指标和应用于特定保护区的 19 项特征指标。如表 2.4 所示。

表 2.4 自然保护区生态环境保护成效评估指标（试行）*

评估内容	指标编号	评估指标	指标类型	适用范围
主要保护对象	NRMI-01	主要保护物种的种群数量	特征指标	适用于以自然生态系统或野生生物为主要保护对象的自然保护区
	NRMI-02	主要保护对象的分布范围	特征指标	
	NRMI-03	自然遗迹保存程度	特征指标	适用于以自然遗迹为主要保护对象的自然保护区
生态系统结构	NRMI-04	景观指数	通用指标	适用于所有自然保护区
	NRMI-05	地上生物量	特征指标	适用于具有天然林、天然草地或荒漠生态系统的自然保护区
	NRMI-06	天然林覆盖率	特征指标	适用于具有天然林生态系统的自然保护区
	NRMI-07	天然草地植被盖度	特征指标	适用于具有天然草地生态系统的自然保护区
	NRMI-08	自然湿地面积占比	特征指标	适用于具有自然湿地生态系统的自然保护区
	NRMI-09	荒漠自然植被覆盖率	特征指标	适用于具有荒漠生态系统的自然保护区
	NRMI-10	未利用海域面积占比	特征指标	适用于具有海域的自然保护区
	NRMI-11	自然岸线保有率	特征指标	适用于具有海域或重要河流、湖泊的自然保护区
生态系统服务	NRMI-12	国家重点保护野生动植物种数	特征指标	适用于具有生物多样性维护服务的自然保护区
	NRMI-13	指示物种生境适宜性	特征指标	
	NRMI-14	物种丰富度	特征指标	
	NRMI-15	水源涵养	特征指标	适用于具有水源涵养服务的自然保护区
	NRMI-16	水土保持	特征指标	适用于具有水土保持服务的自然保护区
	NRMI-17	防风固沙	特征指标	适用于具有防风固沙服务的自然保护区
	NRMI-18	固碳	特征指标	适用于具有固碳服务的自然保护区

续表

评估内容	指标编号	评估指标	指标类型	适用范围
水环境质量	NRMI-19	地表水水质	特征指标	适用于具有地表水水域的自然保护区
	NRMI-20	海水水质	特征指标	适用于具有海域的自然保护区
主要威胁因素	NRMI-21	核心区和缓冲区自然生态系统被侵占面积	通用指标	适用于所有自然保护区
	NRMI-22	核心区和缓冲区外来入侵物种入侵度	通用指标	
	NRMI-23	核心区和缓冲区常住人口密度	通用指标	
	NRMI-24	实验区自然生态系统被侵占面积	通用指标	
	NRMI-25	实验区外来入侵物种入侵度	通用指标	
	NRMI-26	实验区常住人口密度	通用指标	
违法违规情况	NRMI-27	新增违法违规重点问题	通用指标	适用于所有自然保护区
	NRMI-28	违法违规重点问题整改率	通用指标	

注：*，本表内容来自《自然保护区生态环境保护成效评估标准（试行）（HJ 1203—2021）》，做了少量修改，增加了指标序号。

使用前述生物多样性层次和 PSRB 指标归类矩阵，粗略地将 28 项自然保护区成效评估指标放入最相近的格子中，可以看到这套指标也包括了 PSRB 的所有环节，对物种多样性的覆盖更好（表 2.5）。

表 2.5　自然保护区生态环境保护成效评估指标用指标归类矩阵归类

类别	生态系统多样性	物种多样性	遗传多样性
压力	NRMI-21　核心区和缓冲区自然生态系统被侵占面积 NRMI-23　核心区和缓冲区常住人口密度 NRMI-24　实验区自然生态系统被侵占面积 NRMI-26　实验区常住人口密度 NRMI-27　新增违法违规重点问题	NRMI-22　核心区和缓冲区外来入侵物种入侵度 NRMI-25　实验区外来入侵物种入侵度	
状态	NRMI-03　自然遗迹保存程度 NRMI-04　景观指数 NRMI-05　地上生物量 NRMI-06　天然林覆盖率 NRMI-07　天然草地植被盖度 NRMI-08　自然湿地面积占比 NRMI-09　荒漠自然植被覆盖率 NRMI-10　未利用海域面积占比 NRMI-11　自然岸线保有率	NRMI-01　主要保护物种的种群数量 NRMI-02　主要保护对象的分布范围 NRMI-12　国家重点保护野生动植物种数 NRMI-13　指示物种生境适宜性 NRMI-14　物种丰富度	

续表

类别	生态系统多样性	物种多样性	遗传多样性
响应	NRMI-28　违法违规重点问题整改率		
惠益	NRMI-15　水源涵养 NRMI-16　水土保持 NRMI-17　防风固沙 NRMI-18　固碳 NRMI-19　地表水水质 NRMI-20　海水水质		

2.1.3 《2020年后全球生物多样性框架》指标

尚在审议中的《〈2020 年后全球生物多样性框架〉预稿的修订》（2020-08-17）是一个面向全球、相当成规模的指标体系。这些指标由全球最熟悉自然保护的学者、亲身致力于保护实践的行动者、了解保护政策的管理者，经过多年的试错、筛选和讨论，所达成的比较一致的意见，代表了这个领域的知识的前沿，同前期讨论版本相比，指标的变动已较少，因此我们估计该版本的指标框架内容很接近最终定稿。包括标题指标（Headline Indicator）39 项、成分指标（Component Indicator）80 项和补充指标（Complementary Indicator）211 项，合计共 330 项（表 2.6）。

不妨让我们花一些时间来浏览一下这个指标体系的结构和内容。

表 2.6 《〈2020 年后全球生物多样性框架〉预稿的修订》（2020-08-17）的指标构成

目标和行动	标题指标	成分指标	补充指标	小计
长期目标 A	4	8	54	66
长期目标 B	1	4	29	34
长期目标 C	2	2	4	8
长期目标 D	2	4	12	18
行动目标 1	1	2	7	10
行动目标 2	1	2	11	14
行动目标 3	1	3	13	17
行动目标 4	2	3	5	10
行动目标 5	2	1	10	13
行动目标 6		3	2	5
行动目标 6	1			1
行动目标 7	3	7	1	11

续表

目标和行动	标题指标	成分指标	补充指标	小计
行动目标 8	1	3	4	8
行动目标 9	1	3	6	10
行动目标 10	2	3	5	10
行动目标 11	1	6	3	10
行动目标 12	1	2	1	4
行动目标 13	1	1	7	9
行动目标 14	2	4	2	8
行动目标 15	1	4	2	7
行动目标 16	2	2	1	5
行动目标 17	1	4	8	13
行动目标 18	1	1	6	8
行动目标 19	2	3	7	12
行动目标 20	1	2	5	8
行动目标 21	2	3	6	11
总计	39	80	211	330

表 2.7 是《2020 年后全球生物多样性框架》设置的长期目标和对应指标，其中长期目标 A（Goal A）为生物多样性得到有效保护所呈现出的状态，其他几个目标为确保长期目标 A 实现的条件，以及长期目标 A 实现后的受益。长期目标 A 所对应的标题指标涉及生态系统、栖息地、物种状态和遗传多样性四个方向，是生物多样性保护和监管要达成的目标。

表 2.7 《2020 年后全球生物多样性框架》的长期目标和对应指标（2021-07-11）

长期目标	目标内容	指标编号	标题指标名称
长期目标 A	所有生态系统的完整性得到加强，自然生态系统的面积、连通性和完整性至少增加 15%，以支持所有物种的健康和种群的抵抗力，灭绝率至少减少为原来的 1/10，所有分类群和功能组的物种的灭绝风险也降低一半，野生和驯化物种的遗传多样性得到保护，所有物种中至少 90% 的遗传多样性得到保持	PBF-GA01	A.0.1 选定自然和改造生态系统的范围（例如，森林、稀树草原和草地、湿地、红树林、盐沼、珊瑚礁、海草床、巨藻和潮间带栖息地）
		PBF-GA02	A.0.2 物种栖息地指数
		PBF-GA03	A.0.3 红色名录指数
		PBF-GA04	A.0.4 遗传有效种群数量>500 的种群在该物种所有种群的占比

续表

长期目标	目标内容	指标编号	标题指标名称
长期目标 B	通过保护和可持续利用，支持全球发展议程，为所有人造福，大自然对人类的贡献得到了重视、维持或加强	PBF-GB01	B.0.1 生态系统服务在国家环境经济账目上的体现
长期目标 C	利用遗传资源的惠益得到公正和公平的分享，对生物多样性的保护和可持续利用，得到的货币和非货币惠益大幅增加并得到分享	PBF-GC01	C.0.1 根据获取和收益分享协议（包括传统知识），利用遗传资源所获得的经济利益
		PBF-GC02	C.0.2 根据获取和收益分享协议所产生的研究和开发产品的数量
长期目标 D	现有财政和其他执行手段的缺口，以及为实现 2050 年愿景的必要手段的空缺得到填补	PBF-GD01	D.0.1 为实施全球生物多样性框架而提供的资金
		PBF-GD02	D.0.2 反映国家生物多样性规划进程和实施手段的指标

表 2.8 介绍了在《2020 年后全球生物多样性框架》中，为实现长期目标的 21 项行动目标以及对应的 30 项指标，其中前 7 项行动目标和 11 项指标与生物多样性的各层次直接相关，是生物多样性保护和监管需要侧重考虑的。

表 2.8 《2020 年后全球生物多样性框架》的行动目标和对应指标（2021-07-11）

行动目标	目标内容	指标编号	指标名称
行动目标 1	确保全球所有陆地和海洋区域都处于综合生物多样性包容性空间规划之下，以应对陆地和海洋利用变化问题，保留现有的完整、荒野区域	PBF-T101	1.0.1 陆地和海洋规划中整合了以生物多样性为考量的占比
行动目标 2	确保至少有 20% 的退化淡水、海洋和陆地生态系统得到恢复，确保它们之间的生态连通性，重点关注优先生态系统	PBF-T201	2.0.1 恢复中的退化或转化的生态系统占比
行动目标 3	确保全球至少 30% 的陆地和海洋区域，特别是对生物多样性及对人类的贡献具有特别重要意义的区域，通过有效和公平管理得到养护，具有生态代表性且连接良好的保护区系统和其他有效的区域保护措施，并融入更广泛的陆地景观和海洋景观	PBF-T301	3.0.1 保护地和有效的体系外保护机制的覆盖度

续表

行动目标	目标内容	指标编号	指标名称
行动目标 4	确保采取积极的管理行动，包括通过迁地保护，恢复和保护野生物种和驯化物种及遗传多样性，并有效管理人与野生动物之间的相互作用，以避免或减少人与野生动物之间的冲突	PBF-T401	4.0.1 物种种群受人类与野生动物冲突影响的比例
		PBF-T402	4.0.2 安全存放在中长期保护设施中用于食物和农业的植物遗传资源数量
行动目标 5	确保野生物种的采集、交易和使用是可持续、合法和安全的，有利于人类健康	PBF-T501	5.0.1 野生生物被合法和可持续地获取的比例
		PBF-T502	5.0.2 处于生物可持续水平上的鱼类资源比例
行动目标 6	管理外来入侵物种的引入途径，防止或降低至少 50% 的引入率和建立种群的概率，并控制或根除外来入侵物种，以消除或减少其影响，重点关注优先物种和优先地点	PBF-T601	6.0.1 外来入侵物种扩散率
行动目标 7	将所有来源的污染降低到对生物多样性、生态系统功能或人类健康无害的水平，包括将流失到环境中的营养物至少减少 1/2，杀虫剂至少减少 2/3，并消除塑料废弃物的排放	PBF-T701	7.0.1 海岸富营养化潜力指数（从国家边界输出的过量氮和磷数量）
		PBF-T702	7.0.2 塑料碎屑密度
		PBF-T703	7.0.3 农田单位面积的杀虫剂用量
行动目标 8	尽量减少气候变化对生物多样性的影响，通过基于生态系统的方法促进气候缓解和气候适应，每年至少为全球缓解努力贡献 10 $GtCO_2e$，并确保避免所有缓解和适应努力对生物多样性产生负面影响	PBF-T801	8.0.1 来自土地利用和土地利用变化的国家温室气体清单
行动目标 9	通过可持续管理陆地、淡水和海洋野生物种，保护原住民和当地社区习惯上的可持续利用，确保人们，特别是最弱势群体的利益，包括营养、粮食安全、药品和生计在内的福利	PBF-T901	9.0.1 国家环境经济效益账户中来自野生物种利用的收益
行动目标 10	确保所有农业、水产养殖和林业领域得到可持续管理，特别是通过保护和可持续利用生物多样性，提高这些生产系统的生产力和恢复力	PBF-T1001	10.0.1 处于有生产力和可持续农业下的农业用地比例
		PBF-T1002	10.0.2 可持续森林管理方面的进展（长期森林管理计划下的森林面积比例）

续表

行动目标	目标内容	指标编号	指标名称
行动目标 11	保持和加强大自然对调节空气质量、水质和水量以及保护所有人免受危害和极端事件的贡献	PBF-T1101	11.0.1 被记录入国家环境经济效益账户中的生态系统价值，体现在对空气质量、水质、水量调节的受益，以及在防止自然灾害和极端事件造成的损失方面
行动目标 12	增加城市地区和其他人口稠密地区的绿地和蓝色空间的面积、使用和受益，以促进人类健康和福祉	PBF-T1201	12.0.1 城市建成区中可供公众使用的绿色/蓝色空间的平均份额
行动目标 13	在全球一级和所有国家执行措施，以便获得遗传资源，并确保通过相互商定的条件和事先知情同意等方式，公平、公正地分享利用遗传资源和相关传统知识所产生的惠益	PBF-T1301	13.0.1 能够确保平等和公平利益共享的立法、行政或政策框架的指标，包括基于事先知情同意和双方共同同意的方式
行动目标 14	将生物多样性价值充分纳入各级政府和所有经济部门的政策、法规、规划、发展过程、减贫战略、会计和环境影响评估，确保所有活动和资金流与生物多样性价值保持一致	PBF-T1401	14.0.1 将生物多样性价值纳入国家目标，以及各级政策、法规、规划、发展计划、减贫战略的国家目标的程度，确保将生物多样性价值主流化入所有部门，纳入环境影响评估
		PBF-T1402	14.0.2 将生物多样性纳入国民经济核算和报告体系，定义为实施环境经济核算制度
行动目标 15	所有企业（公共和私人企业，大、中、小型企业）评估并报告其从地方到全球对生物多样性的依赖性和影响，逐步减少负面影响，至少减少 1/2；增加正面影响，减少与生物多样性相关的企业风险，实现开采和生产实践、资源和供应链以及使用和处置的全面可持续性	PBF-T1501	15.0.1 商业对生物多样性的依赖和冲击
行动目标 16	确保鼓励并使人们能够做出负责任的选择，并获得相关信息和替代品，同时考虑到文化偏好，以减少至少一半的浪费，并在相关情况下减少食品和其他材料的过度消耗	PBF-T1601	16.0.1 食物废物指数
		PBF-T1602	16.0.2 人均原材料足迹

续表

行动目标	目标内容	指标编号	指标名称
行动目标 17	在所有国家建立、加强能力并实施措施，以预防、管理或控制生物技术对生物多样性和人类健康的潜在不利影响，降低这些影响的风险	PBF-T1701	17.0.1 衡量为了人类健康，用于预防、管理和控制生物技术对生物多样性的潜在不利影响而采取的措施的指标
行动目标 18	以公正和公平的方式重新定向、调整用途、改革或消除对生物多样性有害的激励措施，每年至少减少 5000 亿美元，其中包括所有最有害的补贴；确保激励措施，包括公共和私营经济及监管激励措施，对生物多样性是积极的或中立的	PBF-T1801	18.0.1 重新定向、调整用途或取消对生物多样性有害的补贴和其他激励措施的价值
行动目标 19	将所有来源的财政资源增加到每年至少 2000 亿美元，包括新的、额外的和有效的财政资源，每年至少增加 100 亿美元流向发展中国家的国际资金，利用私人资金，并增加国内资源调动，考虑到国家生物多样性融资规划，加强能力建设、技术转让和科学合作，以满足实施《2020 年后全球生物多样性框架》的需要，以及与该框架目标和指标的雄心壮志相称	PBF-T1901	19.0.1 来自官方的生物多样性发展援助
		PBF-T1902	19.0.2 在保护和可持续利用生物多样性和生态系统方面的公共和私人支出
行动目标 20	确保相关知识，包括原住民和地方社区的传统知识、创新和做法，在获得其自由、事先和知情同意的情况下，指导有效管理生物多样性的决策，以实现监测，并促进认识、教育和研究	PBF-T2001	20.0.1 能够反映用于管理的生物多样性信息和监测，包括传统知识方面的指标
行动目标 21	确保原住民和地方社区公平有效地参与与生物多样性有关的决策，尊重他们对土地、领土和资源的权利，尊重妇女、女童和青年的权利	PBF-T2101	21.0.1 在生物多样性相关的决策中，原住民和地方社区、妇女和女童以及青年参与的程度
		PBF-T2102	21.0.2 原住民和地方社区的传统领土上的土地所有权

使用与前面同样的分析方法，我们粗略地将《2020 年后全球生物多样性框架》中 39 项与长期目标和行动目标对应的指标放入与指标归

类矩阵与其内容最相近的格子中（表 2.9），可以看到这套指标包括了PSRB 的所有环节，覆盖了所有生物多样性层次，有些空缺是目前了解不够，或尚难涉及的，未来应该会有所顾及。与前述的两套指标体系相比，这套体系中对于惠益有更为详细的考虑。

表 2.9 《2020 年后生物多样性框架》中与长期目标和行动目标对应的指标用指标归类矩阵归类

类别	生态系统多样性	物种多样性	遗传多样性
压力	PBF-T701 海岸富营养化潜力指数（从国家边界输出的过量氮和磷数量） PBF-T702 塑料碎屑密度 PBF-T703 农田单位面积的杀虫剂用量 PBF-T1601 食物废物指数 PBF-T1602 人均原材料足迹	PBF-T601 外来入侵物种扩散率	
状态	PBF-GA01 选定自然和改造生态系统的范围（例如，森林、稀树草原和草地、湿地、红树林、盐沼、珊瑚礁、海草床、巨藻和潮间带栖息地） PBF-T2102 原住民和地方社区的传统领土上的土地所有权 PBF-T2101 在生物多样性相关的决策中，原住民和地方社区、妇女和女童以及青年参与的程度	PBF-GA02 物种栖息地指数 PBF-GA03 红色名录指数 PBF-T401 物种种群受人类与野生动物冲突影响的比例 PBF-T501 野生生物被合法和可持续地获取的比例 PBF-T502 处于生物可持续水平上的鱼类资源比例	PBF-GA04 遗传有效种群数量>500的种群在该物种所有种群的占比
响应	PBF-GD01 为实施全球生物多样性框架而提供的资金 PBF-GD02 反映国家生物多样性规划进程和实施手段的指标 PBF-T101 陆地和海洋规划中整合了以生物多样性为考量的占比 PBF-T201 恢复中的退化或转化的生态系统占比 PBF-T301 保护地和有效的体系外保护机制的覆盖度 PBF-T801 来自土地利用和土地利用变化的国家温室气体清单 PBF-T1002 可持续森林管理方面的进展（长期森林管理计划下的森林面积比例）		PBF-T402 安全存放在中长期保护设施中用于食物和农业的植物遗传资源数量

续表

类别	生态系统多样性	物种多样性	遗传多样性
	PBF-T1401 将生物多样性价值纳入国家目标，以及各级政策、法规、规划、发展计划、减贫战略的国家目标的程度，确保将生物多样性价值主流化入所有部门，纳入环境影响评估 PBF-T1402 将生物多样性纳入国民经济核算和报告体系，定义为实施环境经济核算制度 PBF-T1701 衡量为了人类健康，用于预防、管理和控制生物技术对生物多样性的潜在不利影响而采取的措施的指标 PBF-T1801 重新定向、调整用途或取消对生物多样性有害的补贴和其他激励措施的价值 PBF-T1901 来自官方的生物多样性发展援助 PBF-T1902 在保护和可持续利用生物多样性和生态系统方面的公共和私人支出 PBF-T2001 能够反映用于管理的生物多样性信息和监测，包括传统知识方面的指标		
惠益	PBF-GB01 生态系统服务在国家环境经济账目上的体现 PBF-T1001 处于有生产力和可持续农业下的农业用地比例 PBF-T1101 被记录入国家环境经济效益账户中的生态系统价值，体现在对空气质量、水质、水量调节的受益，以及在防止自然灾害和极端事件造成的损失方面 PBF-T1201 城市建成区中可供公众使用的绿色 / 蓝色空间的平均份额 PBF-T1301 能够确保平等和公平利益共享的立法、行政或政策框架的指标，包括基于事先知情同意和双方共同同意的方式 PBF-T1501 商业对生物多样性的依赖和冲击	PBF-T901 国家环境经济效益账户中来自野生物种利用的收益	PBF-GC01 根据获取和收益分享协议（包括传统知识），利用遗传资源所获得的金钱利益 PBF-GC02 根据获取和收益分享协议所产生的研究和开发产品的数量

当我们把这三种重要的生物多样性保护相关指标放到指标归类矩阵中，很容易就可以看出，矩阵的左边集中了大部分的指标，在右边与遗传多样性相关的，只有很少量的指标，对于遗传多样性承受的压力，以及在物种多样性方面采取的响应，目前还都缺乏直接可归入的指标（表 2.10）。

表 2.10 指标归类矩阵中的各类指标数量

类别	生态系统多样性			物种多样性			遗传多样性		
	RLMI	NRMI	PBF	RLMI	NRMI	PBF	RLMI	NRMI	PBF
压力	2	5	5		2	1			
状态	4	9	3	1	5	5			1
响应	3	1	14						1
惠益	5	6	6			1			2

回到我们的问题，是由国家自上而下地发布指标，保护地严格执行，还是容许保护地自下而上地根据自己情况提出指标，由国家审核认可？我们的看法是，一套切实可行的指标体系的形成，这两种路径都是不可缺少的。指标不会凭空产生，很多指标都来源于保护实践的需求，例如，目标物种的分布区扩张，目标物种数量的增长，在自然保护刚开始的时候，这些是保护行动试图达到的目标。例如，大熊猫保护从 20 世纪七八十年代对大熊猫的调查和研究开始。因为竹子开花、偷猎、栖息地退缩等原因，大熊猫面临了生存困境，甚至有灭绝的风险，因而触发了至今还在持续的对大熊猫的保护，有了针对大熊猫的保护区，对大熊猫保护的目标是保持其数量的稳定和增长，相关的则是栖息地面积稳定和不减少。而这项与大熊猫数量和分布区范围有关的内容，则在很多年以后才纳入保护地成效评估的指标体系中，而在此之前，甚至全国都没有多少人去思考保护地成效评估这件事。

随着自然保护事业规模的发展，对保护地进行评估的重要性和必要性也逐渐显现出来，与之密切相关就需要一套指标体系。当把已有的切实可行的指标汇总起来，几乎不用花很多时间，也不需要做指标归类矩阵分析就会发现，很多保护中的目标或内容还没有被覆盖，特别是当把保护地作为一个整体来看待时，能够反映这个整体保护成效的指标是缺失的。举个例子，对大熊猫的保护，从国家的角度将保护区体系作为一个整体来监测大熊猫的保护状况，以及发生的变化，并以此调整保护行动计划。于是，就需要自上而下地把监测大熊猫分布的任务分配给一系列的保护区，并要求他们按期汇报大熊猫分布状况，这些保护区，有些覆盖的是大熊猫的稳定分布区，因此每年汇报的结果基本上都是“有”；有些覆盖的是大熊猫的潜在栖息地，即目前还没有大熊猫分布，未来可能有分布的区域，因此每年汇报的结果基本上都是“无”；有些覆盖的是大熊猫的廊道，或大熊猫的边缘栖息地，因此大部分都没有大熊猫分布，只有少量的机会有大熊猫到访或过路，这样的保护区所上报的大部分是“无”和少量的“有”。从国家的角度，这些保护区所做的监测工作、所提供的数据构成的指标在回答对大熊猫保护成效上是有意义的，并且必须这样做才行，尽管对于总是上报“无”的基层保护区，得花不少时间来克服总是汇报“零”发现的挫败。

下一个问题，是采用无论谁都能看懂的数量硬指标，还是采用经过同行评议，相对而言没那么硬的半定量或定性指标？我们常说的数量硬指标，例如，前面提到的食品包装上的保质期。有的是时间和简单的文字说明，例如，“有效期至 ×××× 年 ×× 月 ×× 日”；有的是一个生产日期，但在说明中注明保质期有多长，比如半年或 30 天。这样的指标简明易懂，比较起来也很方便，容易判断食品是不是过期。在超市选择食品时，如果你更中意选择新鲜的，就选择生产日期比较新的。例如，《自然保护区生态环境保护成效评估标准》中“主要保护物种的种群数量”，和“天然林覆盖率”等指标，又如《2020 年后全球生物多样性框架》指标体系中的“农田单位面积的杀虫剂用量”这些都是可以用数字来衡量的硬指标。这类指标中，有些可以设置为一个固定值，例如，单位农田面积的杀虫剂用量不得高于某个数值，超过则需要采取修复措施，或触发某些惩罚条款；有些则可用作一个保护区两个时间点间的比较，例如，天然林覆盖率，对于以森林生态系统为主要保护目标的保护地，这项指标就非常重要，假如以 5 年为报告间隔，那么 5 年后该保护地的天然林覆盖率如果出现下降，而不是保持稳定或有所上升，就需要分析具体原因和对管理计划做相应的修改。

然而，不是所有的指标都能够采用清晰明了的数量指标，有些指标相对而言就没那么硬，这包括半定量的指标、定性指标、经过专家或同行评议的意见指标，出于评价保护行动成效的目的，有比没有好。这里面又分几种情况，一种是指标的研发总结还未到位，例如，《〈2020年后全球生物多样性框架〉预稿的修订》中的指标（表2.11），在所有330项指标中，目前可用的刚过一半，为169项，占比为51.2%，而其他处在各种不同开发状态的指标，包括待定（95项，28.8%）、开发中（15项，4.5%）、需开发（13项，3.9%）和尚缺的（38项，11.5%）。例如，其中一项标题指标“生态系统服务在国家环境经济账目上的体现”，就处在需要开发的状态，在未达成计算方法共识前，这项指标只能以半定量的形式体现；又如，在行动目标6中的“控制或根除外来入侵物种”，目前尚无指标建议，然而这是个重要的事项不能回避，实际报告中可以通过“留白”显示目前这项指标内容缺，或者给出一些来自专家判断的定性意见。

为实现《2020年后全球生物多样性框架》的指标体系目前还在完善中，从表2.11中可以看出，为完善这套指标体系，还有很多工作需要做。

表2.11 《〈2020年后全球生物多样性框架〉预稿的修订》（2020-08-17）的指标状态

指标状态	标题指标	成分指标	补充指标	小计 / 比例
可用（Available）	13	24	132	169 / 51.2%
待定（Data Pending）	13	20	62	95 / 28.8%
开发中（In Development）			15	15 / 4.5%
开发中，欧洲可用			1	1 / 0.3%
开发中，部分区域可用			1	1 / 0.3%
需开发（Needs Development）	13			13 / 3.9%
尚缺（N/a）		36	2	38 / 11.5%

说到这里，对于下一个问题，即我国的保护地成效评价指标体系是用一套固定几十年不变的指标体系和标准，还是每年和每几年就可以提出更新的体系和标准？答案也呼之而出了，保护生物多样性是我国保护地设置的初心，然而，保护目标的状态和变化、受到的压力和压力的变化，保护行动的影响和惠益，以及与利益相关方有关的内容，都是与生物多样性保护相关的不可忽视的组分。目前，在全球范围内尚有接近一半的指标未明确，当前的指标体系肯定还有很大的完善空

间，对自然和保护问题认识水平的提高，因监测和分析技术手段的发展，都会推动当前指标体系的更新。

2.2 从管理评估走向成效评估

围绕保护成效评估，在指标选择上，还有一个问题，指标选择更容易让上级主管部门监督，还是更有利于下一步保护行动的调整增效？从主管部门的视角，其所面对的不是一个，而是成百上千个保护地，每个保护地的情况都各不相同，有的成立已有几十年，有的刚成立几年；有的具备完善的管理机构和团队，有的可能只有几个兼职人员；有的已经开展了数十年的监测，有的连基本的本底调查都没做过；等等。面对如此复杂的现实，自然需要一套基本的监督指标来兜底，确保大多数保护地的工作都在正确的方向和轨道上。然而，基本的监督指标不一定能覆盖保护地的每项工作，从《2020 年后全球生物多样性框架》的内容可以明显看出，要更有效地指导保护工作，需要很多指标才行。

我们对这个问题认识和理解的不断深入，跟在 2010 年 4—6 月，由北京大学和北京山水自然保护中心联合实施的一项保护地调研活动有关。当时的保护地普遍面临缺乏资金、留不住人才的窘境，甚至包括很多国家级自然保护区也缺乏足够的资源支持，作为理所应当的资金来源，当时财政主管部门在改善投入力度时就表现得非常谨慎，原因自然是多方面的，看不清保护区在保护上的成效就是理由之一。由于保护区缺乏足够的资金，限制了保护行动的开展，保护区难以加大保护力度，导致看不出、也说不清保护的成效在哪里，继而财政主管部门也不愿追加投入，导致保护区长期处在资金困乏的状况下，由此形成了一个负面循环。

要破局，保护区成效能被有效评价是一个突破口。保护区工作做得好，成效说得清楚，下一步要解决的问题也提得很清楚，与之相关的资金需求明确合理，增加来自财政的投入就有了充分的理由，进一步，保护区的工作就可以做得更好。基于这些讨论，北京大学和北京山水自然保护中心一起，总结了我国保护区评价的状况，结果发现，当时所采用的评价主要集中在保护区的管理方面，如对保护区资金投入、管理和使用等方面的评价（苏杨，2006；徐海根，2001；蔡达元，1995），以及保护区管理现状及措施的评价（喻泓，2006；程鲲，2008）。国家林业局于2008年发布的保护区评价工具也多集中在管理的有效性方面。之所以采取以管理为主的评价方式，并非不认可保护区评价应该对保护成效进行客观评价的观点，而是管理者和评价者们普遍认为后者的难度较大，难以开展。

北京大学和北京山水自然保护中心的合作团队，早在2004年，就同保护国际的专家一起，进行过保护成效监测和评估方面的尝试，因此一直都很确信，成效评估是对提高保护行动成效最有直接帮助的评估方式。并且，随着国家和公众对保护区重视程度的不断增加，以及保护区工作人员的不懈努力，伴随着保护科学研究的不断发展，在很多保护区已开展了多年的监测工作，已经能对其主要保护对象的变化趋势有所了解，以此为基础，在客观上已经具备了通过监测评价保护成效的条件。为此，我们带着设计好的调研问卷，到保护区实地了解和探讨“管理＋成效”的评价机制是否已经具备了可行性。

接下来，合作团队组织了10个小组，共计42人的调研队，在全国范围内进行了持续两个月的调研工作，涉及15个省（自治区、直辖市）的保护区，其中国家级保护区39个，省级保护区9个，未成立的保护区1个。所调研的保护区在当时隶属多个主管部门，包括林业系统的保护区37个，环保系统的保护区3个，国家海洋局下属的保护区4个，农业部下属的保护区3个，国土资源部下属的保护区1个，城乡建设部下属的保护区1个。从保护区的类型来看，这次调研覆盖比较全面，包括森林生态系统、草原与草甸生态系统，红树林生态系统、海洋生态系统、内陆湿地和水域生态系统及野生动物、野生植物、地质遗迹共8种类型；从国家级保护区成立的时间来看，其中1970年前成立的保护区有3个，七八十年代成立的保护区有3个，80年代后成立的保护区有33个。

为这次调研，合作团队专门设计了调查问卷，简单地说，问卷包括了保护区的基本信息、保护区的大事件、保护区内保护对象的状况及变化趋势、趋势变化的原因、保护行动的实施情况、保护行动实施中的限制因素、保护区资金的使用情况、保护区在周边社区的作用、保护区的生态系统服务功能共 8 个部分 123 个问题。

调研以实地考察和半结构式访谈的方式开展，共回收有效问卷 53 份，就设计时所考虑到的“破局”可能性，从问卷结果中，总结了与其相关的 5 个问题，即保护区对保护对象的认知、保护对象的变化趋势、影响植被和物种变化的原因、现有保护区的保护行动和实施过程、保护行动的制约因素。

表 2.12 是 2010 年保护区调研中与保护成效相关的结果。

表 2.12　2010 年保护区调研中与保护成效相关的结果

问题	调研结果
1. 保护区对保护对象的认知	从调研的 49 个保护区来看，每个保护区均有明确的保护对象，中国自然保护区的建立并不是盲目的，都是围绕着关键的自然生态系统或者珍稀濒危物种而展开的，所以从目前调研的结果来看，所有保护区的建立者明确每个保护区的主要保护对象，接下来，我们将着重分析这些保护对象变化的趋势。 从所调研的 49 个保护区收集到 34 个保护区的生态系统服务功能，有 26 个保护区具有涵养水源的作用，有 10 个保护区具有调节气候和改善空气的作用，有 15 个保护区具有维持关键物种生存的作用，有 10 个保护区具有保持水土的作用；保护区所提供的社会经济功能方面，有 17 个保护区提供的社会经济功能为生态旅游，10 个保护区提供的社会经济功能为生计项目，5 个保护区提供的社会经济功能为传统文化
2. 保护对象的变化趋势	回答每个保护区的变化趋势是一个很困难的问题，因为这和每个保护区数据的积累有关系，往深点说，涉及保护区工作做得是否扎实。工作做得扎实的保护区，数据积累充分，对于保护对象的了解也更深刻。 要了解保护对象的变化趋势，我们也可以借助一些先进的科学方法，如遥感影像数据，我们采用了 Modis 指数数据分析整个保护区植被的变化，并通过保护区内部的监测和观察来分析物种的变化。 所调研的保护区均有主要保护物种，有 20 个保护区清楚主要保护物种的现有数量及变化趋势，有 4 个保护区的保护物种发生了剧烈变化，其中 1 个保护区内的物种数量急剧减少，2 个保护区内的物种数量增加，1 个保护区内的物种数量在不同年份波动很大。这些数据来源于保护区工作人员的日常监测。 有 29 个保护区内保护物种不能量化，但通过保护区工作人员的观察可以得出，在这些保护区保护的目标物种中，有 18 个物种数量减少了，有 8 个物种数量维持不变，有 15 个物种数量增加了

续表

问题	调研结果
3. 影响植被和物种变化的原因	在影响植被变化的原因方面，有 34 个保护区清楚植被变化的原因，有 19 个保护区的植被变化是人为原因造成的，如部分保护区所提到的水电、挖药、林下副产品的采集等，有 6 个保护区的植被变化是自然原因造成的，如所提及的旱灾，2008 年南方普遍遭受的雪灾和四川发生的地震等。 盗猎、挖药和捕捞是大多数保护区在建立前面临的主要问题，在保护区建立后，这些问题都在一定程度上得到了缓解，其中有 18 个保护区是通过加强执法力度得以实现的，有 3 个保护区是通过对社区的宣传教育实现的，有 4 个保护区是通过建立保护站等基础设施实现的
4. 现有保护区的保护行动和实施过程	所调研的 49 个保护区均制订了保护区管理计划，但只有 24 个保护区有具体实施；有 30 个保护区制订了监测计划，但只有 13 个保护区制订了明确的监测样线，约 4 个保护区的监测样线覆盖全区，有 16 个保护区明确了全年的监测次数，有 13 个保护区建立了数据库。 监测是重复收集数据的过程，在同样的地方、同样的时间收集数据才称为监测。观察和访谈具有随机性，所以，准确的判断更多来源于监测数据的完备。在我们实地调研过程中，真正实施监测的保护区只占 27%，所以监测体系的完善，以及监测工作具体实施应成为未来保护区建设的一个重要方向
5. 保护行动的制约因素	所调研的 49 个保护区中，有 15 个认为制约保护行动的关键因素是资金，有 3 个保护区能给出哪方面缺资金，如护林防火、监测、巡护的运作费用；有 4 个保护区缺乏人才，有 2 个保护区缺乏保护上的技术人员

总结实地调研的结果，我们认为：首先，保护区对其保护对象是明确的，在所调查的保护区中，所有保护区都能明确其保护对象。我们还通过研究国外著名保护地和国家公园的管理计划，总结出了一套包含 120 项、基本覆盖中国所有自然保护区类型的保护目标列表，新建保护区可以参考这个列表的内容，迅速确立自己的保护对象，老保护区也可以对照这个列表，完善自己的保护目标。

其次，尽管保护区明确其主要保护对象，但是他们对来自国家的保护成效具体目标和指标要求则多不明确。在现有评价考核体系中仍然以是否有界碑、巡护等管理评价为主，缺乏对成效指标的明确要求。由于缺少一套清晰的保护成效指标和要求，造成保护区的保护目标在和其他发展部门（如旅游、道路、水利）的目标产生冲突的时候，保护区缺乏清晰的依据来保证其利益，从而危害到保护目标。本次调研的保护区，多为地方推荐或工作知名度高的保护区，代表了中国保护区的最好水平类型，但保护成效仍然无法说清，提示着全国其他保护区的保护成效或许更不清楚。

根据调研时保护区已经具备的能力，我们认为国家将保护成效指标加入评价考核内容的时机已经成熟，对保护区应该采取“管理＋成效”的评价方式。在所调查的 49 个保护区中，有 69% 的保护区开展了监测工作，国家级保护区开展监测的比例为 74%。保护区对主要保护对象的变化趋势是了解的，其中部分保护区是通过直接监测保护对象的动态变化来了解的，部分保护区是通过监测影响主要保护对象的威胁因素而间接了解到的。调查结果说明，目前实施了监测的保护区可以使用已有体系按照保护成效指标的要求进行监测，并通过监测结果反映保护成效；目前没有开展监测工作的保护区在明确了监测的必要性，并解决相应的资金和技术问题后，也可以在短期内通过监测结果说明保护成效。国内已有成熟的监测技术，完全有条件开始在保护区大范围推行。在我们调查的保护区中，大部分没有开展监测的保护区都有愿望尽快进行监测工作。

因此，在随后的调研成果分享研讨会和调研报告中，我们向国家级自然保护区的各个主管部门建议，采用“管理＋成效”评价方式的客观条件已经成熟，国家可以考虑在未来 5 ～ 10 年内在大多数国家级自然保护区建立“管理＋成效”评价机制，将这当时占比为 9.3% 的国土面积纳入科学评价和管理中。

从对这 49 个保护区的调研中，我国保护地的多样性和保护工作的复杂性，保护地在应对威胁时所采取对策的灵活程度，深刻地改变了我们的认识，使我们意识到，每个保护区都有很多具体的威胁需要应对，一套便于上级管理的指标体系是不足以应对复杂的保护现实的。在每个保护地，必须有除了来自上级的指标以外的评价指标，来支撑具体的保护行动，而作为保护地的上级主管机构，应当基于这些具体的需求来设计指标体系。

接下去，按照顺序虽然排在最后，但却不是最后的一个问题，这个问题事关一个指标证据的收集、分析、提交和审核是由保护地和主管部门完成，还是需要没有利益冲突的第三方参与？显然，这问题并没有唯一的答案，假如保护地的工作人员、各级管理人员和主管部门的领导之间有充分的信任，那么最好的工作方式就是用尽量少的人员和资源，去完成指标证据的收集和分析，并交给各级管理人员来制订下一步行动方案。然而，实际情况并非如此理想，例如，为获取“天然林覆盖率”或“红树林覆盖范围”这类指标的数值，就需要获取遥感影像数据，并使用专业的遥感解译软件来处理，过程中涉及较强的数据分析能力。目前不是所有的保护地都具备这样的能力，可以完全不依靠外部专业人员就能独立完成。而且解译的结果往往还需要经过专业人员审核确认，类似科学研究发表中的同行评议和财务报告中的独立审计。同一个指标值，经过多方审核，特别是经过无利益冲突的第三方审核，自然能够更好地排除错误，更真实地反映实际情况，对决策支持也更有力度。然而，每一方的引入，都意味着有更多的人参与，更多的资源消耗和更长的等待时间，从某种意义上来讲，就是更低的效率。因此，只有当引入第三方带来的益处，或避免的损失超过第三方消耗的成本时，这样做才是值得的。

2.3 保护地评估四原则

我们一直在试图建立一套适合中国保护地保护成效评估的框架体系，在本研究中，这一框架体系逐渐成形，我们称为 COR（Conservation outcomes Reporting），该框架体系中的指标选择应当满足保护地设置的初心，即保护地要能够：① 必须维持生境中重要的生态过程；② 保护物种的进化能力；③ 把人类活动的负面影响降到最低；④ 在生态系统中应当维持适度的扰动机制；⑤ 管理计划应当具有灵活性（潘文石等，2001）。

为此，我们在 2014—2018 年期间，采用半结构式访谈的方法（Semi-structured Interviews），以“保护成效评估的需求和作用”为访谈提纲，对来自全国的 71 个保护区以及 53 个保护区主管和监管机构的关键信息人进行了访谈，包括国家林业和草原局 1 人、云南（省、市、县级）林业和草原局 14 人及北京市园林局 1 人，还包括来自各省生态环境厅保护地监管部门的关键信息人 36 人，及 41 个国家级、21 个省级、9 个市县级保护区的关键信息人。

所有接受访谈的人员一致认为，对保护地进行的客观评估，很有必要说明保护成效，他们认为：① 成效评估需与保护地监测相结合；② 成效评估应该为保护地制订下一步的管理计划，提供科学化、精细化管理依据；③ 评估应当充分考虑不同保护地的生态特点与保护对象的需求。

有关这方面的认识，根据我们所掌握的资料，国际上也普遍认为：保护地生态管理的重点包括清晰的保护愿景和可指示保护进展的明确量化的目标；以实现保护目标为导向的适应性管理体系是当前保护地管理的有效思路；单体尺度保护成效的监测与评估应与适应性管理相整合；通过评估可以增加对复杂生态系统的认知，如保护地的自然价值、保护对象的现状；定量的生态评价体系对野外数据的采集与长期监测要求高、评估耗时长，但反映出的结果也更加准确可靠，特别是对野生动物评估，基于实际调查和长期监测的数据结果能更加准确地反映保护对象的状态变化；成效评估的结果应被用来反馈和及时调整保护目标、计划与行动；等等。（Worboys，2007；Jones，2009；Lindenmayer et al.，2009；Geldmann et al.，2013；Parks and Wildlife Service，2013；Addison et al.，2017）

Brawata 等为澳大利亚首都领地地区制定成效监测与评估体系时，制定了八项原则：① 保护地的管理问题应当与其开展的监测和科研挂钩，并随问题的改变进行动态调整（即适应性管理思路）；② 保护地开展的监测项目必须与保护成效评估相联系；③ 应当制订并设计概念模型用以理解生态系统动态过程、生态因子间关系与关键假设；④ 所有利益相关方（保护地）都应参与到监测项目中来；⑤ 生物多样性监测与评估应当有专项资金的支持；⑥ 应当制订明确、连贯的监测方案，并在实施过程中监管控制数据的完整性；⑦ 监测项目用的数据应来自当下的监测项目；⑧ 要确保监测项目成为保护地 / 土地管理与决策制定的有用工具（Brawata et al.，2017）。

综合以上内容，本研究认为，在建立一个保护地的 COR 体系时，所选择的指标应当遵循下面四项原则：个性化、客观性、行动导向性与灵活性（图 2.2），这些指标组合成的 COR 体系应当满足并服务于保护地适应性管理的具体需求。

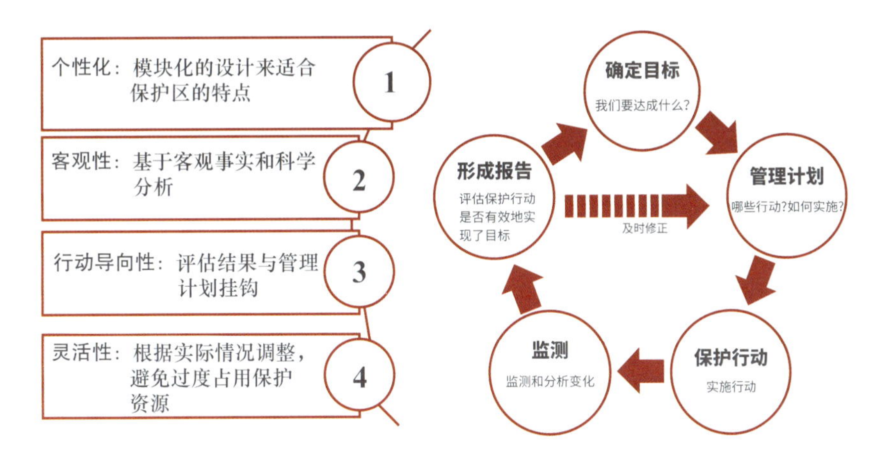

图2.2　COR体系的评估与设计原则

2.3.1　个性化

个性化原则对应了适应性管理模型中的保护目标，并体现在评估实施环节的评估指标上。在标准框架下，应充分考虑被评估保护区的保护目标来特异性地设计和选择评估指标，不同保护区的具体评估指标可以差异化。不论是在国内还是国外，建立一套完全通用的评价指标是极其困难的。保护成效评价的重点取决于保护对象、目标与评估需求。我国的保护地数量众多，尽管保护生物多样性的总目标都是一致的，然而，保护地间面积大小悬殊，保护对象千差万别，发展历程各有特色，所处地域贫富悬殊，涉及社区情形各异，工作人员的数量和能力也差别显著。截至 2018 年，全国的保护地按照保护对象划分为九类，包括森林生态、野生动物、内陆湿地、草原草甸、荒漠生态、海洋海岸、野生植物、地质遗迹、古生物遗迹。按照行政级别划分为四类，包括国家级、省级、市级、县级。保护地的管理进展不一，保护目标与行动的优先级差异性强。个性化原则充分地考虑了中国保护地的多样性（Patton，1997；Salafsky et al.，1998）。

2.3.2 客观性

客观性原则对应了适应性管理模型中的监测，是指评估的所用数据都基于实证的长期监测数据，通过定量分析来客观反映成效。基于监测数据的定量评估比定性评估更客观准确，定量评估具有可重复性强、准确性高等优点，可客观地反映生态过程与物种动态。客观性也包括对评估报告的质量控制，并体现在评估体系设计、实施和应用的所有环节中。在设计上，评估指标围绕保护目标的状态和趋势，采用客观的长期监测数据和可重复的分析方法，本研究也对分析方法的准确性进行了评价，提供了评估可信度的参考。在实施上，要求评估流程公开透明，在误差范围内表述结论，把评估过程详细记录下来，提供可重复、可查验的工作底稿。在应用上，评估者对评估报告提供合理保证——有一定高度但非绝对的保证。借鉴审计领域的从业规则，评估者通过不断修正的、系统的评估过程，获取适当的证据，对保护成效发表评估意见。评估报告仅客观论述事实证据，不做过度引申，不舞弊，不做假证，不篡改数据，接受监督。对数据、分析方法可能带来误差的，评估的结论也在误差范围内表述，或降维汇报（如以变化趋势替代具体变化数据）（Addison et al.，2015，2017；Cook et al.，2011）。

2.3.3 行动导向性

行动导向性对应了适应性管理模型中的管理计划和保护行动，体现在评估体系的设计和应用上。在指标设计上仅选择与保护行动有关的指标，评估结果需要具有时空属性，能够反映保护对象在什么时间、地点发生了什么变化，以便指出问题和空缺。在评估结果汇报中，在科学严谨的基础上提高可读性，并提出具体的行动建议，行动应具有可操作性，比如与保护地的网格化管理相结合。

2.3.4 灵活性

灵活性指评估体系本身也具有适应性，是通过新的知识、需求的增加而不断修正的。灵活性也体现在根据评估成本对指标、数据和方法的选择上，即 Patton 应用型评估理论中的成本效益（Cost-effective）。举例来说，不同成效指标的评估方法不同，同一成效指标的评估方法也有多种选择，不同方法对应的数据要求和分析成本不同。以种群数量变化为例，在评估中直接引用已发表结果的数量变化分析成本较低，根据监测数据计算种群规模的分析时间较长，对应的成本较高；无数据时可选择不评估（0 成本），也可选择投入更多的时间、资金和人力去实地调查收集数据（成本很高）。分析方法的选择具有的灵活性在于，保护地和评估人员综合现实条件、评估投入的时间和资金量来选择方法。通常，出于时间与成本的考虑，评估主要基于已有的工作积累和数据，而减少开展专项的调查，对于需要评估而缺乏数据的指标，会在报告中保留为待评估指标，待下一个周期有数据积累后再进行补充（ Patton ，2008）。

第三章

评估框架和流程

从前面的讨论，我们已经清楚评估保护地的成效可以使用什么样的体系，以及在选取指标时有哪些原则可以参考。那么，面对一个真实的保护区，应该如何入手执行呢，本章将用我们做过的三个保护区的案例来做具体的说明。

3.1 评估流程

从筹备对一个保护地进行保护成效评估，到完成评估报告，使用本研究中提出的保护成效评估报告（COR）体系，按照时间顺序，大致要经过下面的步骤（图 3.1）。

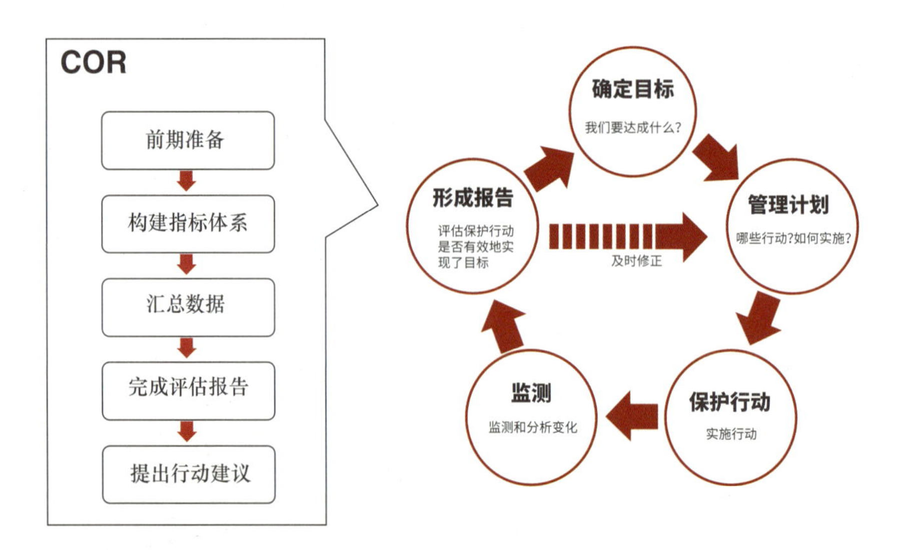

图3.1 保护地保护成效评估报告（COR）体系的实施流程

3.2 前期准备

要完成一个保护地的成效评估，按照时间的先后顺序，首先需要充分了解保护地的需求，包括对保护区进行前期调研，分析被评估对象，为构建保护地的评估框架做准备。

制定适合保护地的评估框架，需要有保护地管理者和专业技术人员的共同参与，很多保护地都有长期合作的研究人员，他们不仅熟悉保护地的情况，还能以外部视角来提出客观的建议，对制定评估框架往往很有帮助。

我们对几个保护区进行成效评估时，在每个保护区都召开过一次或多次的咨询会，围绕保护目标、为实现保护目标所面临的问题、问题重要程度的优先级、保护对象所受的干扰、要缓解这些干扰可以采取的措施，以及与上述内容关联的成效指标展开讨论。在充分讨论的基础上，基于专家意见，通过频度统计和决策树分析法等方法达成一致认同，从而形成评估框架。通过评估框架，可以了解对保护地实现保护目标最重要的因素与阻碍，从而明确需评估的对象（Lindenmayer et al.，2008）。

根据实际情况，每次咨询会参与者可以灵活安排，以最有效获取信息和形成一致意见为优先考虑。我们进行评估时，由于对这几个保护区比较熟悉，因此能比较有效地汇总需求，形成评估框架。需要注意的是，在参与者较多的情况下，有些人可能不会主动提供信息，有些人提供的信息会受他人意见的影响，从而增加汇总意见和形成共识的难度，因此要控制咨询会参与者的人数。

评估框架的设计要围绕保护地当前的管理计划，以建立更合理的管理计划为目标展开。

通过管理计划来管理保护地是国际上普遍采用的方法，管理计划和核心内容是一系列行动计划，以及行动将发生的地点、时间、方式和人员资金等资源需求，其目的是对受保护对象达成保护目标。例如，大熊猫是王朗国家级自然保护区的主要保护对象，为实现区内大熊猫种群数量的稳定和增长这一目标，保护区在其管理计划中设置了日常巡护、加强入区人员管理、反偷猎等行动，每项行动都对应着特定的人员工作安排，以及相应的资金支出和设备需求。

又如，位于云南南部澜沧江边的纳板河流域国家级自然保护区，其设置的初心之一是为了探索一种人和自然和谐相处的管理模式，即在保护区内原始森林不减少、持续提供水源供给的生态功能不降低的前提下，实现区内各民族村寨的经济发展仍然能够与周边持平，甚至超过周边的和谐状态，因此在其管理计划中，包括了帮助和扶持村寨的可持续发展行动也就不奇怪了。这种容许保护区内有大量村寨和较高强度生产生活行为的做法，与国家现行的对保护区的管理要求不符合，例如，村寨扩建猪圈等行为触发了监测卫星的关注，从而带来了一系列的核查，以及大量的情况核实和解释，加重了保护区的工作压力。然而不能因此重新分区，将村寨划出保护区范围，否则就失去了设置该保护区的初衷。因此，尽管有自上而下的全国一致的对保护区管理的要求，但在该保护区应该有一些例外。对其成效评估的内容就应与其他保护区有所不同。

我们曾经研究过一些国际知名的保护地管理计划，包括美国、加拿大、英国、澳大利亚和南非等国的 21 个自然保护区和国家公园（表 3.1），这些保护地的面积从 3 公顷到 50 万公顷不等，覆盖了海洋、河流、陆地和森林等生态系统类型，保护目标从生态系统、野生动植物物种、地理地貌到历史文化，每个保护地针对自身的保护目标都做了较为详尽的职责目标规划。这 21 个保护地所保护的生态系统类型在我国的保护地中全部涉及。此外，我们还参考了世界自然保护联盟（IUCN）以及中国环境与发展国际合作委员会（CCICED）下设的保护地课题组关于自然保护区管理计划制订及保护价值与目标方面的多项研究成果。

表 3.1 管理计划研究涉及的 21 个国外保护地

保护区名称	所在国家	保护目的	类型	面积 / 公顷
厄加勒斯角国家公园（Agulhas National Park）	南非	湿地，海岸生态系统	国家公园	20 959
阿什莫尔礁国家自然保护区和卡地亚岛海洋保护区（Ashmore Reef National Nature Reserve and Cartier Island Marine Reserve）	澳大利亚	海洋生态系统	自然保护区	583
波特里国家公园（Booderee National Park）	澳大利亚	海洋生态系统 原住民文化	国家公园	6312
圣诞岛国家公园（Christmas Island National Park）	澳大利亚	海洋生态系统	国家公园	85

续表

保护区名称	所在国家	保护目的	类型	面积/公顷
科林加－赫拉德国家自然保护区和利厚礁国家级自然保护区（Coringa-Herald National Nature Reserve & Lihou Reef National Nature Reserve）	澳大利亚	珊瑚礁，海鸟海龟，海洋生态系统	自然保护区	8660/8440
卡卡杜国家公园（Kakadu National Park）	澳大利亚	海洋	国家公园	19 804
诺福克岛国家公园（Norfolk Island National Park）	澳大利亚	迁徙鸟类，海鸟，热带雨林，硬木林	国家公园	655
普鲁基林国家公园（Pulu Keeling National Park）	澳大利亚	海鸟，湿地	国家公园	14
乌鲁鲁－卡塔丘塔国家公园（Uluru Kata-Tjuta National Park）	澳大利亚	原住民文化，自然	国家公园	1325
班夫国家公园（Banff National Park）	加拿大	中落基山脉生态系统	国家公园	40 000
卡瓦塔高地标志地公园（Kawartha Highlands Signature Site Park）	加拿大	生态系统，地质，原住民文化，战争遗迹	国家公园	37 587
大卫－奥特自然保护区（David Otter Nature Reserve）	加拿大	地质，植物植被	自然保护区	3.03
宝特莱自然保护区（Pautler Nature Preserve）	加拿大	喀斯特地貌，洞穴	自然保护区	/
达特穆尔国家公园（Dartmoor National Park）	英国	地质，传统农业，汇水处，古迹，野生动物	国家公园	110 000
阿尔戈纳克州立公园（Algonac State Park）	美国	湖区平原草原和橡树林草地	/	570.6
大峡谷国家公园（Grand Canyon National Park）	美国	地质景观，多种生态系统	国家公园	493 060
下特拉华州野生和风景河（Lower Delaware Wild and Scenic River）	美国	河流生态系统	/	/
密西西比国家河流和娱乐区（Mississippi National River and Recreation Area）	美国	河流生态系统	/	/
落基山国家公园（Rocky Mountain National Park）	美国	落基山脉生态系统	国家公园	107 536
风洞国家公园（Wind Cave National Park）	美国	地质	国家公园	11 449
锡安国家公园（Zion National Park）	美国	高原，砂岩峡谷，台地	国家公园	59 900

一些保护地的管理计划围绕保护目标和保护对象展开。例如，在厄加勒斯角国家公园的管理计划中，管理目标被分为五类：生物多样性、文化遗产、旅游、可持续性保护和管理有效性。在这五类管理目标中，前两类生物多样性和文化遗产是保护地的核心价值，即保护地设置时的保护目标，后面三类，即旅游、可持续性保护和管理有效性与保护区的有效管理相关，管理计划中每项具体的行动都分别对应其中的一项管理目标。卡瓦塔高地标志地公园也做了类似的分类，将自然资源和文化资源同归于资源管理下，另外还有发展、商业、旅游和运营管理。

有一些保护地的管理计划则是从管理威胁的角度制定管理目标，如控制偷猎、捕鱼、旅游、环境污染和商业开发等，与前一类从保护对象的需求出发设计管理行动有所不同。例如，阿什莫尔礁国家自然保护区和卡地亚岛海洋保护区这个著名的旅游胜地。在其生物多样性极为丰富的珊瑚礁中，目前仍然有相当多的物种等待发现，与之对应的保护行动也有待采取，然而要做到这些，需要大量的时间，因此，在当前将控制旅游开发带来的负面影响作为优先行动，是非常合理的。然而，由于对一些保护对象本身缺乏认识，对其所受的威胁也缺乏认识，由此错过对它们的保护也在所难免。生态系统的组成和物种之间的关系复杂而多样，当消除一些已经认定的威胁时，不一定对所有需要保护的物种的影响都是积极的，随着对保护对象认识的深入，保护行动也应当及时调整。

根据上述 21 个国外保护地的管理计划，我们提取了其中的保护目标和职责。但在这些管理计划中，二者常常结合在一起，没有进一步的分解，我们尊重了这种做法，经过粗略的归类后，将其列入表 3.2 中。相关机构在审阅和修订保护地的管理计划时，可以参考其中的相关条目来查缺补漏。

在制定评估框架时，除了参考表 3.2 中的保护目标和职责外，《2020 年后全球生物多样性框架》中的保护目标和相关指标也应作为参考。

表 3.2　部分国外保护地管理计划中的保护目标和职责

类别	保护目标和职责
生物多样性相关	• 保护濒危动植物，增进对它们的了解和管理，并在条件允许的情况下重新引入灭绝的本地物种，特别是因具有商业价值而特别容易种群萎缩的物种，保护名单上的物种的关键哺育、筑巢栖息地 • 识别并保护保护区生态系统的自然过程和变化速度，使得生态系统保持其自然特征并具有可持续性 • 只允许不显著破坏自然资源的开发活动，并引导直接开发及自然资源利用，使其尽量减少对环境的破坏，确保已被允许的利用不会对保护区的生态价值有负面冲击 • 管理并降低生态系统的胁迫因子的影响，最大限度地控制非自然状态的空气、声音、视觉以及水污染，维持高质量的空气质量，确保人类造成的污染不影响能见度，以及生态系统支持物种生存以及人类安全的能力 • 保护和提升保护区内环境脆弱区域的价值（湿地、矮化植被） • 保护生物廊道等联系 • 识别某种生态系统的典型代表并加以保护 • 尽量将生态系统恢复和保持在无干扰的自然状态，并对参观者进行相应管理 • 严格划定和保持公园边界，调整保护区范围以确保对重要资源的欣赏，尽量将生态单位包含完整，并 / 或提供更有效的管理 • 提高参观者对以生态系统为基础的管理以及人类对生态系统影响的理解和支持 • 在不损害生态价值的情况下允许当地社区对本地动植物的传统利用 • 对自然资源的本地利用和商业利用做出规定并进行监管，保证可持续性发展 • 规划以本地品种来恢复已被人工干扰但目前不再有设施的地区 • 对杂草和害虫实行控制，实施过程中注意最小化对其他物种的影响 • 所有活动均应考虑减少土壤侵蚀，控制沉积，以及减轻对含水层补给和地表水释放的影响 • 在道路和其他设施的限制下，将地表水的水文学功能提升至最大限度 • 监控气候变化所导致的影响（火险等）并相应调整行动 • 减少温室气体排放，节能措施 • 为居民生活用资源提供其他方法（柴火等） • 在提供娱乐功能的半野外地区保护其半野外的特征 • 评估监控手段的理想性和实用性，如照相、水质监控、指标生物定期调查等 • 保持并在可行的地区恢复反映生态系统长期状态与过程的植被群落 • 控制乃至消灭威胁本地植物物种和种群的非本地物种，优先处理对濒危物种造成威胁的外来物种 • 通过对植被的管理保护维持和恢复本地鸟类群落 • 维持可持续的警戒物种的种群数量，如灰熊、狼等 • 减少人类造成的野生动物死亡，降低人类活动的干扰，与执法机关充分合作 • 恢复保护区主要大型动物的数量、分布以及长期的行为模式 • 维持并在有条件的地区恢复大型食肉动物的栖息地连通性 • 减少人类活动造成的威胁种群发展的野生动物死亡，必要时将受伤的动物送到园外恢复 • 保护迁徙性物种的重要停留地以及野生动植物的主要栖息地

续表

类别	保护目标和职责
	• 为那些扩散物种或在一些情况下在其他地区被可持续性捕获的物种提供安全的繁殖地 • 决定对特定野生动植物的收获程度以及是否需要事先许可 • 向游客和当地社区提供入侵物种危害性的教育 • 当动物种群或某些有害生物对人类的健康安全以及公园建立的价值有严重威胁时，应该实行控制手段，手段对生态完整性的影响应最小化 • 对主要动物种群的数量和健康状况进行监控，对其需要的资源进行评估和改善 • 保护珊瑚礁保护区和海洋保护区具有高保护价值的海洋和陆地环境，对于当地传统的利用珊瑚礁的习惯，应给与尊重，同时注意避免需求的增长 • 促进对保护区和海洋浅滩生物区域的生态研究 • 提供对海洋资源的可持续发展和长期保护有利的生物庇护所 • 保护受到人类活动破坏的海洋和陆地野生动植物、物品以及生境、历史、古生物、考古、地理和地貌价值 • 保护海洋哺乳动物和鱼类的产卵地，保护其主要栖息地，减少人类对它们的干扰 • 监管抛锚、停泊、设浮筒，注意避开鱼类产卵地 • 减少对保护区邻近处鸟类筑巢地和栖息地的人为干扰 • 将水质作为监控海洋生态系统可持续性的标准 • 保持并在可行的区域恢复自然流域、水位以及水生态系统的生物多样性 • 选用公园内一些水生态系统作为生态指标 • 公园内的水环境应符合最高标准的规定，保证对环境的最大利益以及地区资源的留存 • 控制水渠、蓄洪地、沼泽，限制从汇水区抽水，进行水质监测，只取走最少的必要水量用于保证公园的水供给 • 保护、恢复维持河流廊道的功能 • 管理点源污染和降雨非点源污染，防止水质恶化 • 鼓励河流廊道内的农耕地区按照管理计划规范作业，防止暴雨泾流污染导致的水质恶化 • 遏制对河滩、湿地、陡坡、缓冲条带不适宜的开发 • 保护河谷林和河川栖息地 • 鼓励保留一定长度的有未被干扰植被的河岸，以方便野生动物沿河流廊道迁徙 • 保护天然植被并鼓励植被重建，采用本地以及其他适宜的河滩区植被进行重建 • 未经允许，化学残留物不许向水中倾倒 • 对游泳、捕鱼以及有机物采集进行严格规定 • 避免设施建设和公园管理活动，包括道路和草地的管理和建设，避免影响水质 • 易导致加速沉积的作业应设置配套的缓和措施 • 调查区域附近其他水源供给 • 保护河边的空旷地带，以此提高生态系统健康性、景观欣赏性，减少新发展对河流廊道的影响 • 提供理解和欣赏创造了地质奇观和其中动植物和地貌的生态和地理过程的机会，只提供为达到地区目标和保护公园生态系统必要的设施和通路

续表

类别	保护目标和职责
	• 尽量降低游览路线上的人类影响 • 进行岩洞最大载客量研究 • 设立人类影响阈值并加以管理，并在可能的情况下缓解其影响 • 应将洞内建设安全通道的工程对岩洞和喀斯特资源的负面影响降至最小 • 记录和监控生物种群的变化，设立本地物种的依赖阈值，在有可能的情况下移除外来群落 • 在所有岩洞入口设置入口管理 • 将所有岩洞及其入口以及小径以外地区作为野外来管理 • 减轻岩洞和旅游路线上的灰尘问题 • 监控岩洞微环境并决定其与自然环境间的差别 • 对岩洞进行照相监控 • 恢复自然水位以及流量 • 恢复并维持自然生物多样性，按照自然过程来管理和维护植被的寿命和分布 • 保证可以承载多种物种的草地的生长并提高草地以及相关植物和无脊椎动物群落的质量 • 保证沼泽以及相关野生动物的生长并尽量提高其野生价值 • 管理标本树、林区湿地，保证其良好生长 • 维持并提升现存的河岸植被以及与其相关的物种的利益 • 在森林地区只允许本地植物的种植 • 设立森林缓冲区，保护残留本地植被，消除杂草 • 管制交通工具的进出 • 管理当地社区和商业砍伐以及对植被产品的收获，保持本地植被的可持续性发展 • 利用被废弃的本地木材进行设施建设
地理地貌以及景观资源相关	• 保护、重视河流和冰川的侵蚀和沉积过程 • 在已改建公路或铁路的地区实验性地重现冲积扇形成过程 • 对特别重要的地貌提供特别保护措施 • 为被干扰的地区制订恢复方案 • 只允许与保护风景资源和景观质量目标相协调的利用行为 • 任何建筑工作或新元素的添加应互相协调，并首先考虑保护区景观的整体性 • 对采矿、开采活动进行监管 • 在计划任何管理活动和发展计划时应考虑到其对维持公园高质量地貌的影响 • 保护区内的资源管理应特别考虑低土壤肥力地区、排水特点以及沙丘附近的风积沙 • 道路充填物、覆盖物、石块、砂砾、土壤和草皮需经过管理部门许可方可运进保护区 • 保护特殊地貌的动态形成过程、火山、化石沉积、特殊地层以及罕见沉降 • 识别保护区主要的风景资源及其观赏位置 • 为已存在的风景资源和观景站提供保护或维护 • 维持历史景观视角 • 为游客提供孤独、自然、原始、偏远、灵性的体验，保持保护区的宁静和空间感，对交通、噪声、人员等进行控制 • 在保护风景资源和价值的前提下，为游客提供多样类型的景观以供欣赏 • 为游客提供与风景的特征和景观的性质相符的通路，对露营等活动做出规定和监管

续表

类别	保护目标和职责
	• 识别、记录并保护古生物资源 • 完成对公园内所有古生物、地质遗迹资源的系统调研 • 收集关于自然遗迹的历史文献 • 设立对自然遗迹资源影响因素的阈值，并且进行监控，采取相应措施缓解或消除威胁 • 在游客多的地区将自然遗迹用标志标出，使其避免被破坏 • 根据国内、国际责任以及专家建议制定管理措施，防止天气影响以及游客对自然环境的破坏
历史文化资源相关	• 解释社会与当地资源的互动和关联，保护当地文化与自然之间的联系 • 识别、估算文化资源的价值（包括建筑、设施、场所、物品） • 维护、翻修主要的文化资源，对易损坏的文物进行特别保护 • 只允许与保护文化资源目标相协调的利用行为 • 当复原对公众了解文化非常重要，且有足够的资料可供复原参考时，将历史结构和文化景观恢复为原来的外观 • 与当地居民保持良好接触，确保有价值的文化遗产被识别并得到有效管理 • 将生态、文化和纪念信息结合起来向工作人员和公众传播 • 在当地社区，文化、技术以及农业生活的传统方式将会被保留并作为特色加以宣扬 • 鼓励为保护重要考古资源而进行的开放空间的土地利用 • 对当地民族的历史文化资源、历史故事、口述历史以及其他历史文献的收集 • 鼓励符合管理计划的有利保护和恢复历史资源的经济活动 • 制定保持历史使用和保护文化资源的激励措施 • 鼓励对有历史、建筑或工程重要性的建筑物的合理应用，同时保护它们的历史材料，维持历史遗迹的历史用途，尤其在计划设置历史主题讲解的地区 • 在游客多的地区将文化资源用标志标出，使其避免被破坏 • 保护历史建筑结构、区域和景观的特征，包括河流廊道中的陆地景观，有必要可设立博物馆陈列文物

下面我们将展示三个自然保护区成效评估框架案例，即四川王朗国家级自然保护区（以下简称“王朗保护区”）、甘肃白水江国家级自然保护区（以下简称“白水江保护区”）和云南纳板河流域国家级自然保护区（以下简称“纳板河保护区”）。之所以选择这三个自然保护区来作为我们的案例研究，首先是由于我们与这三个自然保护区有长期的合作，包括参与了王朗保护区的监测体系设计、数据库构建和数据分析，甚至部分管理，我们对这几个自然保护区的情况比较熟悉。其次是这些自然保护区愿意与我们在成效评估方面做一些大胆的试错，而且这些自然保护区都开展过至少 1 次本底调查，有超过 10 年的监测历史，有较为全面的生物多样性本底和变化数据（表 3.3）。

表 3.3　本研究中所评估的三个自然保护区

名称	建立时间	面积 /km^2	保护对象	监测开始时间	监测内容	评估时间
王朗保护区	1963 年	323	大熊猫、川金丝猴等珍稀动物及森林生态系统	1997 年	野生动物（以兽类、鸟类为主）	2015—2016 年
白水江保护区	1978 年	1838	大熊猫、川金丝猴、羚牛等野生动物及其栖息地	2005 年	野生动物（以兽类、鸟类为主）	2018—2019 年
纳板河保护区	1991 年	266	热带季雨林及野生动植物	2005 年	野生动物，植物，流域环境，社区发展	2017 年

3.2.1　王朗保护区成效评估框架

川西高山峡谷区是位于中国的具有国际意义的生物多样性关键地区之一，由于受第四纪冰川影响较小，这里成为许多特有种和孑遗种的“避难所”。王朗保护区位于横断山脉北缘的川西高山峡谷地区，对保护川西高山峡谷生物多样性有重要意义。

王朗保护区始建于 1963 年，位于东经 104° 24′～104° 40′，北纬 32° 25′～32° 53′，属四川盆地西北缘向青藏高原过渡地段，总面积约 323 km^2，是我国成立最早的大熊猫自然保护区之一。其主要保护对象是以大熊猫为主的珍稀野生动物及森林生态系统，属野生动物类型自然保护区。区内生物多样性丰富，国家一级保护动物有大熊猫（*Ailuropoda melanoleuca*）、川金丝猴（*Rhinopithecus roxellanae*）、羚牛（*Budorcas taxicolor*）等，是连接岷山大熊猫种群的重要走廊地带，具有极高的保护价值。其最高海拔约为 4980 m，保护区站点所在牧羊场海拔约为 2560 m，相对高度差 2000 m 以上，地形较为复杂，该保护区受季风气候的影响，属亚高山寒温带和高山亚寒带气候。

王朗保护区自 1997 年起开始对野生动物进行常规监测，主要监测范围为其核心区的大熊猫栖息地，通过样线法对动物痕迹进行调查。其监测路线分为 16 条固定样线与 8 条随机样线，监测频率为每季度固定样线各走一次（即每年重复调查四次），随机样线依季节及人为干扰情况进行选择性调查。除常规监测外，近年来保护区也开展了红外相机专项调查，以每平方千米为一个调查样方，在 2017 年后调查范围基本覆盖了全区。

在王朗保护区成效评估框架中，该保护区的主要保护对象为“大熊猫等珍稀动物及森林生态系统”，我们将其拆解成“以大熊猫为主的保护动物”和“森林生态系统”两部分，前者对应的保护目标是其物种种群与栖息地的维持或恢复，后者对应的保护目标是维持森林生态系统的完整性及其生态服务功能。状态模块的评估指标围绕以上目标来设计（图 3.2）。保护区的主要人为干扰包括放牧、盗猎、盗伐、旅游等，导致威胁的社会因素包括社区贫困、放牧经济等，这些构成压力模块的评估指标。为了达成目标，保护区需要采取的行动包括围绕保护对象的监测与减轻威胁，构成响应模块的指标。

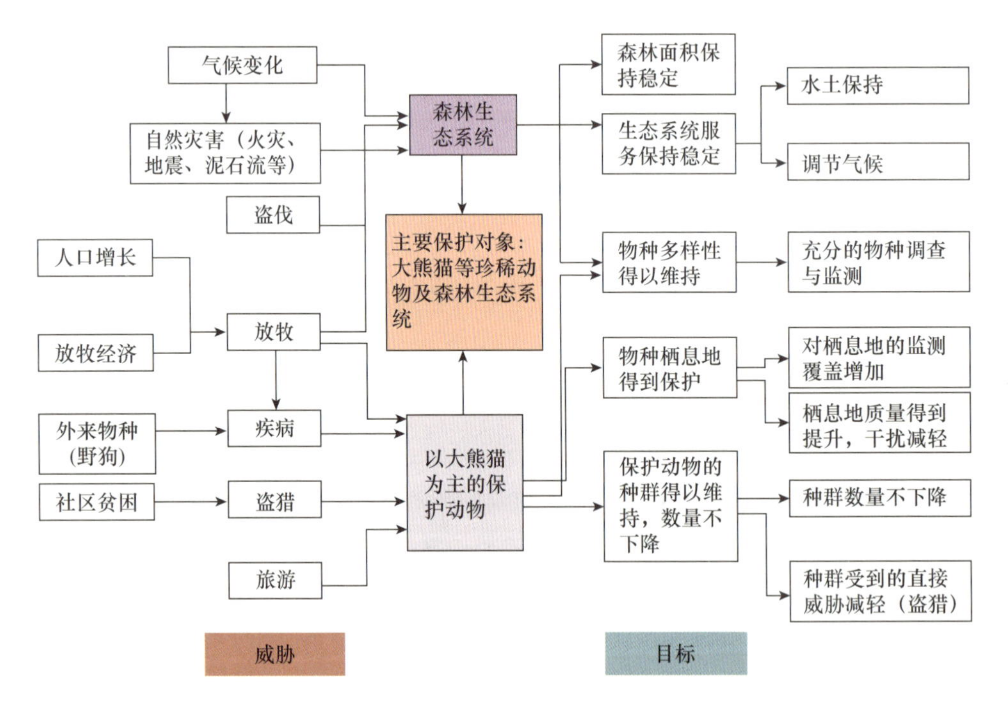

图3.2　王朗保护区成效评估框架
箭头指向表示递进或因果关系，后同

3.2.2 白水江保护区评估框架

白水江保护区建立于 1978 年，是森林和野生动物类型自然保护区。主要任务是保护大熊猫等多种珍稀濒危野生动植物及其赖以生存的自然生态环境和生物多样性。保护区位于甘肃最南部，地处岷山山系的摩天岭北坡和西秦岭山地的红铜河流域，东经 104° 16′～105° 26′，北纬 32° 35′～33° 00′，总面积 1838 km^2，其中核心区面积 902 km^2，缓冲区面积 261 km^2，实验区面积 675 km^2，是我国面积最大的大熊猫自然保护区。白水江保护区主要保护的生态系统为森林生态系统，亚热带湿润气候和侵蚀高山中山地貌的组合，为植物群落的生长创造了良好条件，保护区拥有我国亚热带、暖温带、中温带山地的多种代表性植物群落类型。

白水江保护区最早的监测记录为 2004 年对大熊猫的分布痕迹调查，随后 2005 年开始每年开展常规监测。保护区的巡护和监测工作以保护站为单位开展，每个保护站有固定的片区，共 7 个片区。动物监测和日常巡护路线不同，监测主要集中于核心区，按季度开展，设置固定样线 66 条，随机样线每站每季度至少 1 条，监测过程中需填写动物痕迹记录表、生境表等，并录入数据库。保护区巡护主要针对外围干扰，采用样线法进行巡护，共 46 条固定样线，7 条随机样线，每月巡护一次。白水江保护区与王朗保护区距离不远，很多情况都相似，我们基于王朗保护区成效评估框架，构建了白水江保护区评估框架（图 3.3）。

3.2.3 纳板河保护区成效评估框架

纳板河保护区位于云南省西双版纳傣族自治州景洪市与勐海县的接壤地带，地处该州中北部，东经 100° 32′～100° 44′，北纬 22° 04′～22° 17′。纳板河保护区土地总面积 266 km^2，其中属于景洪市行政区划的面积 108 km^2，勐海县行政区划的面积 158 km^2。1991 年 7 月，经云南省人民政府批准，建立省级自然保护区，2000 年 4 月经国务院

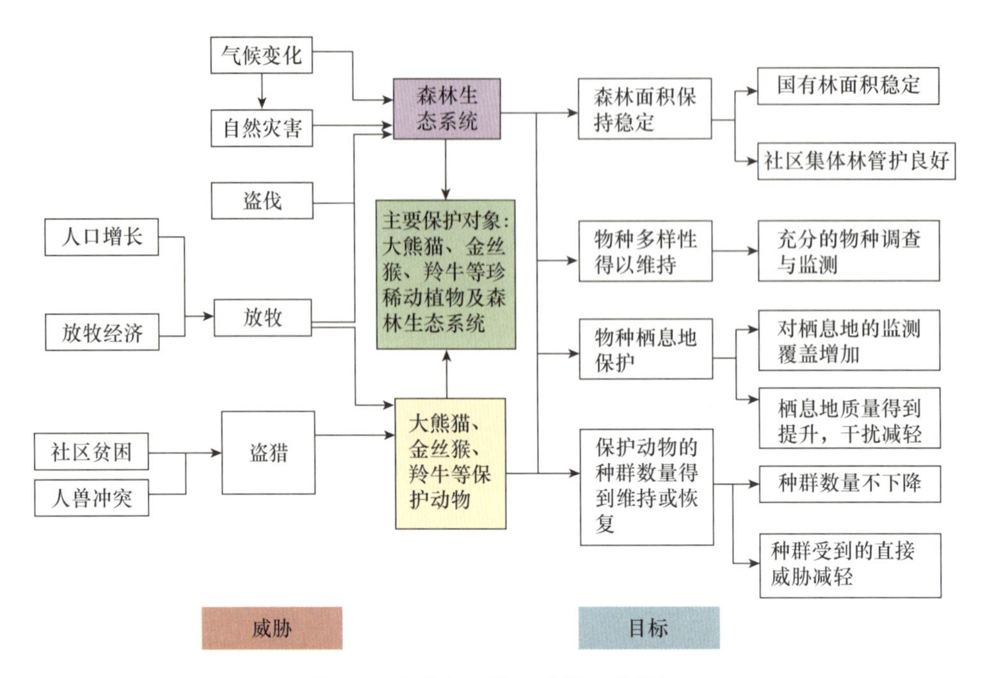

图3.3　白水江保护区成效评估框架

批准，晋升为国家级自然保护区，为云南省林业和草原局直属管理的自然保护区。保护区的主要保护对象为热带森林生态系统及其内生活的野生动植物，保护区域为完整的纳板河流域生态系统。

纳板河保护区的划区较为独特。其实验区内为少数民族村寨和集体林，缓冲区内也有部分村寨分布，核心区则全部为国有林，且物种多样性丰富，分布有印度野牛（*Bos gaurus*）、蜂猴（*Nycticebus bengalensis*）、水鹿（*Rusa unicolor*）、鬣羚（*Capricornis sumatraensis*）等保护动物，以及云南肉豆蔻（*Myristica yunnanensis*）、苏铁（*Cycas revoluta*）、桫椤（*Alsophila spinulosa*）等珍稀植物。由纳板河流域隔开了人居地与野生动物栖息地，如何实现保护区内社区发展和生态保护的双赢，是纳板河保护区独特的探索方向。以纳板河保护区作为案例，有助于测试评估体系中生态系统服务和社区相关的指标（图 3.4）。

纳板河保护区的监测类别较全面，涵盖植被、动物、气候、水质、土壤、社区经济等。野生动物常规监测开始于 2005 年，监测主要在核心

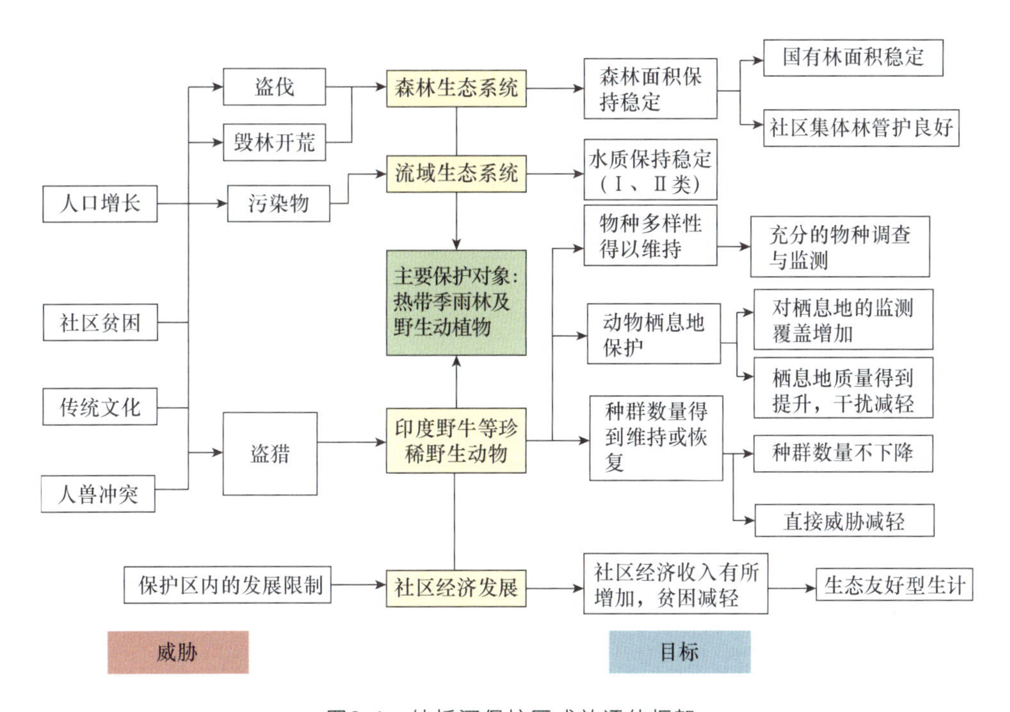

图3.4　纳板河保护区成效评估框架

区开展，通过样线法对动物痕迹进行重复调查，2012 年后结合红外相机设置了调查样方，共 47 个点位，每季度重复调查一次。对珍稀植物的监测于 2001 年开展，保护区内设有 1500 m^2 的固定样地 16 块，每两年重复调查一次。保护区的巡护样线有 12 条，巡护频率为每月一次。

3.3　构建指标体系

接下去的步骤是将评估框架中的每个框图中的内容用定量或半定量的指标来细化。以图 3.4 显示的纳板河保护区成效评估框架为例，其中“人口增长”一项，对应的指标有“村寨人口数量的变化”，“人口增长”可能引起“污染物”的增加，对“污染物”的监测指标之一是水体中 N、P 等的浓度等。

如果仔细看一下三个保护区的成效评估框架，并尝试用上述方法列一下对应的指标，你很快就会意识到，这个看似简单的框图，可以分解出一个相当庞大繁杂的指标体系，目前，我们只能从中挑选出一些比较重要的指标来进行监测和评估。

3.3.1 COR体系通用指标库

遵循上一章中提出的指标选择原则，即个性化、客观性、行动导向性与灵活性四项原则，参照 PSRB 框架，我们制定了“状态一压力一响应一惠益”框架，并设计了一套可用于保护地评估的 COR 体系通用指标库（表 3.4）。

在实际应用中，针对保护区各自不同的特点，每个保护区从模块化的指标库中选择、定制一套适合自己的保护和监管指标。指标模块围绕成功保护所达到的成效进行设计，即“状态 1：生态系统完整性及生态服务功能的维持和提高”“状态 2：物种多样性的维持和改善”“压力：干扰减轻”“响应：保护行动有效”和“惠益：生物多样性保护产生的惠益得到公平的分享”。

按照各指标评估的内容与行动导向，COR 体系的评估指标分为四个类型，分别是：

（1）生态趋势类指标（Ecological Trend，ET）：反映保护对象的变化趋势，对比建区后保护对象的状态变化，是对物种保护成效的直接反映。

（2）进度类指标（Progressive，P）：反映建区后保护行动积累，包括对保护物种了解程度的增加、保护行动的增加与完善等。进度类指标反映保护工作的投入和努力程度，可以提供保护区间的横向对比，也可以在保护区不同评估周期进行纵向对比。

（3）状态类指标（Status，S）：非人为干扰影响的指标或无趋势性的指标，以记录现状为主。

（4）威胁趋势类指标（Disturbance Trend，DT）：反映建区后人为干扰类型和强度的变化、对保护对象的影响及变化，威胁的减轻是保护区有成效的体现。

表 3.4　COR 体系通用指标库

目标	对象	指标及成效	指标类型
S1 状态 1：生态系统完整性及生态服务功能的维持和提高	S1-11 生态系统完整性	S1-111 保护区内森林面积保持稳定或恢复	ET
		S1-112 保护区内植被指数保持稳定或增加	ET
		S1-113 湿地面积保持稳定	ET
		S1-114 受干扰的植被类型得到恢复	ET
	S1-12 生态系统服务功能	S1-121 水土涵养能力的维持与改善	ET
		S1-122 固碳释氧能力与初级生产力的维持与稳定	ET
		S1-123 水质的稳定与恢复	ET
S2 状态 2：物种多样性的维持和改善	S2-21 物种多样性信息量	S2-211 有无：对照保护区的物种名录，确认有实际分布的物种数增加	P
		S2-212 分布：能够绘制出分布图的物种数增加	P
		S2-213 数量：能够估出数量的物种数增加	P
		S2-214 栖息地状况：能够进行栖息地分析和质量评价的物种数增加	P
		S2-215 动态：掌握种群动态变化的物种数增加	P
	S2-22 保护对象动态	S2-221 分布区面积增加：对应关键保护对象分布扩展	ET
		S2-222 保护对象种群数量稳定或增加	ET
		S2-223 保护对象栖息地质量保持不变或提高，对应干扰减轻	ET
		S2-224 关键栖息地（发情场、育幼场）被正确识别	S
P3 压力：干扰减轻	P3-31 人为干扰	P3-311 人为干扰数量与面积得到控制或减小	DT
		P3-312 主要人为干扰影响程度降低	DT
		P3-313 人兽冲突得到缓解	DT
	P3-32 自然灾害	P3-321 对自然灾害的记录与响应	S
		P3-322 对灾害的影响评估与缓解	S
	P3-33 外来物种入侵	P3-331 外来物种入侵的危害得到控制或缓解	DT
	P3-34 气候变化	P3-341 对气候变化潜在威胁的评估与预测	S
R4 响应：保护行动有效	R4-41 保护行动积累	R4-411 基于保护目标的保护行动数量有所增加	P
		R4-412 保护行动覆盖面积增加	P
		R4-413 保护区监测数据库更加完善	P

续表

目标	对象	指标及成效	指标类型
B5 惠益：生物多样性保护产生的惠益得到公平的分享	B5-51 保护区与社区良性互动	B5-511 保护区内社区收入水平有所改善	ET
		B5-512 保护区内社区参与保护与良性互动	ET

可定制的 COR 体系主要通过以下四种方式促进自然保护区的生物多样性保护：① 以结果为导向促进公共保护资金的合理使用，提高保护效率；② 促使负责使用公共保护资金的机构（自然保护区）更好地发挥职能；③ 提供对有关公共部门（自然保护区）独立客观的评估结果；④ 提供基于保护对象的综合分析及行动建议。系统的评估结果和报告也有助于公众参与和监督。

上述设计以提高保护区的保护成效出发，但也可以灵活组合，为其他生物多样性保护手段服务。这套指标是个开放体系，目前已有 5 类 28 项，根据保护区的实际情况和特点，可以灵活增减组合。

按照第二章所用的指标归类矩阵，我们将这 28 项指标也分到内容相近的格子中，可以看出，目前的指标能够比较好地覆盖生态系统和物种两个层次的“状态—压力—响应—惠益”，对遗传多样性还未能涉及（表 3.5）。很多指标实际上涉及生态系统、物种、遗传多样性的多个方面，例如，压力指标中的“P3-312 主要人为干扰影响程度降低”，响应指标中的“R4-412 保护行动覆盖面积增加”等，其对物种和遗传多样性的覆盖度，未来还需要进一步细化。

表 3.5 对 COR 体系保护成效评估指标用指标归类矩阵归类

类别	生态系统多样性	物种多样性	遗传多样性
状态	7 项（S1-111，S1-112，S1-113，S1-114，S1-121，S1-122，S1-123）	9 项（S2-211，S2-212，S2-213，S2-214，S2-215，S2-221，S2-222，S2-223，S2-224）	0 项
压力	6 项（P3-311，P3-312，P3-313，P3-321，P3-322，P3-341）	1 项（P3-331）	0 项
响应	2 项（R4-411，R4-412）	1 项（R4-413）	0 项
惠益	2 项（B5-511，B5-512）	0 项	0 项

与其他指标体系不同，在 COR 体系中我们新增加了反映物种多样性信息量的系列指标，在某种程度上替代常用的物种丰富度指标，考虑到丰富度更多反映保护区所处地理范围的保护价值而非保护成效，而对丰富度变化的测量又取决于保护区的信息收集和监测能力，故物种多样性信息的完善程度更能体现出保护区的工作有效性。

在 COR 体系中，我们还加入了与保护努力相关的指标，如响应模块，可以体现出不同发展阶段保护区的保护工作进展，有肯定和鼓励保护区所取得的阶段性成就的考虑。特别是对于一些新起步的保护区，若按同样的标准来考量，可能很长时间都无法与保护区“元老们”比较；若从增速上比较，其取得的进步就能够得到真实的体现。

COR 体系是一套开放的体系，目前还有不足，后续将不断发展和完善。

3.3.2　支持指标的数据和方法

为能够按期完成评估，并不额外增加评估成本，评估者原则上不在评估期间做填补数据空缺的新调查和研究，当次评估报告中使用的数据应基于保护区已有数据和容易获取的公开数据集。然而，在初次评估，或有新添加指标的情况下，保护区所有的数据可能会有少量空缺，这时，在不严重拖延评估进程，并在预算变动可接受的情况下，可以适当增加一些调研来填补数据空缺。

有一些评估指标的结果可能已经在有关研究中发表，例如，森林面积和变化，某些保护物种的数量和分布变化等，若来自经过同行评议的科学期刊，并符合本次评估指标的条件，则可以直接引用；若来自专著或调查报告，并未经过同行评议，则评估者需要对其中的结论和数字进行核实。

公开数据集为评估者可搜索和获取使用权的公开数据，通常包括遥感数据及衍生的数据产品等，也包括来自“公民科学家”（Citizen Scientist）的数据记录，评估者需要尽可能对数据的质量有所把控，确保其误差不会影响到评估结果。例如，我们使用了两套公开数据，一套是“全球森林观察”Global Forest Watch（GFW）（30 m 分辨率）的森林数据集，用以评估指标“S1-111 保护区内森林面积保持稳定或恢复”，另一套是 MODIS EVI（250 m 分辨率），用以评估指标“S1-112 保护区内植被指数保持稳定或增加”。对于前者，由于原数据集缺乏对中国境内数据的精度评估，为确保这套数据的误差不影响评估结果，我们专门进行了精度评估工作，这将在后面予以详细说明。对于后者，由于原数据集有数据质量相关的支持数据，就没有再额外进行精度评估工作。无论是公开数据集，还是保护区提供的数据，都需要做好质量控制，即管理好数据误差，不得出数据质量不支持的评估结论。

这部分工作，往往需要花费大量的时间和精力。实际上，在本研究中，我们花了相当多的时间和保护区一起清理数据，发现和修改错误。这是一个痛苦而漫长的过程，其中走过很多弯路，浪费过不少精力，同时也获得不少有用的教训，其中一项是，要想把错误彻底清零，基本是不可能的，也没这个必要，把错误率降低到可接受的程度，就可以停止纠错了。何谓可接受的程度，简单地说，就是无论再挑出并纠正多少个新错误，都不会改变评估结果的程度。

同一项指标结果，可以通过不止一种方法来得到。以指标“S1-111 保护区内森林面积保持稳定或恢复”为例，该指标结果可以通过分析公开的遥感数据得到，在我们研究的三个保护区案例中，分析了“全球森林观察”的森林数据集；也可以通过森林资源调查结果得出；或者使用其他遥感数据解译结果来提取；甚至还可以自己购买遥感影像来分类等。无论选择哪种方法，都应该严格遵从客观性原则，确保评估可被重复和可被检验。

在评估保护对象的现状与趋势时，需要设定基线，即进行比较的参照点时间。例如，在评估保护区的建立是否有效时，基线的选取通常设定为保护区建立前或建立之初；在评估两个特定时间的变化时，例如，与上一次评估结果的比较，这时基线就设置为上次评估的时间点；有的时候由于理想的基线时间点上缺乏数据，则不能严格按照人为设定的基线进行评估，只能选择与基线时间点较近的数据来评估。

在汇总保护区整体评估结果时，是否需要量化各指标，并赋予不同的权重，再做汇总，最终综合成一个数字，即给保护区一个成效分数？我们认为这样做的难度很大，在每项指标的量化、加权中会引入很多不确定性，而且分数并不见得能准确地反映保护的成效。例如，根据常识，当保护区成立后，区内的物种数量、栖息地和其他自然价值仍然在下降，那么可认为保护区是缺乏成效的（Pressey et al.，2015）；反过来，有成效的保护区的理想结果是体现在区内的生物多样性现状得以维持和提高，以及威胁的减轻。然而，达成理想的结果需要时间，需要一步步完成，可能先看到的成效是威胁减轻，然后其中部分目标，如保护物种的栖息地质量提高，再后才是种群数量增长和分布区扩展。在此过程中，保护区的管理是有成效的，但转换成分数，就不一定能体现得这么明确。基于这些考虑，我们所建立的 COR 体系，对评估结果的量化不做分值化处理，也不设权重计算总分。各指标结果单独展示，从现状、趋势和评估准确性三个维度设定阈值，最大化地保留评估结果中的关键信息。

我们参考了 Brawata 等使用的方法，在每项指标的评估中都包括了状态评价、变化趋势评价和可信度评价三个维度。现状评价分为好（健康，不存在问题）、良（存在少量问题，但影响不大）、中（存在问题，已威胁到保护对象）、差（问题严重，对保护对象影响大）四个级别。在变化趋势评价中，以建区时的状态或建区后数据可获取的最早年份作为基准值，反映评估对象的变化，向上的趋势指情况在改善，既包括保护对象的正向变化，也包括负面影响的减轻，如种群数量恢复（增加），人为干扰减轻（减少）；反之，向下的趋势则指情况在变差，如干扰更加剧烈，或保护对象的栖息地正在丧失。箭头的趋势也可以看作对有 / 无成效的反映。此外，结合数据质量、分析方法和模型准确度等因素，以及保护区直观经验与评估结果的差异化程度，可判断评估结果的可信度，并将其分为准确性高、中等、低、不确定（无法判断）四个等级。准确度高通常对应了严谨的数据收集和分析流程，若数据存在缺失或偏差较大，则会影响评估结果的可信度（图 3.5）（Brawata et al.，2017）。

除了反映当前状态和趋势的评级外，各项指标会给出保护区近 5 年应达成的目标状态的建议。目标状态可量化，根据保护对象的恢复需求来制定。如，5 年后保护对象种群数量增加 10%；干扰频次应下降 30%，或降至 0 干扰。目标状态由评估者（本研究作者）结合专家意见提出。

评估结果的标识参考了澳大利亚首都领地保护地成效监测的标识体系，该体系基于应用较广泛的美国国家公园“红绿灯”体系（https://www.nps.gov/stateoftheparks，访问时间：2022-09-30），并结合了 IUCN 世界自然遗产地评估的四个颜色等级（http://www.worldheritageoutlook.iucn.org，访问时间：2022-09-30）（图 3.5）。

状态		变化趋势		可信度	
	好，不存在问题		改善		高
	良，存在少量问题，但影响不大		维持稳定		中等
	中，存在问题，已威胁到保护对象		变差		低
	差，问题严重，对保护对象影响大		趋势不明确		不确定（无法判断）

	该指标目前状态良好，但仍存在少量问题和风险；在变化趋势上，状况随时间有所好转；该评估结果可信度高
	该指标状态中等，存在问题并可能对保护对象产生负面影响；在变化趋势上，状况准持稳定；该评估结果可信度低
	该指标状态较差，存在问题较严重且对保护对象产生较大影响；在变化趋势上，仍在变差；该评估结果可信度高
	该指标状态中等，存在问题并可能对保护对象产生负面影响；没有变化趋势，或缺乏评估趋势的信息；该评估结果可信度中等

图3.5　COR体系对评估结果的标识与示例（修改自Brawata et al.，2017）

在论证保护是否有成效时，采取了 BACI（before/after or control/intervention）方法，即通过干预前后对照或有干预 / 无干预对照下保护对象的变化来体现。例如，对于仅在保护区内有分布的保护对象物种，以前后时相上的变化趋势来反映成效；对于在保护区内外都有分布的保护物种，除前后对照外，在数据支持的条件下，还采用了匹配法，即对比有保护区和无保护区时保护对象变化的差异。对于指标保护成效方面的说明，将在下章详细讨论。

在我们评估的三个案例中，保护区提供的数据主要包括动物监测数据（包含对主要保护对象的重复的痕迹调查、红外相机调查等）、植被监测数据（样方 / 样地调查）、环境监测数据（含气候、水质、土壤等）、巡护数据集（包含对人为干扰的记录），以及林政案件记录、保护区大事记、保护区总体规划、保护项目等管理类资料，还有保护区内与周边社区的人口统计、经济状况统计、社区共管项目资料等。在公开遥感数据集中，经过数据对比，我们选取和使用了“全球森林观察”（GFW）（30 m 分辨率）、MODIS EVI/NDVI（250 m 分辨率）、Landsat TM/ETM+（30 m 分辨率）等的遥感数据。在气候数据上，若保护区没有气象站数据，则使用 WorldClim2（1 km 分辨率）全球气候数据集来替代（Fick et al.，2017）。

在选择指标的分析方法时，我们参考了《生物多样性调查，监测与评估指南》（Hill et al.，2012），对森林生态系统服务功能的评估则参照了我国的《森林生态系统服务功能评估规范》（LY/T 1721—2008）。

基于上述数据和方法，我们构建了 COR 体系的数据与分析方法清单（表 3.6）。该表中所列的数据和分析方法并不是一成不变的，随着新数据收集和分析方法的出现，应进行定期更新。

表 3.6 各指标对应的数据类型与分析方法

成效指标	数据类型 *	分析方法
S1-111 保护区内森林面积保持稳定或恢复	“全球森林观察”（GFW）30 m 分辨率森林遥感数据集（2000—评估年份），保护区基础图层 **	通过数据集分析保护区自 2000 年后的森林面积发生变化（减少、增加等）的位置与年份
S1-112 保护区内植被指数保持稳定或增加	MODIS 植被指数（NDVI、EVI）数据集（2000—评估年份），植被监测数据集	植被指数作为植被质量的间接反映，分析保护区植被变化趋势，变好 / 差的位置与面积；结合地面监测分析植被变化原因
S1-113 湿地面积保持稳定	Landsat TM/ETM ＋卫片，保护区高清卫片 ***，湿地监测数据	对以湿地为保护目标的保护区分析建区后湿地面积变化趋势
S1-114 受干扰的植被类型得到恢复	近地遥感数据，植被监测数据集	分析受干扰（如火灾、过度放牧等）而退化的植被的干扰面积（S_d），恢复面积（S_r）
S1-121 水土涵养能力的维持与改善	保护区水文监测数据，土壤监测数据	核算森林生态系统调节水量、固土量、固碳量、释氧量等生态系统服务功能指标，对比历年变化
S1-122 固碳释氧能力与初级生产力的维持与稳定	保护区土壤监测数据，NDVI 植被指数数据	
S1-123 水质的稳定与恢复	保护区水文监测数据（参数包括盐度、化学需氧量、无机氮、磷酸盐、污染物如石油等）	分析水质的年际变化规律和趋势，受污染情况
S2-211 有无：对照保护区的物种名录，确认有实际分布的物种数增加	保护区生物多样性本底名录，历年物种调查名录（含各门类），物种长期 / 常规监测数据集	对比本底名录，统计现阶段仍有分布的物种数，及物种确认率（确认现阶段存在的物种数 / 名录中物种总数）
S2-212 分布：能够绘制出分布图的物种数增加	物种长期（常规）监测数据集，巡护数据集；物种专项调查数据集	统计保护区了解分布信息的物种数，以及可以描绘栖息地范围的物种数及覆盖率（可绘制分布图物种数 / 保护区内物种总数）
S2-213 数量：能够估出数量的物种数增加		统计保护区掌握种群数量（密度）的物种数
S2-214 栖息地状况：能够进行栖息地分析和质量评价的物种数增加		统计保护区能够分析栖息地质量变化的物种数
S2-215 动态：掌握种群动态变化的物种数增加		统计保护区了解种群动态（数量、结构变化等）的物种数

续表

成效指标	数据类型 *	分析方法
S2-221 分布区面积增加：对应关键保护对象分布扩展	物种常规监测数据集，巡护数据集，重点保护对象专项监测（含痕迹、红外相机、种群数量、行为学监测等），关键栖息地调查数据	分析关键保护对象的栖息地范围与变化情况，影响物种栖息地选择的因素，借助栖息地模型Maxent、占域模型分析等纠正调查偏差
S2-222 保护对象种群数量稳定或增加		结合已有的种群密度或数量估计研究，分析建区后保护对象的种群数量变化
S2-223 保护对象栖息地质量保持不变或提高，对应干扰减轻		分析保护对象栖息地内的直接干扰，对物种的影响程度和趋势
S2-224 关键栖息地（发情场、育幼场）被正确识别		结合物种习性，对其关键栖息地进行预测，并结合实地调查结果标出关键栖息地范围
P3-311 人为干扰数量与面积得到控制或减小	历年干扰巡护数据集，自保护区成立后的林政案件记录，保护区内社区分布与违规活动记录（如盗猎、盗伐、放牧、非法采集等）	对人为干扰进行分类和频次的统计，分析建区后的干扰频率变化
P3-312 主要人为干扰影响程度降低		对最主要的干扰做影响程度分析，受影响对象及影响程度
P3-313 人兽冲突得到缓解	人兽冲突记录，社区访谈	统计人兽冲突案件年际变化，社区对冲突物种的态度和行为变化
P3-321 对自然灾害的记录与响应	保护区大事记	统计并罗列建区以来较大的自然灾害和影响
P3-322 对灾害的影响评估与缓解		
P3-331 外来物种入侵的危害得到控制或缓解	入侵物种监测数据集	标出入侵物种的分布范围，分析对本土物种的危害，本土物种因此产生的种群或行为上的变化（如群落结构、栖息地、活动节律等）
P3-341 对气候变化潜在威胁的评估与预测	WorldClim2全球气候数据，保护区气候站监测数据	预测不同气候变化情境下保护对象栖息地的变化，以提供预警
R4-411 基于保护目标的保护行动数量有所增加	保护区总体规划，保护区历年各项监测活动梳理（开展时间、覆盖范围、频次等），保护区大事记，保护区通讯/年报，保护区项目梳理（开展时间、合作方、项目内容）等	统计建区以来保护行动的种类、覆盖范围及频次变化；建立累计曲线，评估完善程度
R4-412 保护行动覆盖面积增加		

续表

成效指标	数据类型 *	分析方法
R4-413 保护区监测数据库更加完善	保护区数据库（结构、规模、内容等）	展示数据库的建设与积累状况
B5-511 保护区内社区收入水平有所改善	保护区社会经济调查（监测）；保护区年报、社区项目资料等	统计建区以来社区人口、迁入迁出、人均收入变化，社区发展情况（通达率、生活设施等）变化，并与保护区外平均水平进行对比
B5-512 保护区内社区参与保护与良性互动		从社区保护意愿、支持力度、保护区对社区帮扶情况等方面评价保护与社区间互动关系

注：* 楷体部分数据由保护区提供；

** 保护区基础图层包括保护区边界、功能分区、保护区内公路、河流、人居点、保护站、监测线路（片区）等位置信息；

*** 高清卫片在本研究中指分辨率大于 30 m 的卫片（公开获取遥感数据的最高分辨率），通常在 10 m 以内。

3.3.3 三个保护区的评价指标

指标选取的方法分为粗筛和细筛两步：第一步，由评估人根据咨询会结果制定的评估框架从表 3.4 的 COR 体系通用指标库中粗筛出候选指标，并整理出指标所对应的数据清单与分析方法。第二步，召开由保护区管理者、科研监测人员及巡护人员组成的研讨会，进一步细筛适合本保护区的指标。从指标的筛选讨论开始，就进入了与计算指标相关的数据整理和分析阶段。选择上述三类人员参与的原因是因为他们分别对应了指标的使用者（保护区管理者）、数据分析人员（科研监测人员）和数据采集者（巡护人员），在我国不少保护区中，人员分工没有那么细致，特别是在人员较少的保护区，往往出现每名工作人员都有多项职责的情况，不少保护区的局长，本身既是管理者，也是分析员，还是数据收集者。将负有这些职责、熟悉情况的人纳入讨论会中，才能客观务实地完成指标的细筛。

在细筛阶段，评估者需要逐条将粗筛出的指标的参会者解释，包括该指标所需的数据、该指标所反映的保护成效状况等。并结合保护区当前的数据状况，以及保护区对该项指标的需求状况，对指标进行筛选和排序，将候选指标分为“评估”“待评估”和“不评估”三类。“评估”类为对本保护区的成效非常重要，同时已有足够数据支持，应当也可以放入本次保护成效评估报告中的指标；“待评估”类为对本保护区的成效非常重要，然而目前数据还不足，需要等到数据完备后再予以评估的指标；“不评估”类为不适合本保护区，或者在相当长的一段时间内都不会有支持数据的指标。

在经过三个保护区相关人员的研讨和筛选后，对指标的选取结果如下：王朗保护区选取了 24 项指标，其中 19 项评估指标，5 项待评估指标；白水江保护区选取了 23 项指标，其中 18 项评估指标，5 项待评估指标；纳板河保护区选取了 25 项指标，其中 16 项评估指标，9 项待评估指标，如表 3.7 所示。

表 3.7　三个保护区选取的评估指标

序号	评估指标	王朗	白水江	纳板河
1	S1-111 保护区内森林面积保持稳定或恢复	V	V	V
2	S1-112 保护区内植被指数保持稳定或增加	V	O	O
3	S1-113 湿地面积保持稳定	O	X	O
4	S1-114 受干扰的植被类型得到恢复	V	X	O
5	S1-121 水土涵养能力的维持与改善	O	X	O
6	S1-122 固碳释氧能力与初级生产力的维持与稳定	O	X	O
7	S1-123 水质的稳定与恢复	X	X	V
8	S2-211 有无：对照保护区的物种名录，确认有实际分布的物种数增加	V	V	V
9	S2-212 分布：能够绘制出分布图的物种数增加	V	V	V
10	S2-213 数量：能够估出数量的物种数增加	V	V	V
11	S2-214 栖息地状况：能够进行栖息地分析和质量评价的物种数增加	V	O	O
12	S2-215 动态：掌握种群动态变化的物种数增加	V	V	V
13	S2-221 分布区面积增加：对应关键保护对象分布扩展	V	V	V
14	S2-222 保护对象种群数量稳定或增加	V	V	V
15	S2-223 保护对象栖息地质量保持不变或提高，对应干扰减轻	V	V	O
16	S2-224 关键栖息地（发情场、育幼场）被正确识别	V	V	O

续表

序号	评估指标	王朗	白水江	纳板河
17	P3-311 人为干扰数量与面积得到控制或减小	V	V	V
18	P3-312 主要人为干扰影响程度降低	V	V	O
19	P3-313 人兽冲突得到缓解	X	V	V
20	P3-321 对自然灾害的记录与响应	V	V	X
21	P3-322 对灾害的影响评估与缓解	O	O	X
22	P3-331 外来物种入侵的危害得到控制或缓解	O	O	V
23	P3-341 对气候变化潜在威胁的评估与预测	V	V	X
24	R4-411 基于保护目标的保护行动数量有所增加	V	V	V
25	R4-412 保护行动覆盖面积增加	V	V	V
26	R4-413 保护区监测数据库更加完善	V	V	V
27	B5-511 保护区内社区收入水平有所改善	X	O	V
28	B5-512 保护区内社区参与保护与良性互动	X	V	V

注：V—可评估；O—待评估；X—不评估。

3.4 数据汇总和指标计算

选定了评估指标后，按照“评估”指标所需的数据清单，保护区和评估者按照商量好的分工分别准备数据，并汇总在一起，由评估者牵头的评估工作组组织数据的分析和指标的计算。

这一阶段的工作以数据分析为主，需要强调的是，分析结果有时会与预先的设想有偏差。面对出乎意料的结果，首先，需要回顾和细致检查数据分析的每一个步骤，确保没有疏忽导致的错误。在处理大量繁杂数据的过程中，需要非常耐心和细致，稍有疏忽，难免出现这类错误。要减少这类错误，引入第三方的审阅是非常有效的。评估结果在正式发布前由第三方审阅，以减少来自疏忽的错误，这在金融等行业早已是常规做法。

其次，在排除了数据处理过程中的错误后，需要咨询参与数据收集人员，比如参与监测的保护区工作人员和护林员，以排除错误来源于数据收集的可能性，这一步需要更多的人力投入。

最后，如果数据收集没有问题，那么不受欢迎的结果很可能真实地反映了客观事实。例如，在王朗保护区的评估中，指标“P3-312 主要人为干扰影响程度降低”得到了非常负面的结果，而我们很容易就排除了前面两种可能性。事实是，在很长一段时间内，进入保护区的家牛和家马的数量一直处在比较高的水平，并没有减少的趋势。而这已经不完全是科学问题，我们在进行此项工作之前，就预知将会出现这样的结果，也曾与保护区的领导们慎重地讨论过，并将这些问题的应对交给他们处理。令人欣慰的是，他们并没有选择无视或隐藏这一结果，而是让这一结果如实地出现在王朗保护区的保护成效评估报告中。

承认问题的存在，才有可能解决问题，在保护成效评估的最开始阶段，所遇到的保护区领导选择了正视问题，而不是掩盖或回避问题，这是非常正确的做法。我们希望，随着未来保护成效评估的发展，这样的做法会成为规则。

3.5　完成评估报告

成效评估的实体产出为保护成效报告，完整的评估周期一般为 2 ～ 3 个月。报告的结构包括：① 保护区的介绍与评估框架；② 针对该保护区的评估指标体系；③ 评估结果量表；④ 各指标详细分析过程与结果；⑤ 保护行动建议等五个部分。

对所呈现的每项指标结果，我们在时间与空间上都予以尽量细致的描述，这样做的原因是遵循“行动导向”原则。保护行动效率的提高，与是否能更精准地在空间和时间上分配人力、物力资源密不可分。保护成效评估的目标是为了修改完善保护区的管理计划，在保护成效评估报告中提供能落实在网格上的行动建议，无疑对目标的达成是非常有帮助的。图 3.6 是评估报告的结果汇报形式示例，给出了王朗保护区的两项指标评估结果，其中森林面积变化的指标评估结果显示王朗保护区内森林面积非常稳定，说明一直采取的与森林保护有关的措施是有成效的，因此在下一期管理计划中不需要设计额外行动；另一

<table>
<tr><th>评估指标</th><th>评估结果</th><th>保护目标
（5 年内）</th><th>行动建议</th><th>优先级</th></tr>
<tr><td>S1-111 保护区内森林面积保持稳定或恢复</td><td></td><td></td><td>保持现有管护措施，对森林面积减少斑块核查变化原因</td><td>无</td></tr>
<tr><td colspan="3">评估结果：王朗保护区内的森林面积总体保持稳定。2000 年时，保护区内森林总面积 123.27 km^2，占保护区总面积的 38.2%。2000—2014 年期间，森林增加 0.02 km^2，占保护区森林总面积的 0.02%；减少了 0.31 km^2，占保护区森林总面积的 0.25%</td><td colspan="2" rowspan="3">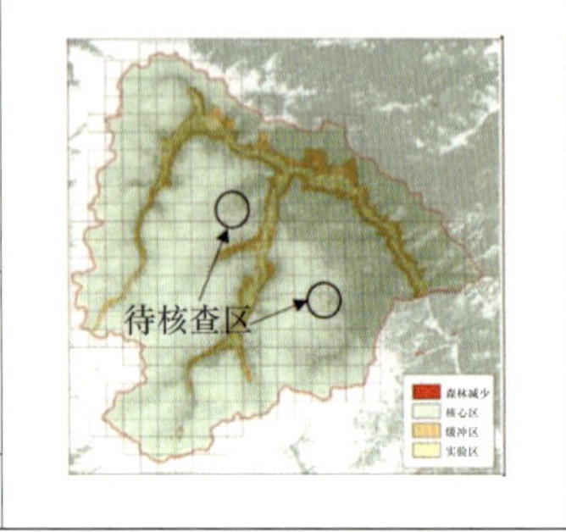
</td></tr>
<tr><td colspan="3">评估方法：基于 GFW v1.2 遥感数据集的空间分析，森林定义为 tree cover ≥ 0.2，该分类在王朗保护区的总体精度为 90%</td></tr>
<tr><td colspan="3">评估人：张迪</td></tr>
</table>

<table>
<tr><th>评估指标</th><th>评估结果</th><th>保护目标
（5 年内）</th><th>行动建议</th><th>优先级</th></tr>
<tr><td>S2-221 大熊猫分布扩展（栖息地面积增加）</td><td></td><td></td><td>优先调查退化风险高的栖息地内是否还有大熊猫活动</td><td>★★★★★</td></tr>
<tr><td colspan="3">评估结果：对比 10 年前后，大熊猫分布范围有所减小，退化风险集中在低海拔河谷区</td><td colspan="2" rowspan="3">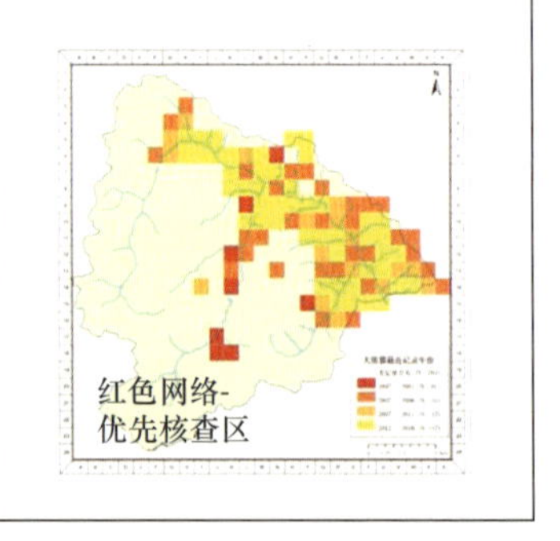
</td></tr>
<tr><td colspan="3">评估方法：① 直观对比大熊猫监测数据，分析曾确认有大熊猫活动痕迹但 10 年以上未有新的调查记录的区域的特征；② 借助栖息地模型（Maxent）分时段对比 2006 年前与 2012 年后大熊猫栖息地范围变化，在建模中考虑对应时期的干扰强度变量（放牧、人类活动等）</td></tr>
<tr><td colspan="3">评估人：张迪</td></tr>
</table>

图3.6 评估报告结果汇报形式示例

项指标，即“大熊猫分布扩展（栖息地面积增加）”的评估结果，则相当负面，结论是“对比 10 年前后，大熊猫分布范围有所减小，退化风险集中在低海拔河谷区”，评估者建议在未来 5 年内应该逆转这一趋势，“优先调查退化风险高的栖息地内是否还有大熊猫活动”的行动应当放在保护区的优先行动清单中。

表 3.8 是三个保护区成效评估结果总览。保护区在生物多样性信息的收集（S2-211 ～ S2-215）和保护行动覆盖（R4-411 ～ R4-413）上都具有积极的成效；在保护对象变化上（S2-221 ～ S2-224），白水江保护区与纳板河保护区趋于稳定，但王朗保护区的大熊猫栖息地有退化风险；纳板河保护区与白水江保护区在人为干扰控制上取得一定进展，但现状仍处在中和差的水平，王朗保护区人为干扰有变差的趋势（P3-311 ～ P3-313）。

表 3.8　三个保护区成效评估结果总览

评估框架	评估模块	评估指标	王朗	白水江	纳板河
状态	S1 状态 1：生态系统完整性及生态服务功能的维持和提高	S1-111 保护区内森林面积保持稳定或恢复	⇔	⇩	⇩
		S1-112 保护区内植被指数保持稳定或增加	⇔		
		S1-113 湿地面积保持稳定			
		S1-114 受干扰的植被类型得到恢复	⇩		
		S1-121 水土涵养能力的维持与改善			
		S1-122 固碳释氧能力与初级生产力的维持与稳定			
		S1-123 水质的稳定与恢复			⇩
	S2 状态 2：物种多样性的维持和改善	S2-211 有无：对照保护区的物种名录，确认有实际分布的物种数增加	⇧	⇧	⇧
		S2-212 分布：能够绘制出分布图的物种数增加	⇧	⇧	⇧
		S2-213 数量：能够估出数量的物种数增加	⇔	⇧	⇧
		S2-214 栖息地状况：能够进行栖息地分析和质量评价的物种数增加	⇧		

续表

评估框架	评估模块	评估指标	王朗	白水江	纳板河
		S2-215 动态：掌握种群动态变化的物种数增加	↔	↔	↑
		S2-221 分布区面积增加：对应关键保护对象分布扩展	↓	↑	↔
		S2-222 保护对象种群数量稳定或增加	↔	↑	↔
		S2-223 保护对象栖息地质量保持不变或提高，对应干扰减轻	↓	↔	
		S2-224 关键栖息地（发情场、育幼场）被正确识别	●	●	
压力	P3 压力：干扰减轻	P3-311 人为干扰数量与面积得到控制或减小	↓	↔	↑
		P3-312 主要人为干扰影响程度降低	↓	↔	
		P3-313 人兽冲突得到缓解		↓	↑
		P3-321 对自然灾害的记录与响应	●	●	
		P3-322 对灾害的影响评估与缓解			
		P3-331 外来物种入侵的危害得到控制或缓解			●
		P3-341 对气候变化潜在威胁的评估与预测	↔	↔	
响应	R4 响应：保护行动有效	R4-411 基于保护目标的保护行动数量有所增加	↑	↑	↑
		R4-412 保护行动覆盖面积增加	↑	↑	↑
		R4-413 保护区监测数据库更加完善	↑	↑	↑
惠益	B5 惠益：生物多样性保护产生的惠益得到公平的分享	B5-511 保护区内社区收入水平有所改善			↑
		B5-512 保护区内社区参与保护与良性互动		↑	↑

注：标示含义参见图 3.5；绿色区域表示指标适用且可评估，粉色区域表示指标适用但缺乏数据而未评估，白色区域表示指标不适用。

3.5.1　王朗保护区的评估结果

评估结果显示，王朗保护区的森林维持稳定，森林面积在2000—2014年间无明显变化，对乔木资源的管护较有成效。从植被质量上看，林下海拔段2700～3200 m的植被指数呈下降趋势，主要集中在西北坡向；而高海拔段3700～4200 m东南坡向的草地植被指数有所增加。在物种多样性信息方面，保护区的野生动物本底名录中确认现阶段有分布的比例达70%以上，其中兽类确认有分布的比例约为45%。保护区的动物监测对象主要为兽类与鸟类，对确认有分布的国家Ⅰ、Ⅱ级保护动物的覆盖率达76%（图3.7A），覆盖率在2010年以前增长较快，近10年呈平缓趋势。已知至少一个分布位点的物种数有109种，包括兽类35种、鸟类71种、两栖类3种；可以绘制栖息地范围的物种有33种，包括兽类22种、鸟类11种，其中保护动物覆盖率41%。关键保护对象大熊猫的栖息地也出现在低海拔区域的退化，且退化区域与家畜分布区有较大重叠；种群数量上，不同调查方法得到的数量估计不同，据历次全国大熊猫调查结果，大熊猫种群数量仍稳定在27～28只。保护区目前面临的最主要的保护威胁为放牧问题，家牛与家马在保护区内的分布密度增加，对受啃食植被（竹子）、大熊猫及有蹄类物种造成了负面影响。家畜在保护区内的分布范围与大熊猫栖息地重叠程度逐年上升，平均增速为3.89%/年（R^2=0.99），至2015年已累计重叠56%以上。除放牧之外的其他人为干扰（如盗猎、盗伐等）频次有所下降。未来气候变化情景下大熊猫适宜栖息地会有所扩展。在保护行动方面，保护区对大熊猫栖息地的保护行动覆盖率在70%以上，近3年对林线以上的高山区域的监测覆盖率增加到30%以上（表3.8）。

3.5.2　白水江保护区的评估结果

白水江保护区的森林也无较大扰动，2000—2014年间森林面积累计减少9 km^2，主要大约于2008年发生在碧口片区。在物种多样性方面，与本底名录相比，确认 47% 的兽类物种现阶段有分布，保护动物（国家 I 、II 级）中 89% 确认有分布。保护区的野生动物监测共覆盖 96 个物种，其中兽类 35 种、鸟类 50 种、爬行类 8 种和两栖类 3 种；对保护动物物种的覆盖率达 57%，其中兽类 64%（图 3.7B）。保护区能够绘制栖息地范围的物种有 33 种，其中对羚牛、大熊猫、斑羚等物种的栖息地了解程度最高。保护区了解 5 个物种的种群规模，包括大熊猫、金丝猴、藏猕猴、羚牛、豹猫，仅大熊猫具有种群数量变化的信息。在考察关键保护对象大熊猫的分布区方面，2005 年之后大熊猫在保护区内的栖息地利用率有所增加，分布范围有所扩展，虽然铁楼一带存在放牧干扰，但在全区尺度尚未影响到大熊猫的栖息地选择（相关性不显著）。建区后，大熊猫的种群数量在 20 世纪 80 年代减少超过 50%，至 2014 年缓慢恢复至 110 只（数据来源：历次全国大熊猫调查）。同样对羚牛、斑羚、毛冠鹿等保护物种和野猪的栖息地利用率进行 10 年前后的对比（2006 年和 2016 年），占域模型分析结果显示羚牛在保护区内的栖息地利用率保持稳定，斑羚有所降低，毛冠鹿有明显增加。野猪的栖息地利用率也明显增加，且带来的人兽冲突问题也有所上升。在人为干扰方面，盗伐、盗猎等刑事案件明显降低，但放牧、林下采集等干扰依然存在，近年来放牧区域与大熊猫栖息地的重叠范围逐渐增加，平均增速为 2.39%（R^2=0.93），至 2017 年重叠率达 26.57%。在保护行动方面，保护区的监测和巡护覆盖率为 50.63%，98% 的社区居民的保护意识有所提高（表 3.8）。

3.5.3 纳板河保护区的评估结果

纳板河保护区在 2000—2014 年间森林减少 5.28 km^2，多发生于集体林内，主要为经济林的更替，其核心区内森林面积则保持稳定，几乎无变化。纳板河流域的水质比建区时有所下降。保护区对物种多样性的了解程度高，本底调查除有（27 种）兽类物种的现状（有无）还未确认外，物种本底名录中确认现阶段有分布的比例高于 90%。保护区的监测覆盖较完善，对重点保护植物物种的监测覆盖达 57%，对重点保护动物物种的覆盖达 25%（图 3.7C）。能够绘制栖息地范围的物种有 17 种，包括兽类 13 种、鸟类 4 种，其中重点保护动物 9 种。重点保护兽类多分布在核心区内，部分扩展到缓冲区。变化趋势上，自 2005 年保护区开展监测以来，对黑熊、印度野牛、水鹿、赤麂等物种的痕迹遇见率有所增加；鸟类的种类和遇见率保持稳定；但保护区对关键保护对象印度野牛的种群数量缺乏调查。在人为干扰上，保护区内主要的干扰类型为毁林开垦、盗伐、野生动植物的非法贸易等，林政案件自 1996 以来有所增加，保护区内村民对自然资源的依赖程度依然较高。截至 2016 年，农业与林业占社区收入的 68% 以上，来自社区的人为干扰主要的影响对象是野生植物。在建区初期，野猪、赤麂及雉类物种也受到盗猎的影响，但近年来盗猎案件有明显下降。保护区内引起人兽冲突的物种主要为野猪，2000—2005 年间肇事较频繁，2005 年后下降趋势明显。保护区内还存在外来物种入侵的问题，已记录入侵植物 31 种，动物 5 种，多沿纳板河流域分布，与人居地重叠度也较高。在保护行动上，保护区监测覆盖面积达保护区总面积的 50% 以上，保护行动明显增加。保护区内社区人口逐年增加，人均收入也呈增长趋势（自 1992—2016 年平均增长率 13.27%），但仍稍低于区外平均水平（表 3.8）。

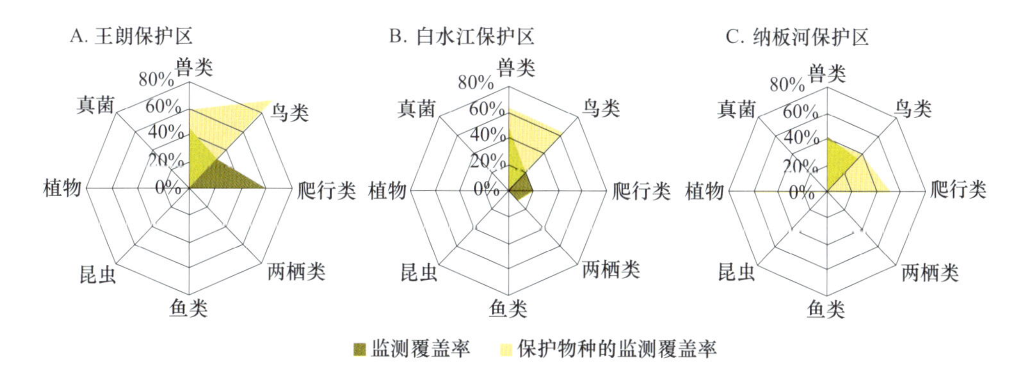

图3.7　三个保护区对物种多样性的监测覆盖度（指标R4-413评估结果）。绿色为监测覆盖率（监测的物种数占本底名录中物种数的比例）；黄色为保护物种监测覆盖率（监测的保护物种数占所有保护物种数的比例）

3.6 提出行动建议

在保护区的适应性管理环上，制订更有成效的下一步管理计划，或称行动方案是保护成效评估的目标。对保护区和保护区的上级主管部门来说，进行保护成效评估的目的是更有效地实施保护，即在现有管理计划的基础上，维持其中一部分行动不变，增加一些新的行动，去除一些没有成效的行动，或者做一些时间、地点和方法的调整，来提高一些行动的成效。

表 3.9 是基于王朗保护区的保护成效评估报告中每项指标的评估结果，给他们提出的行动建议。

表 3.9 王朗保护区成效评估报告中提出的行动建议及优先级

保护目标	行动建议	行动优先级
S1 状态 1：生态系统完整性及生态服务功能的维持和提高	制作保护区植被图，确定发生显著改变的植被类型	★★★
	设置植物监测固定样方，记录气象数据，监测植被群落结构的变化，以阐明植被变化的原因是来源于气候变化，还是植被群落的自然演替	★★
	关注 2700 ~ 3200 m 范围内的植被指数降低对大熊猫栖息地的影响，预测未来这一海拔段的大熊猫栖息地是否会发生大面积的负向变化	★★★
	保持目前对森林的管护措施	★
	对较大的森林变化斑块进行实地核实	★★
S2 状态 2：生物多样性的维持和改善	对比主要保护物种分布区与 2009 年调整后的常规监测覆盖区域，可看出常规监测线路对部分物种栖息地的覆盖度略有不足，建议下一步根据物种集中分布区增设监测路线或相应的专项调查	★★
	通过红外相机等方式确定保护区是否有豺、獾、灰尾兔和岩松鼠的分布	★★
	确认云豹、豹、马麝等三种国家一级保护物种，棕熊、藏狐、豺、大灵猫 *、亚洲金猫 *、兔狲、猞猁、黑鸢等 8 种国家二级保护物种在保护区是否有分布	★★
	建议保护区在监测与专项调查的支持下，定期更新物种名录，将保护区长期未曾发现或确认无分布的物种调出名录，并补充新发现的物种记录	★★

续表

保护目标	行动建议	行动优先级
	对超过 50 张生境表的 11 种保护动物进行栖息地选择分析，以及进一步的栖息地质量评价	★★
	开展除大熊猫外的保护物种的种群数量及动态分析	★★
	参考大熊猫栖息地生境表，结合实地样方，进行大熊猫栖息地质量变化评估	★★★★
	通过痕迹调查、红外相机等方式对指标 S2-221（图 3.6）反映的长时间无大熊猫活动痕迹的栖息地（千米网格）开展专项监测，以确认是否仍有大熊猫分布	★★★★★
	开展大熊猫关键栖息地，特别是育幼场（产仔洞）的专项调查，识别出关键地块	★★★★
	针对放牧对大熊猫的影响开展专项调研，并研究解决方案	★★★★★
P3 压力：干扰得到有效控制或缓解	尽快开展对放牧干扰的评估与响应	★★★★★
	针对旅游开展对保护区内游客承载量、旅游涉及区域的生物多样性、旅游对两栖类影响等相关评估	★★★★
	对其他人为干扰活动进行持续监测、巡护与记录	★★★
	增加对保护区自然灾害及影响的记录与评估，补充保护区相关气候数据	★★
R4 应对：保护行动有效果	完善保护区科研与监测信息平台建设	★★
	将科研合作进一步规范化，保护区应当掌握科研监测合作的主动权，根据实际的管理和保护需求选择科研合作项目	★
	完善监测设计，针对保护目标和行动设计评估需求与监测需求	★
	填补监测空缺，提高对高山地区的监测频次，完善对植物、爬行类、真菌、昆虫等的专项调研	★★
	对保护区积累的生态数据进行定期分析和反馈	★

注：在 2021 年修订的《国家重点保护野生动物名录》中调整为一级保护物种。

经过对三个保护区的评估，对于 COR 体系能够对保护有效性的提高起到的积极作用，和未来在我国自然保护区的应用前景，我们越来越有信心。在实际应用中，为了充分发挥 COR 体系的作用，需要特别注意下面几个方面：

（1）在评估流程的每个阶段，都要重视保护区的参与和反馈，以积极和开放的态度，从有利于保护区下一步工作的角度来推动成效评估工作。

（2）在选取评估指标和方法时，充分考虑保护区正在开展的数据收集工作，利用好已有的监测数据，并将评估指标的数据需求不断结合入保护区的日常监测。

（3）充分考虑保护区所属类型、保护对象与目标的特点，灵活选取指标和开发新的指标，并注重数据和方法上的标准化。

（4）增加能落实到空间小单元上的分析和建议比重，即将成效分析的尺度与保护区的空间管理 / 监测单元相结合，增加网格化的汇报评估结果和规划行动建议的比重，以促进保护区科学化和精细化的管理。

第四章

指标模块

使用 COR 体系对保护区的保护成效进行评估的时候，首先要根据保护区的实际情况建立评估框架，确定要评估的指标，并根据每项指标的要求从保护区获取数据，进行分析评估，最终将评估结果汇集成报告。

我们推荐将指标模块化的做法，为每个保护区量体裁衣，根据保护区的实际情况灵活定制出适合该保护区的评估体系。在本章的内容中，将逐一展示在对王朗、纳板河和白水江三个保护区的成效评估中所使用的指标模块、具体做法，以及相应的行动建议。

所谓指标模块化，即将指标、计算指标所需的数据、数据分析方法，以及根据指标评估结果给出的保护建议这四个方面的内容整合在一起，形成相对独立的一个单元。一个保护区的评估报告由若干个模块构成，每个模块的结果体现该保护区在某方面的工作表现。表 4.1 是我们正在使用的 COR 体系通用指标库，由五组评估目标，10 项评估对象和 28 项指标组成，每项指标都是一个基础模块。当一个保护区使用所有 28 项指标进行评估后，意味着评估者从 28 个侧面对这个保护区的工作成效状况进行了剖析，也意味着保护区的管理者、管理者的上级主管部门，以及所有关心该保护区成效的人员，都能从这 28 个侧面更为细致地了解保护区的保护成效。

目前这 28 项指标，是我们与王朗、纳板河和白水江三个保护区的管理者和工作人员共同讨论的结果，由于这三个保护区都是以保护森林与野生动物为主的类型，若以此作为指标库对同类保护地进行评估，大部分指标都可以沿用，然而若评估其他类型的保护区，例如，湿地、草原、荒漠、海洋类型的保护区，则需要补充一些新的指标。补充的新指标，应该遵循“指标—数据—方法—建议”，保证评估内容的完整性。

在这 28 个指标中，仍然存在有设计、无内容的情况，例如，“S1-113 湿地面积保持稳定”和“S1-122 固碳释氧能力与初级生产力的维持与稳定”两个指标，在与保护区管理者的讨论中，大家一致认为这些是保护区成效中必不可少的内容，尽管目前保护区还没有足够的监测数据来实现这些指标的评估，但也有必要将这些内容纳入，作为下一步工作方向的提醒。

COR 体系通用指标库（表 4.1）中的五组评估目标也有扩展空间，在“状态—压力—响应”的框架上，近些年来又增加了“惠益”的内容，从而形成了“状态—压力—响应—惠益”的框架，将生物多样性得到有效保护后所带来的惠益，以及这些惠益是否分享给了当地社区，是否在族群、性别间进行了公平的分配也纳入考虑，无疑这是极大的进步。

表 4.1　COR 体系通用指标库

评估模块	评估对象	评估指标
S1 状态 1：生态系统完整性及生态服务功能的维持和提高	S1-11 生态系统完整性	S1-111 保护区内森林面积保持稳定或恢复
		S1-112 保护区内植被指数保持稳定或增加
		S1-113 湿地面积保持稳定
		S1-114 受干扰的植被类型得到恢复
	S1-12 生态系统服务功能	S1-121 水土涵养能力的维持与改善
		S1-122 固碳释氧能力与初级生产力的维持与稳定
		S1-123 水质的稳定与恢复
S2 状态 2：物种多样性的维持和改善	S2-21 物种多样性信息量	S2-211 有无：对照保护区的物种名录，确认有实际分布的物种数增加
		S2-212 分布：能够绘制出分布图的物种数增加
		S2-213 数量：能够估出数量的物种数增加
		S2-214 栖息地状况：能够进行栖息地分析和质量评价的物种数增加
		S2-215 动态：掌握种群动态变化的物种数增加
	S2-22 保护对象动态	S2-221 分布区面积增加：对应关键保护对象分布扩展
		S2-222 保护对象种群数量稳定或增加
		S2-223 保护对象栖息地质量保持不变或提高，对应干扰减轻
		S2-224 关键栖息地（发情场、育幼场）被正确识别
P3 压力：干扰减轻	P3-31 人为干扰	P3-311 人为干扰数量与面积得到控制或减小
		P3-312 主要人为干扰影响程度降低
		P3-313 人兽冲突得到缓解
	P3-32 自然灾害	P3-321 对自然灾害的记录与响应
		P3-322 对灾害的影响评估与缓解
	P3-33 外来物种入侵	P3-331 外来物种入侵的危害得到控制或缓解
	P3-34 气候变化	P3-341 对气候变化潜在威胁的评估与预测

续表

评估模块	评估对象	评估指标
R4 响应：保护行动有效	R4-41 保护行动积累	R4-411 基于保护目标的保护行动数量有所增加
		R4-412 保护行动覆盖面积增加
		R4-413 保护区监测数据库更加完善
B5 惠益：生物多样性保护产生的惠益得到公平的分享	B5-51 保护区与社区良性互动	B5-511 保护区内社区收入水平有所改善
		B5-512 保护区内社区参与保护与良性互动

在 COR 体系中，我们将状态分为“S1 状态 1：生态系统完整性及生态服务功能的维持和提高”和“S2 状态 2：物种多样性的维持和改善”，前者侧重生态系统，后者侧重物种，做这样的分类仅出于工作方便，并无更深的其他考量，特此说明。

在 S1 与生态系统相关的目标下，我们进一步分成“生态系统完整性”（S1-11）和“生态系统服务功能”（S1-12）两类，前者有 4 项指标，后者有 3 项指标。在 S2 与物种多样性相关的目标下，也进一步分成了与“物种多样性信息量”（S2-21）相关的和与“保护对象动态”（S2-22）相关的两类，前者有 5 项指标，均与物种保护相关信息的掌握程度有关，是保护区进行有效管理的基础；后者有 4 项指标，都涉及具体的保护对象，保护区往往有不止一个目标保护物种，根据需要，这 4 项指标还可进一步地按物种细分。

在“P3 压力：干扰减轻”目标下，我们从“人为干扰”（P3-31）、“自然灾害”（P3-32）、“外来物种入侵”（P3-33）和“气候变化”（P3-34）这四个方面予以评估，目前共有 7 项指标。在将 COR 体系推广到更多类型的保护区后，这部分的指标还有很大的扩展空间。

在“R4 响应：保护行动有效”目标下，我们从“保护行动积累”（R4-41）方面的 3 项指标予以评估，这部分的指标还需要进一步扩充。

在“B5 惠益：生物多样性保护产生的惠益得到公平的分享”的目标下，我们用“保护区与社区良性互动”（B5-51）方面的 2 项指标予以评估，这方面还有很大的扩展空间，在未来评估中应该予以加强。

4.1　模块化的好处

在列举 COR 体系模块化设计的优势之前，不妨先坦白下这一设计的遗漏之处。COR 体系从设计之初，就在回避给保护区打一个综合性的总分的做法，因此，使用 COR 体系评估一系列保护区，是无法用一个分数来给保护区成效排序的，如果确有打分排序的需要，使用者也可以根据评估的结果，自行设置分数规则和指标权重，定制自己的打分规则。

我们回避分项打分以及加权获得总分的设计，一方面是因为权重的设置太过困难，另一方面是总分遮掩了细节，从而不能真实反映保护区所处的阶段和所做的努力。例如，若保护成效需要一个总分来衡量，假如我们分别给“S1-111 保护区内森林面积保持稳定或恢复”，“S2-211 有无：对照保护区的物种名录，确认有实际分布的物种数增加”确定了还算合理的打分规则，并分别赋予二者以 0 ～ 10 分中的一个分值，其中 0 分是完全没有达到保护目标，5 分是平均水平，而 10 分则是完美地实现了保护目标。对于指标 S1-111，0 分为森林面积不可接受地减少，5 分为森林变化程度处于保护区的平均水平，10 分为森林面积保持稳定或恢复态势很好。对于指标 S2-211，与之前保护区所掌握的物种名录的知识相比较，0 分为保护区没有进行任何新的调查，也没有新的知识进入；5 分为保护区对物种分布有无的了解处于所有保护区的平均水平；10 分为保护区在物种分布状况上的知识增加程度处在所有保护区的最前列。

假如有三个保护区 A、B 和 C，评估结果是：A 保护区的得分是 S1-111 为 5 分，S2-211 为 5 分，这个保护区在这两项上都处在中间位置；B 保护区的得分是 S1-111 为 1 分，S2-211 为 9 分，这个保护区查清了很多物种在保护区的分布状况（有或无），然而其森林面积却大幅减少；C 保护区的得分是 S1-111 为 9 分，S2-211 为 1 分，这个保护区的森林状况良好，然而对保护区内各物种的分布状况（有或无），却什么调查都没有做。尽管从这两项得分的简单加和来看，三个保护区都是 10 分，然而其工作内容的侧重，以及取得的成效却是迥异的。

通过这个简单的例子可以知道，有效保护目标的达成，需要多项行动的同时开展，要保护好森林生态系统中的物种，保护好其栖息的森林是基础，还必须不断了解保护物种的生存状况，很难说清楚在保护区同时要做的那些活动中，哪些更为重要。这其实同保护区的内涵是一致的，管理好生物多样性这一复杂系统，仅仅靠一两件工具是远远不够的，而是需要整个工具箱，模块化的指标可以说就是针对每项工具或每项目标设计的。

从保护区管理者的角度出发，模块化的指标使得管理内容更为具体和细化，并且可以用于衡量的相对量化的指标非常有利于提高管理水平。具体来说，每个模块对应明确的与成效挂钩的指标，组合起来就是保护区设置的初心目标；每项指标都有具体的数据要求和计算方法，基于对保护区人员能力的了解，管理者很清楚哪些工作可以自己完成，哪些需要借助外部的专业力量；每项指标评估的结果都对应着具体的保护建议，因此，管理者很容易修改管理计划，从而实现保护区的适应性管理。

从更高层次的保护区管理者的角度，基于模块化的指标，对单个保护区的管理状况有更为具体和客观的认识；对同一个保护区，通过比较某个指标前后的变化，就可以知道这个保护区工作进步的程度；对于不同的保护区，通过对同一指标的横向比较，能实现在此指标上进行保护区工作成效的排序，进而更为精准地对保护区进行督导和为保护区提供扶持。

从为保护区进行成效评估的专业人员角度，使用模块化的指标，首先，可以灵活地为保护区定制成效评估工作框架；其次，可以将每项指标做得越来越精确和标准，这是同行间互相审阅和检验的基础；最后，模块化的指标本身也将随着评估实践的积累而不断优化。

4.2　评估生态系统的模块

基于案例研究，在“生态系统完整性及生态服务功能的维持和提高”模块共评估了 4 项指标，分别为“S1-111 保护区内森林面积保持稳定或恢复”“S1-112 保护区内植被指数保持稳定或增加”“S1-114 受干扰的植被类型得到恢复”“S1-123 水质的稳定与恢复”。前两项指标分别反映保护区内现有的受保护植被的数量和质量变化；S1-114 则考察曾发生过如火灾、砍伐、过度退化等大面积扰动的植被，在保护区管理下的恢复情况，即生物多样性增量；S1-123 则考察保护区内的河流、饮用水源等需保护的水体质量变化。

在本研究的实际分析中，对 S1-111 和 S1-112 借助公开遥感数据进行评估，S1-114 和 S1-123 建议基于长期监测数据进行评估。但王朗保护区与纳板河保护区缺乏该指标的监测数据，故引用已有文献的相关结果。此外，对“S1-114 受干扰的植被类型得到恢复”指标额外增加了以三江源保护区的草地恢复为例的评估方法测试，故在文中选取 S1-111、S1-112、S1-114 做评估方法与结果介绍。

4.2.1　森林面积

森林是地球上最重要的生态系统之一，森林的变化影响着重要生态系统服务功能的提供，包括丰富的生物多样性的维持、气候的调节、碳储存和水供给。根据我们 2015 年的一项研究，截至 2013 年底，中国 407 个国家级保护区，面积约 1 040 000 km^2，约占国土面积的 10.9%，保护着的森林面积共有 89 556 km^2，占我国森林总面积的 5.03%，而全球多数国家和地区保护区覆盖的森林面积比例都超过了 10%，我国的保护区对于森林生态系统的覆盖是偏低的，因此保护区内的森林面积尤其需要保持稳定（Foley et al.，2005；王昊 等，2015）。

指标编号	S1-111
指标	保护区内森林面积保持稳定或恢复
所属类别	S1 状态 1：生态系统完整性及生态服务功能的维持和提高
有效性说明	评估期间森林面积数值不变或有增加
数据	两个或多个时相的遥感数据，GFW 数据及相关精度评估数据，保护区边界数字地图
方法	使用 GIS 进行叠加和变化检测分析，提取变化数值，用地图显示变化区域，视情况给出建议，对变化原因进行分析

1. 评估结果和行动建议

根据森林面积在两个或多个时相间的变化结果，分别从状态、变化趋势和结果可信度三个方面给出综合的评估结果，评估结果将是表 4.2 中三个类别的组合，即包括显示状态的颜色、显示变化趋势的箭头和显示评估数据可信度的轮廓线形。

表 4.2　对评估结果的一般性解读和相关行动建议的参考

类别	子类	结果解读	行动建议
状态		好，不存在问题	维持现有的行动种类和力度，无须额外增加
		良，存在少量问题，但影响不大	在现有行动基础上，予以适当关注，根据情况变化决定是否增加新行动或提高行动力度
		中，存在问题，已威胁到保护对象	现有行动力度不足，需额外增加行动或提高行动力度
		差，问题严重，对保护对象影响大	现有行动无效，需尽快分析原因，额外增加有效行动或大幅提高行动力度
变化趋势		改善	在提出行动建议前，需与“状态”和“可信度”一起分析。若状态好，可信度高，变化趋势为稳定或改善，则不需要增加新行动或增加现有行动力度；若状态差，可信度低或无法判断，而变化趋势不明显，则需积极准备新的行动，或提高现有行动力度，同时加强相关数据的收集
		维持稳定	
		变差	
		趋势不明确	若该指标需要明确的趋势变化评估，则增加相关数据的收集

续表

类别	子类	结果解读	行动建议
可信度	○（粗实线）	高	当前与数据收集相关的监测或调查行动完全可以满足评估需求，可以不增加新行动或提高行动力度
	○（细实线）	中等	当前与数据收集相关的监测或调查行动满足评估需求，可以适当增加新行动或提高行动力度
	○（虚线）	低	当前与数据收集相关的监测或调查行动不能满足评估需求，需要增加新行动或提高行动力度
		不确定（无法判断）	视具体情况决定是否需要增加相关新行动或提高现有监测调查的力度以填补可信度方面的空白

表 4.2 给出了每种状态、变化趋势和可信度的一般性行动建议，实际评估中应根据保护区具体的状态组合和所采取的相关行动的特点给出更符合保护区实际的行动建议，此建议应与保护区现有或将制订的新管理计划一致。后面各模块关于评估结果和保护建议的部分与此类似，不再列表赘述。

2. 案例

我们使用 GFW 数据集评估了王朗、白水江和纳板河三个保护区中的森林变化。为此还专门评估了这套数据集在中国范围内的精度。

该数据集基于 Landsat TM/ETM 的卫星照片解译，数据集的水平分辨率为 30 m，包括 2000 年树木覆盖（tree cover 2000，TC）、树木覆盖减少（tree cover loss，L）、树木覆盖增加（tree cover gain，G）和减少年份（lost year，LY）等图层。树木覆盖定义为所有高于 5 m 的植物的郁闭度，在每个像素栅格上以 0～100% 来表示。森林的减少定义为在像素单元上发生了林分置换或树木覆盖的完全去除（即从有覆盖变为零覆盖）。森林增加定义与减少对应，即从非森林（零覆盖）的状态增加了树木覆盖（Hansen et al.，2013）。

GFW 数据集中仅对有树、无树（乔木居多）做出区分，并没有进一步对植被类型予以分类，也没有对森林采取统一的定义，用户在使用时需要根据自己的研究需求或对象类型定义选择适合的树木覆盖率阈值。参照中国森林资源清查中对有林地的定义（附着有森林植被、郁闭度≥0.20 的林地，包括乔木林、红树林和竹林等），在使用 GFW 数据集时，也采用 20% 的树木覆盖率阈值，对 2000 年树木覆盖图层栅格进行二值化，大于 20% 的栅格为数据统计中的森林类别，小于 20% 的栅格为非森林类别。

首先计算保护区内 2000 年时的森林覆盖，做法是将 GFW 数据与保护区行政边界及功能分区（核心区、缓冲区、实验区）叠加，计算出森林覆盖面积占保护区各功能分区的比例，再对比官方公布的保护区面积，对由投影引起的面积计算误差进行校正。在分析森林减少与增加时，基于树木覆盖减少（L）和树木覆盖增加（G）数据，参考 20% 的阈值，剔除 2000 年树木覆盖率小于 20% 的栅格，仅保留符合本研究森林定义的森林减少像素，并与保护区行政边界和功能区边界进行叠加分析，计算出各功能区内的减少面积、丧失率、减少年份（每年减少面积）、增加面积等。此外，对于森林扰动较频繁的保护区，可进一步叠加植被类型图，或对比更高精度卫片（如 SPOT-5）进一步分析变化的原因。以下为具体的计算方法（表 4.3）：

表 4.3　GFW 数据叠加分析的组合类别

变化组合	按照 2000 年 20% 树木覆盖率区分森林和非森林	
	非森林（$TC < c$）	森林（$TC \geqslant c$）
G=1 L=0	$G_{非森林} = \sum_{c=0}^{t-1} G_c$	$G_{森林} = \sum_{c=t}^{100} G_c$
G=1 L=1	$D_{非森林} = \sum_{c=0}^{t-1} D_c$	$D_{森林} = \sum_{c=t}^{100} D_c$
G=0 L=1	$L_{非森林} = \sum_{c=0}^{t-1} L_c$	$L_{森林} = \sum_{c=t}^{100} L_c$
G=0 L=0	$S_{非森林} = \sum_{c=0}^{t-1} S_c$	$S_{森林} = \sum_{c=t}^{100} S_c$

注：G_c，不同树木覆盖率下的森林增加面积；L_c，不同树木覆盖率下的森林减少面积；D_c，不同树木覆盖率下发生两次变化的面积，两次变化即在分析时段内，森林覆盖既有增加又有减少；S_c，不同森林覆盖率下未发生变化的面积；c，为阈值，用来区分森林和非森林，$c \geqslant 20$(%) 的栅格认为是森林，否则为非森林；t，栅格上的覆盖率，范围为 0 ～ 100，本研究中设置 t=20。

该区域在 2000 年的森林面积为：

$$S_{森林}=\sum_{c=t}^{100}TC_c$$

无法解释的误差（E）为非森林区域的森林减少（$L_{非森林}$）和有森林区域的森林增加（$G_{森林}$）之和。

$$E=\sum_{c=0}^{t-1}L_{非森林}+\sum_{c=t}^{100}G_{森林}$$

区域内森林减少的总面积的下限值（S_l）为非森林的两次变化（$D_{非森林}$）和森林区域的森林减少（$L_{森林}$）之和，可以用下面的公式来计算，误差 E 中会有部分森林减少，森林减少的实际值介于 S_l 和 S_l+E 之间：

$$S_l=\sum_{c=0}^{t-1}D_{非森林}+\sum_{c=t}^{100}L_{森林}$$

区域内森林增加的总面积的下限值（S_g）为非森林区域的森林增加（$G_{非森林}$）和森林区域的两次变化（$D_{森林}$）之和，可以用下面的公式来计算，误差 E 中会有部分森林增加，森林增加的实际值介于 S_g 和 S_g+E 之间：

$$S_g=\sum_{c=0}^{t-1}G_{非森林}+\sum_{c=t}^{100}D_{森林}$$

森林类型保护区对森林的保护目标，在总体规划中的体现都是原则上不得出现森林面积减少，森林覆盖率不得降低，森林面积维持稳定或者森林覆盖率提高。在分析评估结果时，森林面积维持稳定或有所恢复是保护有成效的体现。我们对全国森林变化情况，以及截至 2014 年的 428 个国家级自然保护区的森林变化情况进行了分析，计算出 2000—2014 年间的平均森林减少率作为对评估结果定级的基准。

根据 2000 年的数据，可分析的 428 个国家级自然保护区内森林总面积为 89 865 km^2，占全国总森林面积的 5.05%。2000—2014 年，全国森林减少面积为 66 063 km^2，平均森林减少率为 3.71%，森林增加面积为 9370 km^2，平均森林增长率为 0.53%。全国国家级自然保护区森林减少面积为 1356 km^2，平均森林减少率为 1.51%，森林增加面积为 69.50 km^2，平均森林增长率 0.08%。

在评估结果的现状定级中，若待评估保护区的森林减少率小于全国国家级自然保护区的平均森林减少率，评级为良及以上；若大于全国国家级自然保护区的平均森林减少率，但小于全国森林面积平均森林减少率，定级为中；若大于全国森林减少率，则定级为差。

表 4.4 为王朗、纳板河和白水江保护区 2000—2014 年森林变化评估结果，从表中的数字可以看出，王朗和白水江保护区的森林减少率分别为 0.2% 和 0.63%，均低于全国国家级自然保护区森林 1.51% 的平均水平，更远低于全国森林 3.71% 的平均值，按照前面的定级标准，均处于最好的级别。白水江保护区位于碧口片区的森林减少斑块，减少的时间为 2008 年，与保护区的高精度卫片进行对比后，可以认为是汶川地震的震损。因此，这两个保护区现有的森林管护措施是行之有效的，可以不追加额外的保护行动，白水江保护区的震损区域可以适当设置监测，记录和掌握植被的恢复进程。

表 4.4 王朗、纳板河和白水江保护区 2000—2014 年森林变化评估结果

保护区及功能分区	森林覆盖（2000 年）		森林增加（2000—2014 年）		森林减少（2000—2014 年）		面积 / 公顷
	面积 / 公顷	森林覆盖率 /（%）	面积 / 公顷	森林增加率 /（%）	面积 / 公顷	森林减少率 /（%）	
王朗	12 327	38.2	2.15	0.02	30.9	0.2	32 297
核心区	8793	31.4	2.15	0.02	26.3	0.3	27 963
缓冲区	2023	78.6	0	0	3.1	0.15	2575
实验区	1510	85.8	0	0	1.5	0.1	1760
纳板河	22 836	82.5	182.6	0.8	528.0	2.31	27 674
核心区	3875	98.7	0.2	0.01	1.5	0.04	3926
缓冲区	6096	92.1	59.4	0.97	100.3	1.65	6623
实验区	12 864	75.1	123.0	0.96	426.1	3.31	17 125
白水江	157 468	85.7	12.4	0.01	994.3	0.63	183 799
核心区	83 243	92.3	0.32	0.0	706.4	0.85	90 158
缓冲区	250 667	95.9	0.49	0.0	102.2	0.41	26 132
实验区	49 159	72.8	11.6	0.02	185.7	0.38	67 509
428 个国家级自然保护区	8 986 500	9	6950	0.08	135 600	1.51	103 676 191

据 GFW 数据，2000 年时，纳板河保护区内树木覆盖率≥20% 的区域面积为 22 836 公顷，森林覆盖率约 82.5%，其中核心区森林覆盖率最高（98.7%），缓冲区其次（92.1%），实验区内有村寨等人居用地，森林覆盖率低于总体水平；在 2000—2014 年期间，森林减少 528 公顷，森林减少率为 2.31%，低于同期全国森林平均水平，但高于全国国家级自然保护区森林平均水平；同期增加森林面积 182.6 公顷，高于全国及国家级自然保护区森林平均水平。森林变化多发生于实验区内，部分发生在缓冲区内，核心区森林面积则较稳定，几乎无变化，如图 4.1 所示。

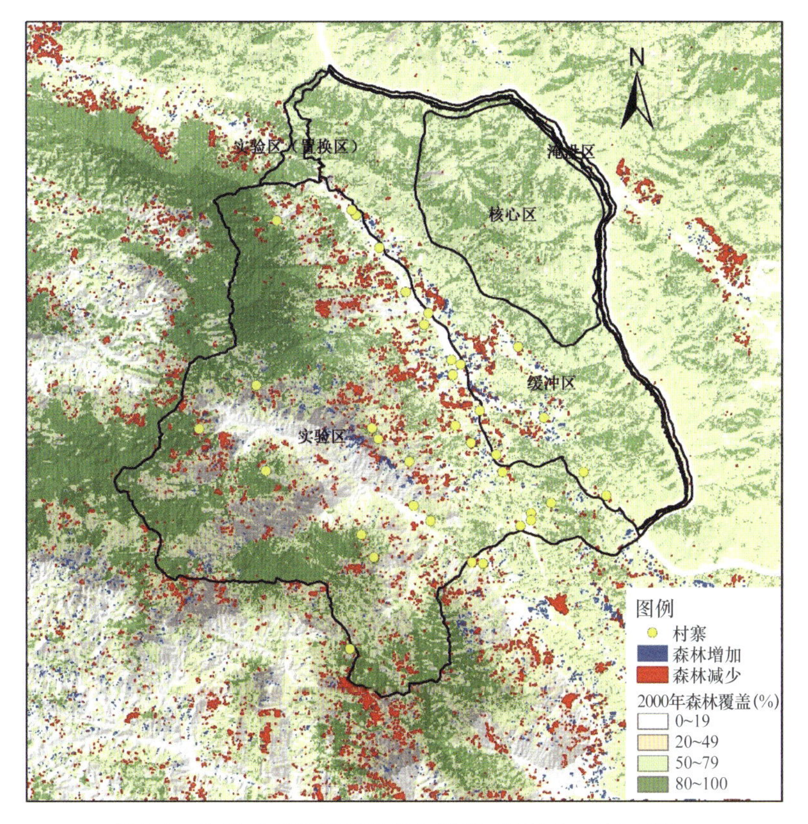

图4.1　纳板河保护区森林变化情况（2000—2014年）

从年际变化来看，纳板河保护区森林减少较多的年份出现在 2006—2008 年、2010 年和 2012—2014 三个时段，以上年份内每年森林减少面积均大于 40 公顷（图 4.2）。

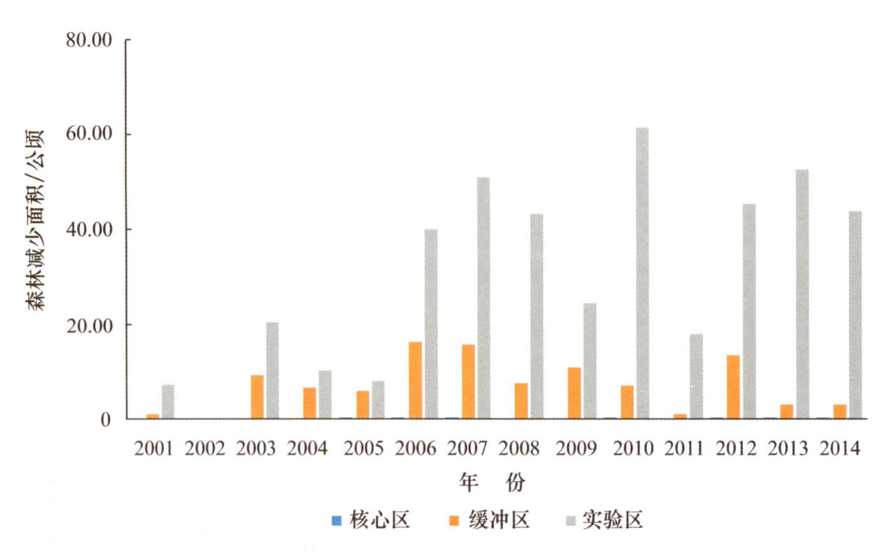

图4.2　纳板河保护区内不同功能分区内森林减少面积（2000—2014年）

将森林变化地图与保护区提供的2012年植被类型图叠加后，可以进一步识别出：减少面积最多的植被类型为橡胶林，其次为季风常绿阔叶林和暖温性稀疏灌木草丛；2010年以前，森林减少多发生在集体林中，推测与橡胶林的种植有关，建议保护区开展现场调研予以核实。

遥感数据解译产品的误差是客观存在的，每个像素都有解译错误的可能性，例如，实际上没有发生森林减少，而在解译中错误地分类为森林减少。GFW数据集的分辨率为30 m，每个像素约等于地面上一块面积接近900 m^2的区域，尽管每个像素都有被解译错误的可能性，然而对于解译为同一种类型的成片的斑块，例如，有很多连续的像素都被解译为森林减少，那么整片区域都被解译错误的可能性是较低的。因此，对于面积较大的森林减少斑块，保护区有必要去实地进行核实和调查原因。

GFW数据集对森林恢复的过程检测并不灵敏，与森林减少不同，绝大部分森林减少都是在短时期内发生的，因此能比较容易地从前后两个时相中检测出差别，而森林恢复则是渐进的，需要更长的时间才能在遥感数据上表现出差异。因此数据会低估保护区恢复中的或已增加的森林面积。

3. 对 GFW 数据集的精度评估

用于成效评估的数据应该有数据精度或误差说明，以保证评估的客观性和可重复性，并利于第三方审阅。

全球范围的森林面积变化受限于数据的连续性等问题，一直是较有挑战性的议题（Coulston et al.，2013）。联合国粮食及农业组织（FAO）早在 20 世纪 50 年代就开始组织基于国家自主调查汇报的世界森林资源现状评估（the Forest Resources Assessments，FRAs）。在遥感技术兴起后，越来越多的遥感数据被应用于较大空间尺度上的森林面积变化研究，如基于 Landsat 系列卫星、NOAA/AVHRR、TERRA/MODIS 传感器的遥感产品（Gong et al.，2013；Shimada et al.，2014；Simard et al.，2011）。GFW 数据的发布改变了全球尺度上有空间和时间属性的高精度森林变化数据缺乏的状况（王昊 等，2015），且具有空间连续（覆盖全球）、时间连续、更新及时且使用便利等优点，在数据发布后得到广泛的使用（Hansen et al.，2013）。截至 2019 年，已拥有 250 万用户规模，用户类型涵盖研究者、政府、当地社区（集体林管理和社区保护）和从事保护工作的非政府组织（NGO）等（Zhang et al.，2020）。

然而，这套数据集并没有提供相关的数据质量说明，为了了解使用这套数据时可能存在的误差，特别是在我们所关注的保护区的森林保护成效方面可能存在的误差，我们设计并实施了针对这套数据的精度评估。进行精度评估的方法为核查随机点上 GFW 数据集的分类结果，记录每个点的实际状况，与 GFW 数据相比是否一致，建立混淆矩阵，并计算相关的精度值。核查方法包括实地目视、无人机调查和访谈，以及使用谷歌公司的虚拟地球仪产品——谷歌地球（Google Earth，GE）中的高清影像等，评估的数据集包括 2000 年森林覆盖（tree cover 2000）和森林减少（tree cover loss），详细的评估过程和结果已发表，以下简述主要过程和结果（Zhang et al.，2020a，2020b）。

（1）对 2000 年森林覆盖数据的精度评估。

为了均匀地设置随机点，我们首先构建了覆盖中国陆地全境的 1°（纬度）×1°（经度）网格，在每个网格中生成 100 个随机点，去除位置落在国界线外的点，最终在 1093 个网格中获得了 96 364 个随机点。基于 GFW 数据集中 2000 年森林覆盖数据，提取这些点所在空间位置上的数值，其中 18 207 个点在 GFW 数据中解译为森林，78 157 个解译为非森林，这些点将用于下一步核查。

借助谷歌地球，可以看到核查点所在位置的清晰遥感影像，包括多个时相的卫星遥感影像与航拍图像，大部分区域的图像分辨率很高，能够看到树冠形状，并且具有多时间属性等优点，能够看到地面覆盖物随时间的变化（Curtis et al.，2018）。

有不少研究者已使用 GE 影像和可按空间位置加载核查区域或核查点的功能来进行地物识别，GE 影像获取的参照点具有较好的分类精度，可以用于对遥感产品进行精度评估（Cha et al.，2007；Guo et al.，2010；Kaimaris et al.，2011；Yu et al.，2012；Gong et al.，2013；Olofsson et al.，2014；Tsutsumida et al.，2015），本研究也使用 GE 作为构建参考数据集的工具。

本研究使用 GE（版本 7.1.5）浏览和判断了核查点上的森林 / 非森林的分类，核查的分类结果与 2000 年森林覆盖数据进行比较，建立混淆矩阵，计算出的参数包括：总体精度（Overall Accuracy，OA）、森林类型与非森林类型的用户精度（User’s Accuracy，UA）、生产者精度（Producer’s Accuracy，PA）、真阳性率（TPR）、假阴性率（FPR）（TPR 与 FPR 都是描述森林类型分类精度的参数）和阳性预测值（PPV）。同时计算了精度参数的标准误差、置信区间等，用来描述评估结果的不确定性。并用 Kappa 系数评价评估结果的分类一致性，Kappa 系数在混淆矩阵中广为使用，其取值区间在－1 ～ 1 之间，数值越高，则一致性越好。结果如表 4.5 所示（Congalton，1991；Olofsson et al.，2014）。

在去除无高分辨率影像的样点后，参考数据集的有效像元为 87 533 个。70% 的经纬度网格（765 个）中取样数大于 80。在全国尺度，当使用 20% 的树木覆盖阈值分类时，总体精度可达 94.5%±0.15%（95% 置信区间），$\hat{K}$为 0.93。森林类型的用户精度达 89.26%±0.15%，生产者精度达 82.13%±0.51%。基于较大样本量，评估的标准差小于 0.005，置信区间较窄（小于 0.005），显示评估结果的稳定性与可靠性较高。相较总体精度和非森林的分类精度，GFW 对森林类型的分类精度要稍低一些，用户精度 89%，生产者精度 82%（表 4.5）。

以经纬度网格为单位分别计算精度参数，其精度变化在空间上呈现出了“北高南低”的格局，华中和华东地区的分类精度偏低，差异也较大。进一步细看不同类型精度的空间分布规律，从总体精度上看，无森林分布的区域，西部地区的总体精度较高，均在 90% 以上；森林分类的用户精度在东北（大兴安岭林区）、华北、西南山地较高，而在华中省份偏低；森林分类的生产者精度总体偏低，在空间分布上的规律性较弱，其中大兴安岭、云南、广西等地的精度较高。

表 4.5　全国范围内 GFW 2000 年树木覆盖数据的精度混淆矩阵（Zhang et al.，2020）

		GE				UA /（%）	CI /（%）
		F		NF			
		n_{iF}	p_{iF}	n_{iNF}	p_{iNF}		
GFW	F	15 238	0.16	1833	0.02	89.26	0.15
	NF	3054	0.04	67 408	0.78	95.67	0.46
PA /（%）		82.13		97.56		OA：94.50	
CI /（%）		0.51		0.10		Kappa：0.93	

注：F，森林；NF，非森林；UA，用户精度；PA，生产者精度；OA，总体精度；CI，95% 置信区间；n_i，GE 分类下的对应 GFW 分类的样点数量；p_i，占比，p 值通过后分层取样法求得，$p_i=W_i\times(n_i/n)$，W_i 为 i 分类的占比，详见 Olofsson 等（2014）。

沿地理 / 气候变量梯度的变化将分类精度的空间格局进一步细化。从图 4.3 可看出，经纬度带上，总体精度在无森林分布的地区更高，真阳性率（TPR）在东北林区与西南山地林区较高（图 4.3A、B）。相关性分析结果显示，总体精度与经度、海拔和年均温相关性显著，真阳性率与海拔关系显著，假阳性率与经度、海拔、年均温和年均降水都具有显著相关性（图 4.3F）。年均温与总体精度呈现显著负相关，与假阳性率（FPR）则呈正相关，在温度较高的地方（大于 16℃），总体精度会下降到 90% 以下，而分类错误的概率会上升（图 4.3C）。同样的，降水丰富的区域，FPR 也较高，意味着 GFW 将非森林分类成森林的错误率会升高，从而造成森林面积解译的虚高（图 4.3D）。在有森林分布的区域，低海拔的分类精度更低，而海拔在 1000 m 以上的森林具有较好的分类稳定性（图 4.3E）。

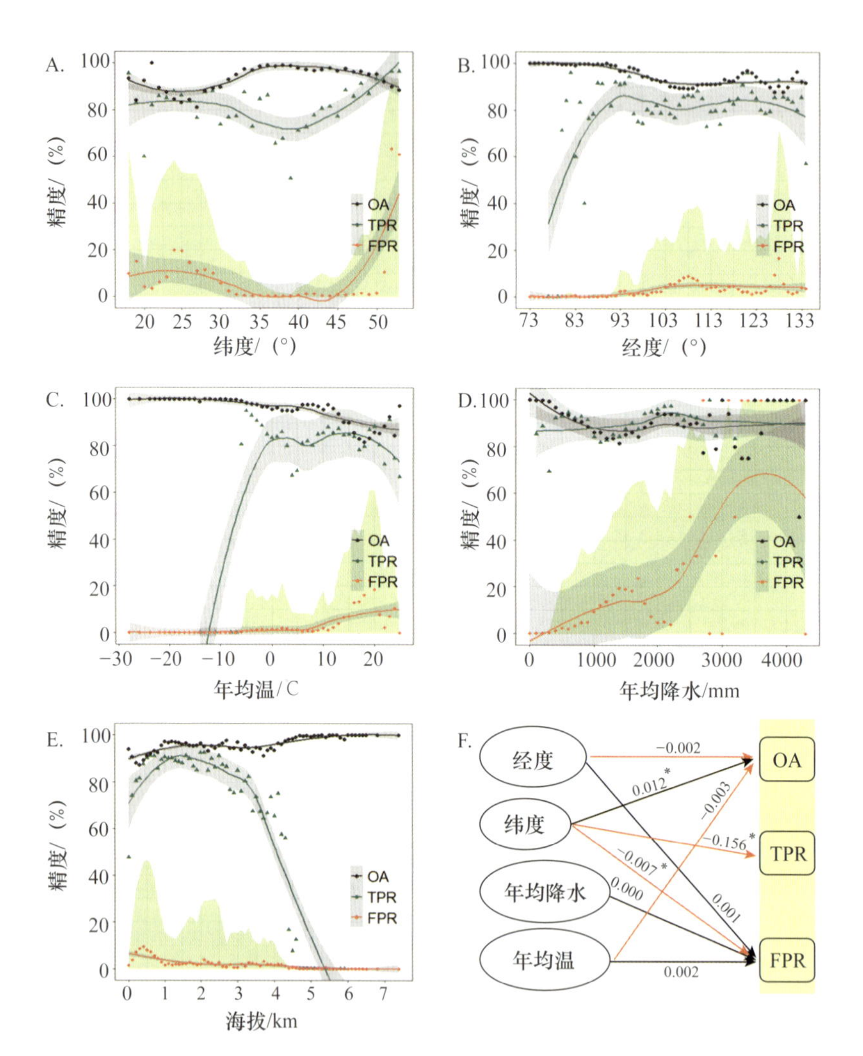

图4.3　GFW 2000年森林覆盖分类精度参数随地理和气候梯度的变化。A～E分别是总体精度（OA）、真阳性率（TPR）与假阳性率（FPR）对纬度、经度、年均温、年均降水和海拔5个变量的响应曲线，绿色部分是森林分布占比；图F显示了CA、TRR和FPR与经度、纬度、年均降水、年均温等变量间统计检验显著的线性关系，$p<0.001$，橙色为正相关，蓝色为负相关（修改自Zhang et al.，2020）

以落入自然保护区内的核查点来计算精度评估的混淆矩阵，结果显示多数国家级自然保护区内有森林覆盖区域，GFW 的森林分类精度在 85% 以上。本研究中的三个保护区——王朗、白水江和纳板河保护区，其保护区内森林覆盖率较高，有天然林分布，其所处区域 GFW 的总体精度分别为 90%、92%、91%；森林分类精度也较高（表 4.6）。

表 4.6　王朗、白水江、纳板河保护区的 GFW 2000 年森林覆盖分类精度

保护区	总体精度	用户精度		生产者精度		Kappa
	OA/（%）	UA_F /（%）	UA_NF /（%）	PA_F /（%）	PA_NF /（%）	
王朗	90	98	84	84	98	0.81
白水江	92	98	81	90	97	0.82
纳板河	91	92	84	96	73	0.72

精度评估本身也不可避免地存在一些误差，包括参考数据集的目视判读误差，以及参考数据源 GE 在影像年份上不一致等。对于前者，即不同人看到同一幅影像，会得到不同的目视判读结果，因而产生误差。我们对同一参考数据集进行了测试，重复抽样判读，在样本量 500 像元下，显示出了 96.6% 的准确率。参与评估工作的三名解译员，在判读上也可能产生误差。我们进行了一项基于 10 000 像元的差异性检验，结果显示他们的判断差异在 10% 以下（Zhang et al., 2020）。对于后者，即缺乏 2000 年前后的影像，由于所核查的点的影像不在 2000 年附近，因此产生误差。为此，我们对每个像元 2000 年后的变化情况予以记录，其中发生了森林增加 / 减少变化的比例为 3.54%（3098 个像元），即因此带来的误差在 3% ～ 4%。整体上说，这项精度评估的结果是可信的。

在反映森林覆盖的遥感产品中，GFW 2000 年森林覆盖精度评估显示出相对较高的总体精度（94.5%），而同分辨率的其他分类产品的森林分类精度，例如，ChinaCover 为 86%，GlobeLand30 为 78.6%，因此，在保护区成效评估中，我们推荐使用 GFW 的数据（Chen et al., 2015; Wu et al., 2014）。

在我国的不同区域，GFW 数据的分类精度并不一致，在实际评估时，所在区域的精度应当予以充分考虑。例如，对东北、西南地区稳定分布的天然林分类精度较高，可以放心使用；而对华中、华东林业经济活动较频繁且存在较多农林交错带的地区，分类精度就没那么高，使用时要谨慎些。整体上来说，我国的国家级自然保护区内的森林分类精度都较高，可以放心在 COR 评估中使用。

（2）对森林覆盖减少数据的精度评估。

在成效评估中，还有一个用于衡量森林变化的重要数据是 GFW 数据集中的森林覆盖减少数据（Tree Cover Loss），存储了 2000 年树木覆盖在每个 30 m×30 m 分辨率的栅格中是否发生了消失的数值，如果有森林减少，则值为 1，否则为 0。在最新更新的几批数据中，该数据为森林减少年数据所取代（Loss Year），如有森林消失发生，则该像素值为森林减少发生的年份。

该数据在实际应用中能够反映较大面积的森林砍伐、更替、火灾等毁林事件，这些我们所关注的事件往往影响面积都比较大，反映在森林减少数据集中，表现为同一年出现大片相连的减少像素。

基于前面对森林覆盖数据的精度评估，总体精度为 94.5%±0.15%，具体推测，对于个别出现的森林减少像素，发生解译错误是完全可能的。然而，具体到成效评估的应用上，评估者最希望避免的误差是，在数据集中被解读为发生了森林减少的大片区域，而实际上并没有发生森林减少事件，因此，本研究首选保护区内大面积森林减少斑块作为验证对象，来检验森林减少是否真的在实地发生，顺便，我们会调查森林减少的原因。

通过将 428 个国家级自然保护区的边界范围图与 GFW 森林覆盖减少图层相叠加，即可得到各保护区内 2000 年森林面积、2000—2014 年森林减少面积，以及森林减少发生的年份。我们提取了 312 个面积超过 0.25 km^2 的斑块，作为待核查地块，其中面积超过 1 km^2 的斑块有 98 个。312 个斑块分布在全国各地的 23 个国家级自然保护区内，斑块总面积为 532.92 km^2，占保护区森林减少总面积的 39.3%。

核查中，我们采用了 GE 目视解译与实地核查两种方法。GE 中高分辨率的卫星影像能够辨认出树冠形态，在有些区域，可根据树冠形状、周边环境特征等推断发生变化的原因，如火灾、更替为人工林、转化为农田或城镇用地等。将 312 个斑块与 GE 遥感影像叠加，通过目视解译法统计 GE 中同一斑块不同时相的变化情况，记录 GE 所反映的斑块内森林现状、有无减少、减少年份、减少原因等信息。

通过 GE 核查的 312 个斑块中，有 4 个斑块所在区域缺乏卫星影像，剩下 308 个发生了森林减少的斑块都能做有效判读，其中 278 个斑块有多年份的较高分辨率影像，可以清楚地辨别出森林是否发生了减少，有些甚至可以判断出变化原因，如能看出过火迹地的特征，说明发生了森林火灾，在有多个不同年份高清遥感影像的区域，有些可以判断出森林减少的年份。使用这种方法，在可判读的影像中，GFW 数据对面积≥0.25 km^2 的森林减少斑块的解读准确率均为 100%。

我们还到斑块所在的保护区实地进行核查。首先根据核查斑块所在的位置，使用 GPS（全球定位系统）导航到斑块中部或边缘，采用入林核查、无人机航拍等方式获得实地森林状况的数据，然后就森林变化的历史和原因访谈当地保护区工作人员或社区知情人。

实地核查的森林减少斑块共 61 个，包括 51 个通过现场核查的斑块及 10 个通过实地访谈核实的斑块，这些斑块分布在云南、海南、内蒙古和黑龙江 4 个省区，含 9 个国家级自然保护区（表 4.7）。在 51 个现场核查的斑块中，位于保护区内的有 26 个，位于保护区外的有 25 个。10 个访谈核实斑块中，6 个位于大兴安岭汗马国家级自然保护区（以下简称“汗马保护区”），1 个位于海南省鹦哥岭国家级自然保护区，3 个位于保护区外（汗马保护区附近）。

核查结果显示，51 个实地调查的森林减少斑块均发生了森林减少的变化，准确率为 100%。通过访谈所获得的森林减少年份，与数据集结果中一致的有 39 个（76.4%），剩下的 12 个（23.5%）斑块因没有访谈到知情的当事人，所以给不出准确的年份核查结果。

10 个访谈核实斑块中，减少位置一致的有 10 个（100%），减少年份一致的有 3 个（30%），有 7 个斑块（均位于汗马保护区内及周围区域）减少年份的访谈信息与 GFW 解译年份不一致。

表 4.7 有 GFW 森林覆盖减少斑块的保护区的核查结果

序号	保护区名称	森林减少像素数	减少面积≥0.25 km^{2}以上的斑块数	面积≥0.25 km^{2}的斑块总面积/km^2	实地核查	GE核查
1	南瓮河	596 394	147	307.24	√	√
2	呼中	119 022	32	59.20	√	√
3	绰纳河	96 373	11	41.71	√	√
4	大兴安岭汗马	26 936	8	17.73	访谈核实	√
5	卧龙	59 135	12	16.98		√
6	南岭	21 427	13	13.88		√
7	红花尔基樟子松林	22 039	8	10.10	√	√
8	白水河	47 065	15	9.54		√
9	黑龙江双河	31 329	6	8.84		√
10	金钟山黑颈长尾雉	17 264	1	8.57		√
11	西双版纳	75 129	16	8.07	√	√
12	雅鲁藏布大峡谷	43 611	6	5.68		√
13	友好	40 874	6	5.04		√
14	挠力河	25 512	1	3.48		√
15	石门台	10 823	4	3.04		√
16	围场红松洼	12 811	6	2.61		√
17	安徽扬子鳄	24 373	3	2.30		√
18	中央站黑嘴松鸡	14 946	4	2.19		√
19	饶河东北黑蜂	111 172	5	1.89		√
20	桃红岭梅花鹿	13 373	2	1.54		√
21	乌伊岭	15 594	2	1.48		√
22	大沾河湿地	35 159	3	1.36		√
23	海南鹦哥岭	19 335	1	0.45	√（实地+访谈核实）	√
24	大田	1535	0		√	
25	尖峰岭	1595	0		√	
	总计	1 482 826	312	532.92	9	23

经实地核查与 GE 核查，GFW 对森林减少和减少发生时间的解译结果都较准确。对于减少面积较大（≥0.25 km^2）的斑块，无论是实

地核查，还是通过 GE 的目视判读，两种方法都没有给出与解译结果不一致的例子，即 GFW 给出的森林减少斑块正确比例为 100%。在像元层面做了粗略的精度评估，通过叠加 GFW 数据集与实地无人机影像进行人工判读，粗略估计 GFW 森林覆盖减少的用户精度在 95% 以上，生产者精度约为 85%，即存在实地发生减少但未被识别出来的情况，说明 GFW 数据集对森林减少的解译较保守。此外，研究也对 GFW 森林覆盖增加做了初步评估，由于实地收集的样本量较小（167 个像元），未计入研究结果，但可以初步判断 GFW 对森林覆盖增加的解译更加保守，生产者精度较低。

通过 GE 建立的参考数据集，对森林覆盖减少原因的判读主要包括火灾、经济林种植（林分更替）、地质灾害等，其中，由火灾所导致的森林覆盖减少斑块面积最大，占到可识别森林覆盖减少斑块总面积的 87.3%（表 4.8）。在实地调查的 61 个斑块中（实地核查斑块 51 个，访谈核实斑块 10 个），28 个斑块森林覆盖减少的原因是火灾，这也是大兴安岭林区大面积斑块森林覆盖减少的主要原因；29 个斑块（云南 20 个、海南 9 个）森林覆盖减少的原因是林分更替，既包括天然林转换到经济林（如橡胶林、香蕉林、桉树林及其他果树林等），也包括经济林间的转换；3 个斑块森林覆盖减少的原因是开发活动，其斑块现状为城镇及其他人居用地；1 个斑块森林覆盖减少的原因是保护区为进行栖息地管理进行了植被转换，斑块现状为稀树草原及次生林。

表 4.8　通过 GE 目视判读森林覆盖减少斑块产生的原因

森林减少斑块所在省（区）	森林覆盖减少斑块产生的原因及对应斑块面积 / km^2		
	火灾	经济林种植	地质灾害
内蒙古	27.83		
黑龙江	430.53		
云南		8.07	
海南		0.45	
安徽		2.30	
广东		3.04	
广西		21.89	

续表

森林减少斑块所在省（区）	森林覆盖减少斑块产生的原因及对应斑块面积 / km^2		
	火灾	经济林种植	地质灾害
河北		2.61	
江西		1.54	
四川			26.53
合计 / km^2	458.36	39.90	26.53
森林覆盖减少的面积占比 /（%）	87.3	7.6	5.1

在保护区调研过程中了解到，一些成立较早的保护区在定边界时，划入了村镇及其所属的集体林，这些区域内的植被不在保护区的管护范围，却被计入保护区的森林变化中，导致保护区森林管护成效被低估，例如，西双版纳国家级自然保护区。类似情况在其他未核查的保护区中也可能存在，在未来开展评估工作时需要加以考虑。

4.2.2 植被指数

植被的数量和质量变化是评价保护区内植被保护成效的两大代表性指标，GFW 的森林变化数据可以显示植被类型在森林和非森林之间的转换，即发生质变的情况，然而，大部分情况下，植被的变化并不会那么明显，而是缓慢地量变。有研究认为植被的质量可以通过植被指数来估算，因此，多时间序列的植被指数趋势分析可以作为指标来衡量植被的量变（Kawamura et al.，2005；Tueller，1989）。

指标编号	S1-112
指标	保护区内植被指数保持稳定或增加
所属类别	S1 状态 1：生态系统完整性及生态服务功能的维持和提高
有效性说明	评估期间植被指数变化趋势为稳定或正向变化
数据	MODIS 植被指数（NDVI、EVI）数据集（2000—评估年份），植被监测数据集
方法	植被指数作为植被质量的间接反映，分析保护区植被变化趋势，变好（差）的位置与面积；结合地面监测分析植被变化原因

植被指数通过对两个或多个波段的光谱转换来增强植被地物类

型在遥感图上的特征，常用的植被指数包括归一化植被指数 NDVI（Normalized Difference Vegetation Index）和增强型植被指数 EVI（Enhanced Vegetation Index），其中，NDVI 基于红外（Red）与近红外光谱（NIR）的地表反射率计算得到：

$$NDVI=(\rho_{NIR}-\rho_{Red})/(\rho_{NIR}+\rho_{Red})$$

其中 ρ_{NIR} 为近红外区域的表面反射率，ρ_{Red} 为红外区域的表面反射率。

NDVI 对植被冠层的变化较为敏感，但在高生物量地区会出现过饱和问题，植被的背景亮度越高，由 NDVI 反映出的植被退化就越明显（Kawamura et al.，2005）。EVI 则优化了高生物量地区的植被探测灵敏度，并通过对冠层背景信号的解耦和减少大气影响来改善对植被的监测，尤其对较密的森林生物群落、农地的敏感性较强，其计算公式为：

$$EVI=G(\rho_{NIR}-\rho_{Red})/(\rho_{NIR}+C_1\times\rho_{Red}-C_2\times\rho_{Blue}+L)$$

其中，ρ_{Blue} 是蓝色区域的表面反射率，G=2.5，C_1=6，C_2=7.5，L=1（Huete et al.，1997）。

在本研究的植被指数指标中，选用 EVI 指数来反映植被质量。并选用可全球公开下载的 MODIS EVI 数据产品。MODIS 为 1999 年发射的 Terra 卫星上搭载的中分辨率成像光谱仪，具有 36 个光谱波段，专为陆地应用设计，其空间分辨率从 250 m 到 1 km 不等，具有时间连续、更新周期短的优点。在植被指数指标中使用的是 2000—2016 年生长季的 MODIS EVI 数据，本研究中使用的数据编号为 MOD13Q1 V005，空间分辨率为 250 m，时间分辨率为 16 天。该数据产品编号更新为 MOD13Q1 V065 之后，数据质量有一定提高。

我们使用 Python 编制了一个趋势分析代码，可以逐像素地对每年的植被指数变化进行线性回归与显著性判断，结果按照变化趋势共分为三类：显著增加趋势为“显著增加”，显著降低趋势为“显著降低”，趋势变化不显著为“不变”。

将 2000—2016 年 EVI 趋势分析结果与保护区矢量边界进行叠加分析，即可得出保护区在空间上的植被指数变化情况，进一步我们提取了植被指数变化的海拔、坡向特征。下面以王朗保护区和三江源保护区为案例做些说明。

案例 1：王朗保护区

在 2000—2016 年期间，王朗保护区的 EVI 显著增加的面积为 31.78 km^2，占保护区总面积的 9.84%，主要集中在海拔 3700 ～ 4200 m 的区域（占总增加面积的 69.4%）和东、东南以及南向的坡向上（占总增加面积的 74.0%）。

EVI 显著降低的面积为 58.45 km^2，占保护区总面积的 18.1%，集中在海拔 2700 ～ 3200 m 的区域（占总 EVI 降低面积的 33.2%，是主要的大熊猫分布海拔带），以及 3500 ～ 4100 m 的区域（占总 EVI 降低面积的 44.9%）；EVI 降低区域主要集中在西、西北、北和东北向的坡向上（占总降低面积的 72.8%）（图 4.4）。其中海拔 2700 ～ 3200 m 范围内的植被指数降低可能对大熊猫栖息地有不利影响，需要保护区予以关注。

案例 2：三江源保护区

基于 MODIS EVI 趋势分析的结果，我们对三江源保护区的草地恢复成效做了评估。在该项评估中，除使用了匹配法（matching method）外，还以草地地上生物量作为指标来代表草地质量，而地上生物量的数据则由 MODIS EVI 数据与宋瑞玲等在三江源地区的草地样方实测数据反演得到（宋瑞玲 等，2018）。

评估保护成效可以使用匹配法中的倾向评分法（propensity score）。匹配法通过构建平衡的观测数据样本组来分析变量之间的因果关系，降低由空间位置、地理和人为特征等因素带来的误差，从而能更准确地解析出保护区内外生态指标的差别（Joppa et al.，2011）。

匹配法在保护成效评估中的应用将保护区的有无作为自变量，可能影响保护区内外因变量差异的因素作为协变量，在匹配过程中消除协变量对处理组（保护区内）和对照组（保护区外）的影响。消除影响后的样本，通过差异性检验来描述差异的显著性，得到保护区的平均处理效应（ATT），公式为：

$$\text{处理组平均处理效应（ATT）} = E(Y_{i1}|T_i=1) - E(Y_{i0}|T_i=1)$$

A.

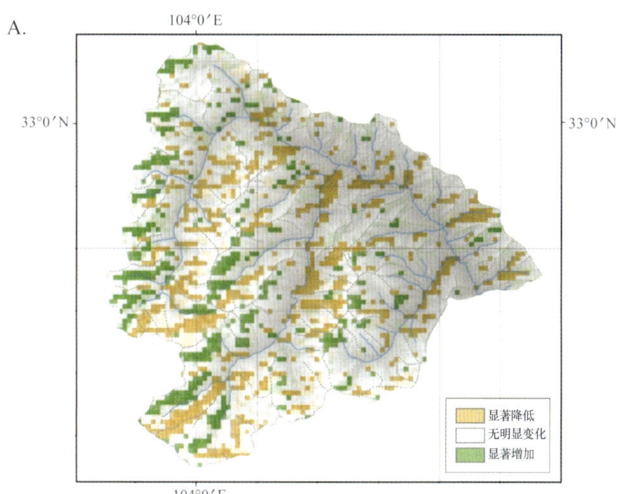

B.

海拔高度/m	EVI显著增加 占比[a]/(%)	EVI显著增加 EVI均值[b] 2000年	EVI显著增加 EVI均值[b] 2016年	EVI显著降低 占比[a]/(%)	EVI显著降低 EVI均值[b] 2000年	EVI显著降低 EVI均值[b] 2016年
4900	0.11	0.085	0.111			
4800	0.33	0.082	0.108			
4700	0.24	0.081	0.097			
4600	0.27	0.078	0.093	0.06	0.154	0.098
4500	0.18	0.095	0.128	0.12	0.115	0.089
4400	0.59	0.120	0.154	0.65	0.116	0.101
4300	2.08	0.114	0.158	2.24	0.147	0.109
4200	4.60	0.136	0.185	3.40	0.182	0.133
4100	9.16	0.149	0.205	4.67	0.214	0.159
4000	14.18	0.176	0.239	6.32	0.248	0.184
3900	16.53	0.220	0.280	7.95	0.274	0.203
3800	15.29	0.251	0.302	7.41	0.308	0.227
3700	9.66	0.277	0.320	6.25	0.307	0.241
3600	6.24	0.293	0.325	6.34	0.327	0.266
3500	5.44	0.308	0.320	5.96	0.345	0.293
3400	2.73	0.307	0.336	4.86	0.352	0.306
3300	1.97	0.324	0.361	3.63	0.344	0.307
3200	2.54	0.355	0.405	3.76	0.353	0.318
3100	2.67	0.385	0.431	4.95	0.384	0.347
3000	2.72	0.403	0.466	6.07	0.414	0.369
2900	1.61	0.415	0.463	6.57	0.440	0.394
2800	0.64	0.445	0.485	6.54	0.469	0.428
2700	0.22	0.421	0.468	5.34	0.505	0.461
2600				4.45	0.532	0.482
2500				2.28	0.540	0.496

C.

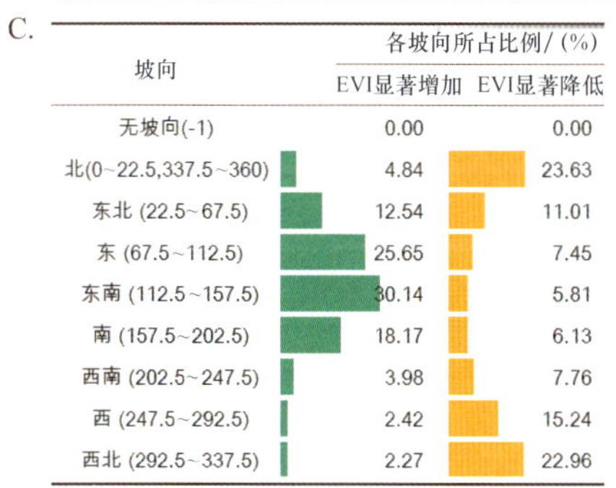

坡向	各坡向所占比例/(%) EVI显著增加	各坡向所占比例/(%) EVI显著降低
无坡向(-1)	0.00	0.00
北(0~22.5,337.5~360)	4.84	23.63
东北 (22.5~67.5)	12.54	11.01
东 (67.5~112.5)	25.65	7.45
东南 (112.5~157.5)	30.14	5.81
南 (157.5~202.5)	18.17	6.13
西南 (202.5~247.5)	3.98	7.76
西 (247.5~292.5)	2.42	15.24
西北 (292.5~337.5)	2.27	22.96

图4.4 王朗保护区植被指数（EVI）变化趋势（2000—2016年）。A. EVI空间变化趋势；B. EVI沿海拔高度变化趋势；C. EVI变化的坡向特征。a.占比是各海拔段发生显著变化的面积占显著变化总面积的百分比；b.EVI均值是相应年份统计出的均值，来自遥感数据，每个统计单元面积约为6.25公顷

其中，Y 为因变量（2005—2012 年间草地地上生物量的年均变化率），i 为第 i 个样本，T 为处理变量（保护区有无）。

根据三江源地区的环境特征，选取海拔、坡度、草地类型（高寒草原、高寒草甸）及人口密度（2000 年）（人 /km^2）4 个影响因子作为协变量，以 2005—2012 年间三江源地区草地地上生物量的年均变化率（即一元线性回归方程的回归系数）作为评估草地保护成效的指标，构建匹配模型。取样时对研究区域进行网格化处理，在保护区内每个 1.5 km×1.5 km 网格内取中心点（共 58 657 个），保护区外每个 1 km×1 km 网格内取中心点（共 117 552 个），使得对照组的样本量多于处理组，以得到更佳的匹配效果，将取样点分别与 30 m 分辨率 DEM 数据、三江源地区的草地类型数据、1 km^2 分辨率人口密度数据叠加，实现对上述 4 个协变量的信息提取。选用倾向评分匹配法将协变量转换为介于 0 ～ 1 之间的倾向分，然后从处理组和对照组中选择倾向分最为接近的匹配样本，比较匹配样本间的地上生物量变化之间的差异，分别评估三江源保护区、18 个保护分区及核心区的保护成效（图 4.5）（Sekhon，2011；Ho et al.，2007）。

为获得更准确的评估结果，在对照区域中排除了青藏公路以西包括可可西里国家级自然保护区在内的范围，以及在评估期间可能受到湿地扩张影响的近湖区域（即基于 GLOBAL LAND 30 土地利用图，排除其中的水体和湿地，以及在其周边 1 km 范围内 2012 年地上生物量＜10 g/m^2 的区域）。此外，在紧邻保护区的区域内，还应考虑保护区的“溢出效应（neighborhood leakage）”（Andam et al.，2008），即保护区建立对周边自然资源可能产生的正面或负面的额外影响，这些影响多发生在 10 km 范围内（Clements et al.，2014；陈冰 等，2017）。匹配分析时，规定参与匹配的协变量标准差不超过 0.2（caliper = 0.2），取样与变量获取在 ArcGIS 10.2.1 中完成，匹配及数据分析在 R 3.3.1 中使用 Matching 软件包完成（Sekhon，2011）。

图 4.5 显示了基于 EVI 反演出的生物量的趋势分析结果，可以看出，在保护区内，大部分区域（60% 以上）草地的 EVI 没有显著变化，显著减少的面积占 17.3%，显著增加的面积占 19.6%。

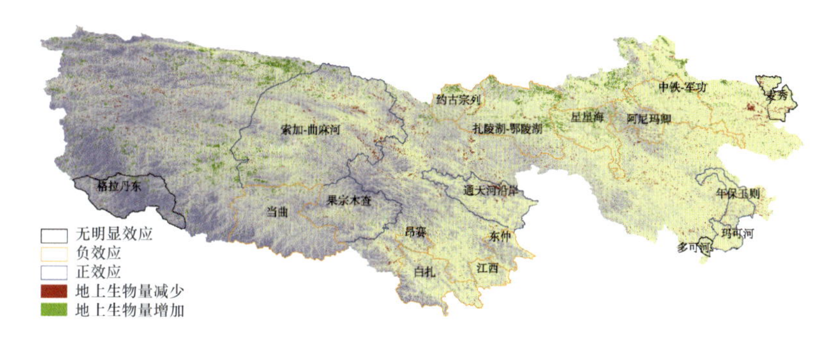

图4.5 三江源地区2005—2012年生长季平均地上生物量变化的空间分布及各保护分区的保护成效（宋瑞玲 等，2018）

表 4.9 显示，使用匹配法有效地使海拔、坡度、草地类型、人口密度这 4 个协变量在保护区内外的差距缩小，草地类型趋于一致（以高寒草甸为主，含部分高寒草原）。在此基础上的分析结果表明，实施青海三江源生态保护和建设一期工程后三江源保护区内草地地上生物量变化的平均处理效应（ATT）为－158.17（表 4.10），差异性检验 p 为 0.00。

表 4.9 匹配后处理组与对照组在 4 种协变量上的差距（修改自宋瑞玲 等，2018）

匹配前后	类别	海拔 /m	坡度 /（°）	草地类型[a]	人口密度
匹配前	均值（处理组 / 对照组）	4567.20/4414.50	10.91/12.77	1.13/1.09	0.80/2.78
匹配后	均值（处理组 / 对照组）	4566.70/4572.50	10.91/11.09	1.13/1.12	0.80/1.75
匹配前	标准化均数差	49.409	－19.90	11.04	－9.66
匹配后	标准化均数差	－1.894	－1.83	2.45	－4.64

注：a. 协变量草地类型的计算方法，高寒草甸计为 1，高寒草原计为 2，高寒草甸网格数为 x，高寒草原网格数为 y，草原类型协变量的值 =（$1x+2y$）/（$x+y$）。

表 4.10 三江源保护区内草地地上生物量变化的平均处理效应（ATT）和配对 t 检验结果（修改自宋瑞玲 等，2018）

序号	评估对象	ATT	t	p
1	三江源保护区	－158.17	－4.73	0.00**
2	三江源保护区（去除 10 km 缓冲区）	－126.70	－3.03	0.00**
3	保护区 5 km 缓冲区	－211.20	－5.75	0.00**
4	保护区核心区	－185.41	－5.66	0.00**

注：** p<0.01。

若将保护区外 10 km 缓冲带内样本去除以减少溢出效应，重复上述分析，得到 ATT= −126.70，差异性检验 p=0.00；依据断点回归的设计思路，将保护边界内外各 5 km 范围内的样点进行匹配分析，结果得到 ATT= −211.20，p=0.00（表 4.10）。两种分析结果与之前不考虑“溢出效应”的分析结果一致，三江源保护区内草地地上生物量的年均增长率较保护区外更低。

对 18 个保护分区单独进行分析，保护区内草地地上生物量年均增长率高于保护区外（ATT ＞ 0 且差异性显著）的有果宗木查、索加–曲麻河、玛可河、年保玉则和通天河沿岸共 5 个保护分区，其余保护分区则无明显差异或增长率更低（表 4.11，图 4.5）。

表 4.11 三江源 18 个保护分区的草地地上生物量年均变化率的处理组平均处理效应（ATT）和配对 t 检验结果（修改自宋瑞玲 等，2018）

序号	保护分区	ATT	t	p
1	格拉丹东	−119.88	−0.78	0.44
2	麦秀	−139.20	−0.77	0.44
3	果宗木查	295.07	8.24	0.00**
4	当曲	−259.30	−9.97	0.00**
5	索加–曲麻河	94.36	3.44	0.00**
6	多可河	−198.44	−0.60	0.55
7	玛可河	587.03	3.74	0.00**
8	年保玉则	540.27	5.38	0.00**
9	约古宗列	−309.16	−7.64	0.00**
10	扎陵湖–鄂陵湖	−777.28	−19.41	0.00**
11	星星海	−1695.20	−29.04	0.00**
12	阿尼玛卿	−584.97	−8.29	0.00**
13	中铁–军功	−612.48	−7.84	0.00**
14	通天河沿岸	609.10	8.25	0.00**
15	东仲	−568.93	−4.14	0.00**
16	江西	−966.40	−5.27	0.00**
17	白扎	−285.80	−4.67	0.00**
18	昂赛	−755.75	−5.51	0.00**

注：** p<0.01。

对草地生物量变化趋势的分析结果表明，三江源保护区内的草地变化并不显著。使用倾向评分匹配法构建反事实假设，保护区内的草地地上生物量与保护区外相比并未显示出更为积极的变化，区内的平均处理效应为负值，显示保护区内草地变好的程度较保护区外更低，并没有积极的保护成效。推测可能的情况包括：在生物量变化速度上，区内比区外的地上生物量降低速度更快，或增加速度更慢；在生物量变化面积上，区内生物量减少的区域面积更大，或生物量增加的区域面积更小。

4.2.3 湿地面积

生物生存离不开水，湿地是丰富水生生物多样性的基础，除此之外，湿地还为经济的存续和发展提供十分重要的生态服务功能。在我国的保护区中，有不少是以湿地生态系统为首要保护目标，即使在以森林、珍稀物种，甚至以荒漠为主要保护目标的保护区，存续和保护湿地也至关重要。

湿地的面积和分布格局是评估湿地状况的基础指标。发生在不同时相间的湿地面积和分布的变化，在一年中随季节降水、冰雪融冻周期的变化，以及在长时间尺度上的改变，都在不同程度上影响着保护区内生物多样性的变化格局和趋势。

对于湿地面积和分布的监测，遥感是最直接和有效的手段。在实际评估中，应根据保护区涉及湿地的面积，以及评估误差的要求，选择合适的遥感产品。例如，对三江源保护区的湿地群，以及纳木错、色林错、青海湖、洞庭湖、达赉湖等面积广人的湿地，可以考虑使用 MODIS 影像产品，其最大水平分辨率为 250 m，足够满足面积变化的评估需求。我们在评估中使用过的 Terra MODIS Q13 的卫星影像产品，该数据的时间覆盖从 2000 年初起，时间分辨率为 16 天，每年有 23 个时间序列产品，并且为全球共享数据，无须购买，可以用于评估较大的湿地的面积和分布的变化；对于较小的湿地，则可以使用水平分辨率为 30 m 的 Landsat TM/ETM 遥感影像；要达到更高空间分辨率，则可以使用分辨率为 1 m 和 1 m 以下分辨率的遥感影像，这些影像大多为商业产品，需要付出不菲的费用；使用无人机，分辨率可以更高，甚至可以到厘米级别。分辨率提高的代价是在同样的覆盖面积下，运算量的大量增加。

指标编号	S1–113
指标	湿地面积保持稳定
所属类别	S1 状态 1：生态系统完整性及生态服务功能的维持和提高
有效性说明	评估期间保护区内湿地面积保持稳定，或向与保护目标设置一致的方向增减
数据	Landsat TM/ETM+ 卫片，保护区高清卫片，湿地监测数据等
方法	对以湿地为保护目标的保护区，分析建区后湿地面积变化趋势

目前，在评估保护区的湿地面积及变化方面，我们还没有具体的保护区案例可以展示。

4.2.4 受干扰植被恢复

由于自然或人为的原因，很多保护区中都有一些受到干扰的植被，例如，因为自然的原因，1976 年发生松平地震，王朗保护区内有一些因震损而失去植被的区域；白水江保护区在 2008 年因汶川地震也有相当面积的震损；因为人为和自然的原因，三江源保护区有相当面积的草地退化为黑土滩；因为人为的原因，很多保护区成立前都经历过商业采伐，原始森林遭到了破坏。

保护区的工作之一就是做好巡护监测，防止发生进一步的干扰和破坏，给受干扰的植被创造自然恢复的条件。有些区域需要人工干预，加快恢复的过程，或防止因植被失去而发生进一步的退化，例如，减缓水土和养分流失。

评估受干扰植被恢复的成效，首先需要确定受干扰植被所占面积，以及受干扰的种类和程度，然后从数量和质量两方面着手评估。数量上可以用受干扰植被的面积因恢复而缩减，以及植物生物量增加来评估；质量上可以用发生积极变化的植被类型的转换面积来评估，例如，由震损或火灾导致的森林减少恢复为森林的面积等。

指标编号	S1–114
指标	受干扰的植被类型得到恢复
所属类别	S1 状态 1：生态系统完整性及生态服务功能的维持和提高
有效性说明	评估期间保护区内曾受到自然或人为干扰而退化的植被有恢复
数据	近地遥感数据，植被监测数据集
方法	分析受干扰（如火灾、过度放牧等）而退化的植被的干扰面积（S_d），恢复面积（S_r）

目前，在评估保护区受干扰植被恢复方面，我们还没有具体的案例可以展示。

4.2.5　水土涵养能力

涵养水源和减少水土流失是生态系统的重要服务功能。保护区对区内植被保护得好，植被在对降水截留、渗透、蓄积方面的作用就强，在水循环中能起到的积极调控作用能力就强，良好的植被还能有效地固定土壤，防止水土流失。

评估保护区在水土涵养能力方面所起到的成效，需要有相关指标的调查和监测数据，包括水文监测和土壤监测。目前，开展这方面监测的保护区还不多。

指标编号	S1–121
指标	水土涵养能力的维持与改善
所属类别	S1 状态 1：生态系统完整性及生态服务功能的维持和提高
有效性说明	水土涵养能力的维持与改善
数据	保护区水文监测数据，土壤监测数据
方法	核算森林生态系统调节水量、固土量等生态系统服务功能指标，对比历年变化

案例

纳板河保护区是以流域生态系统为保护主体的自然保护区，因此对水资源的动态变化一直很重视，是我们到访过的保护区中这方面数据相对较全的。保护区自 2005 年起开展长期水资源动态监测，监测范围覆盖纳板河、糯有河、南回苍河、曼点河等水域（图 4.6）。

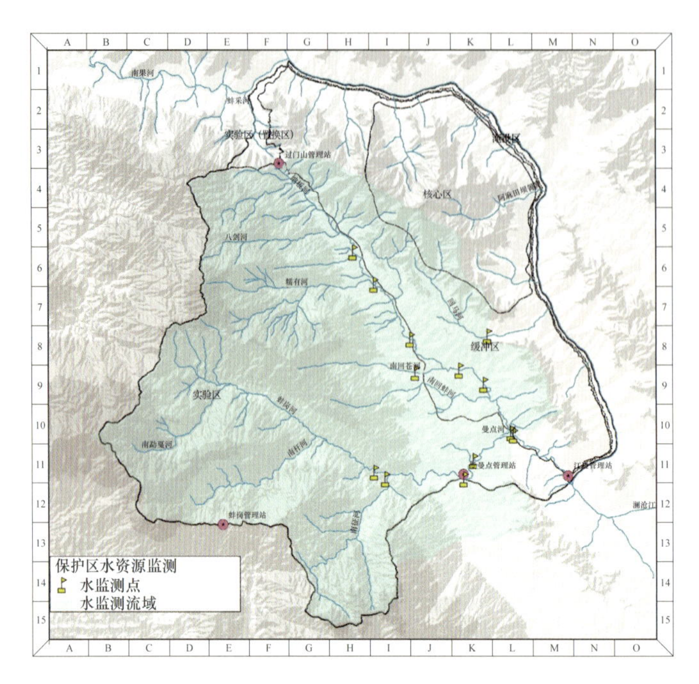

图4.6　纳板河流域保护区内水资源监测点及监测所覆盖的水域

保护区成立（1991 年）前后水资源调查结果对比显示，2001 年，保护区年均降水量与径流深度较 1989 年有所增加，陆地蒸发量也有小幅增加（表 4.12）。

表 4.12　纳板河保护区建立前后地表水资源参数对比

项目	年平均降水量 / mm	年平均径流深度 / mm	理论陆地蒸发量 / mm
1987 年（建区前）	1513.2	563.6	949.6
2001 年（建区后）	1628.9	675.1	952.8
变化情况	＋115.7	＋112.5	＋3.2

4.2.6　固碳释氧能力与初级生产力

气候变化是当前世界面临的主要危机，起因是化石燃料的开采和使用。为了经济发展，人类在很短的历史时期内将生态系统经过漫长时间存储的碳释放到大气中，提高了大气中温室气体的浓度，进而触发了自然环境的多方面改变，这些改变反过来又给人类的经济和社会发展带来诸多负面作用。

植物具有固碳和释放氧气的生态功能，保护区内的植物不断吸收空气中的二氧化碳，转化为自身组织，以有机碳的形式存储，同时释放氧气。远古的碳储存就来自生物对大气中二氧化碳的捕捉和固定，它们以化石态的植物和动物存在，其中包括煤炭和石油。保护区内植物得到有效保护，这种能够减缓和降低气候变化的生态系统服务功能就得到了有效的保证，保护区的价值也得以体现。

在 COR 体系中，用来度量这项生态功能的指标尚未最终确定，目前倾向于使用初级生产力这项指标。

指标编号	S1–122
指标	固碳释氧能力与初级生产力的维持与稳定
所属类别	S1 状态 1：生态系统完整性及生态服务功能的维持和提高
有效性说明	评估期间固碳释氧能力与初级生产力得到维持或保持稳定
数据	保护区土壤监测数据，NDVI 植被指数
方法	核算森林生态系统固碳量、释氧量等生态系统服务功能指标，对比历年变化

范围覆盖全球的 MODIS 遥感数据产品中有初级生产力这一数据集，正在尝试应用，目前，我们还没有具体的保护区案例可以展示。

4.2.7　水质

水质（Water Quality）是水体质量的简称，包括水体的物理性质（如色度、浊度、臭味等）、化学性质（无机物和有机物含量）和所含生物（微生物、浮游生物、底栖生物）的特征及其组成状况。

由于污染等原因，水体的上述物理、化学、生物特征往往会向有害人类健康或对经济发展造成损失的方向改变，保护区内的生态系统有一定的净化能力，对水质有一定的改善作用。

在水质方面的成效指标可以设置为对比进入保护区和流出保护区的水质状况，如果有所改善，或保持良好状态、没有变差，即认为有成效；或者在两个时相间进行对比，如果水质维持良好并稳定，或者有改善，则认为有成效。

指标编号	S1-123
指标	水质的稳定与恢复
所属类别	S1 状态 1：生态系统完整性及生态服务功能的维持和提高
有效性说明	评估期间保护区内水质等级保持稳定，或有所改善
数据	保护区水文监测数据（参数包括盐度、化学需氧量、无机氮、磷酸盐、污染物如石油等）
方法	分析水质的年际变化规律和趋势，受污染情况

案例

对比纳板河保护区 1989 年和 2001 年两个时相的水质监测结果，显示 1989 年纳板河流域各干流、支流水体达到 I 类水质标准；2001 年，保护区范围内安麻河口、纳板河上段右支流、景谷寨、纳板河口等为 II 类水质标准，回马河则仅达 IV 类水质标准（表 4.13）。

评估结果显示，保护区成立后水质有所下降，推测可能是由于实验区内人口较多，生产生活垃圾导致水质污染。建议保护区继续对主要流域开展水质监测，对污染源进行排查与防控。

表 4.13　纳板河保护区建立前后水质对比

调查年份	安麻河口	纳板河上段右支流	景谷寨	纳板河口	蚌岗河口	南征河口	曼点河	糯有河	回马河
1989	I	I	I	I	I	I	I	I	I
2001	II	II	II	II	II	II	II	III	IV

4.3　评估物种的模块

物种层次的保护是生物多样性保护中最重要的一部分，也是几乎所有保护区的核心内容。绝大多数保护区，都有多个目标保护物种，例如，王朗保护区，除大熊猫外，其他列入《国家重点保护野生动物名录》的物种，属于《世界自然保护联盟濒危物种红色名录》（以下简称《IUCN 红色名录》）中的受威胁物种，以及保护区自己认定的有保护价值的物种，都可以作为目标保护物种，在管理计划中安排特定的保护行动。

有些保护行动，例如，与降低不利干扰有关的，与提升栖息地质量有关的，能同时惠及多个物种；有些保护行动，则可能只对特定物种有效。物种层次的保护成效，由每个目标物种的保护成效叠加而成。

信息对于保护目标物种非常重要。对于特定的目标物种，掌握了必要的信息，就能更有针对性地采取行动，包括针对压力和威胁安排与之相应的保护行动，确定实施的时间段和区域等，从而以较少的资源代价获取更好的成效；若缺乏了必要的信息，就可能导致保护行动失准失效。例如，所保护的栖息地在空间位置上与目标物种需求不匹配，不但没起到保护效果，反而有可能引起负面影响。

对于多个目标物种，不同物种有不一样的保护行动优先级，不可避免地会出现资源分配不足的困难，在掌握了更全面信息后，包括不同区域内的物种组成、保护优先种间的分布重叠、物种间共同的生态需求等，就有可能对多个目标物种进行相对更为综合的考虑，优化资源的使用，规划出较佳的保护措施组合，兼顾更多的物种（Pawar，2003；Dolman et al.，2012）。

信息缺乏会制约保护成效，Hortal 等总结了七类信息空缺，并分别以著名科学家的名字来命名：① 林奈空缺（Linnean Shortfall），即物种尚未被科学命名的空缺；② 华莱士空缺（Wallacean Shortfall），即物种分布状况未知的空缺；③ 普雷斯顿空缺（Prestonian Shortfall），即物种数量和种群的时空动态数据缺乏的空缺；④ 达尔文空缺（Darwinian Shortfall），即缺少物种演化历史的信息空缺；⑤ 朗基尔空缺（Raunkiæran Shortfall），即缺少物种功能性状和生态功能数据的空缺；⑥ 哈钦森空缺（Hutchinsonian Shortfall），即缺少物种对生存的非生物环境反应和忍耐力的数据，或者说，缺乏物种与栖息地关系数据的空缺；⑦ 艾尔顿空缺（Eltonian Shortfall），即缺少物种间相互关系及其对个体存活和适应力影响的知识的空缺（Hortal et al.，2015）。

当前，缺乏必要的物种多样性本底信息，制约成效目标的实现，是很多保护区需要面对的问题。填补信息空缺，不但是保护区发展初期的必经之路，而且也是为了实现更有效的适应性管理，需要长期坚持的必要工作。按照当前保护区的情况，上述空缺导致的不利影响并不是均等的，其中与分布有关的华莱士空缺、与种群数量有关的普雷斯顿空缺、与栖息地有关的哈钦森空缺的影响相对而言更直接和重要，保护区应优先填补这三方面的空缺。

对于需保护的目标物种，可以使用“摸清本底－识别压力－采取应对－监测成效”的一般流程，这个流程实际上是从整个保护区的适应性管理的环形框架中拆解出来的一段链条。在“摸清本底”环节，考虑到信息完善的顺序和难度，可以按照“有无－分布－多少－增减”几个步骤来进行，即，首先，确定保护区内是否有目标物种；其次，确定目标物种在保护区内的分布地点和范围；再次，摸清目标物种的种群数量；最后，种群数量在评估期间的增减状况。收集的信息还包括该物种在评估期间在保护区内分布区的扩展或收缩状况，以及栖息地质量是否有提高、位置在哪里、面积如何等，在 COR 体系中我们设计了相对应的评估模块。

在 COR 体系中，关于评估物种的指标分为两组，即与物种多样性信息相关的和与目标物种保护相关的指标。

在物种多样性信息方面，采用了信息量这样的进度类指标，物种多样性本底信息的增量多，保护区这方面的成效评级也相应较高。

在目标物种保护方面，需要按照已经开展的管理计划中涉及的物种，或者即将包括在管理计划中的物种，进行逐物种评估，如大熊猫（王朗保护区、白水江保护区）、印度野牛（纳板河保护区）等，每个物种都按照分布面积、种群数量、栖息地质量和关键栖息地识别等模块进行评估。

支持物种评估的各项指标数据主要来自保护区的监测和调查。根据我们的了解，保护区对野生动物的监测通常分为两类——常规监测与专项调查。数据通常涵盖物种分布位点、痕迹类型、生境类型与环境特征等信息（表 4.14）。

常规监测，在本研究中，泛指那些被纳入保护区常规工作的定期开展的重复性调查。例如，王朗保护区设置了固定样线和随机样线各若干条，其中固定样线每季度至少调查一次，随机样线每年调查一次，以实现从空间上对保护区尽量覆盖（固定样线 + 随机样线），同时在重点监测区域（固定样线覆盖区）进行多时点的比较。在这些样线上，通常采取路线调查法，记录路线上的物种及其痕迹的分布状况，如大中型有蹄类、雉类、猫科动物粪便等，也包括爪印、羽毛、食迹等痕迹，这些痕迹被定位并录入数据库；按照一定规则（如千米网格）设置的红外相机监测也为物种的分布、活动节律、栖息地需求甚至种群数量提供有价值的数据。

专项调查填补了常规监测在收集数据上的空缺和短板。例如，监测人员难以识别的物种分类群，比如昆虫、兰花、真菌等，就需要聘请具有相关知识的专业人员。专项调查还包括一些自上而下安排的调查任务，例如，大熊猫调查、入侵物种调查等。

需要注意的是，很多保护区目前监测和调查获得的数据，以及收集数据的方法，并不一定完全适合适应性管理的需要，经过物种保护成效评估后，就需要根据各模块的需求，予以修正和规范（Danielsen et al.，2003）。

表 4.14 保护区动物常规监测数据信息（以王朗保护区为例）

表格名称	包含信息
监测线路表	编号、日期、天气、小地名、线路类型、参加人、记录人、开始时间、结束时间、最低海拔、最高海拔、竹种、竹种海拔分布、备注（事件记录）
动物痕迹记录表	编号、动物名称、痕迹类型、数量、时间、海拔、位置（经纬度）、备注（包含优势树种、新鲜程度等记录）
生境表（在动物痕迹、干扰痕迹点记录）	编号、日期、天气、时间、小地名、参加人、记录人、海拔、位置（经纬度）、部位、坡形、坡向、坡度、动物名称、痕迹类型、生境类型、森林起源、小生境、乔木高度、郁闭度、平均胸径、灌木高度、灌木盖度、竹种、竹子高度、竹子盖度、生长类型、生长状况、水源、备注
大熊猫粪便咬节表	编号、日期、填表人、测量人、数量、新鲜程度、咀嚼程度、组成、长度、直径、小粪便数量、咬节测量值（100 个）、备注
干扰记录表	编号、日期、干扰方式、类型、海拔、位置（经纬度）、干扰时间、数量、强度

4.3.1 确认了分布的物种数

几乎每个保护区都有一个物种名录，名录中列举了保护区内有分布的物种。使用物种名录，可以无遗漏地列出其中需要保护的物种，例如，有保护级别的物种，《IUCN 红色名录》物种；还可以列出需要管控的物种，例如，入侵物种等。物种名录是保护区制订管理计划的关键基础数据。

然而，并不是每个列在名录中的物种现在在保护区都有分布，有些物种曾经有分布，但包括目击直观和通过痕迹推断在内，已经很久没有被观察到了；有些物种之所以会出现在名录上，仅仅是基于生物地理分区的推断，或来自访谈的不一定准确的记录。

还有很多实际在保护区有分布，但并没有出现在名录上的物种。包括只有通过分类学家调查才能识别出来的物种，例如，大部分昆虫等无脊椎动物、真菌；在本底调查中没有被调查到的物种；发生了分类错误，被冠以错误名称列入名录的物种；此外，还有尚未被发现和在科学上命名的物种（新种）；等等。

对于有经验者，看到一个保护区的物种名录，就可以大致判断出这个保护区在物种保护上达到的水平和投入的工作量。如果碰到一个在不断更新物种名录的保护区，说明他们对自己保护区有什么、需要保护什么，以及为什么要更新名录是清楚的。而且，名录之所以能够更新，说明保护区已经付出了相当的努力。因此，将名录的更新状况作为物种保护的评估指标，能够反映保护区管理方面取得的成效。

指标编号	S2-211
指标	有无：对照保护区的物种名录，确认有实际分布的物种数增加
所属类别	S2 状态 2：物种多样性的维持和改善
有效性说明	对照保护区的物种名录，确认有实际分布的物种数增加
数据	保护区生物多样性本底名录，历年物种调查名录（含各门类），物种长期 / 常规监测数据集
方法	对比本底名录，统计现阶段仍有分布的物种数及确认率（确认现阶段存在的物种数 / 名录中物种总数）

案例 1：王朗保护区

根据 1999 年王朗保护区本底调查报告估计，保护区内植物共计 614 种，动物中兽类 62 种，鸟类 152 种，两栖爬行类动物共 6 种，已鉴定到种或鉴定到亚科的昆虫 215 种，大型真菌 102 种。

后经保护区科研人员补充（如北京大学李晟等），截至 2016 年，兽类更新为 78 种，与 1999 年名录相比，增加了 16 种；鸟类 231 种，增加 83 种，去除 4 种；两栖爬行类共 7 种，爬行类去除 1 种，两栖类增加了 2 种。不在名录中，然而有目击、痕迹或照片证据的兽类有 2 种，从红外相机照片看，保护区可能有草兔（*Lepus oiostolus*），需要更清楚的照片或标本予以鉴定；有目击到狗獾（*Meles meles*），是否确实在保护区存在，有待确认。保护区分别于 2007—2008 年、2016 年开展过昆虫调查，于 2016—2017 年开展过菌类调查，估计现有菌类 200 多种，但尚未整理更新至名录。1999—2016 年王朗保护区物种名录中所记录的物种数及物种变动的数量详见表 4.15。

表 4.15　1999—2016 年王朗保护区物种名录中所记录的物种数及物种变动的数量

界	类别	1999 年物种名录	2014 年物种名录	至 2014 年净增量	2016 年物种名录	至 2016 年增量
		种数合计	种数合计	小计	种数合计	
动物	哺乳纲	62	72	+10	78	+6
	鸟纲	152	223	+71	231	+8
	两栖纲	3	5	+2	5	0
	爬行纲	3	2	–1	2	0
	昆虫纲	215	215	0	215	0
植物		614	614	0	614	0
真菌		102	102	0	102	0
	合计	1151	1233	+82	1247	+14

至 2016 年，保护区物种名录中有国家一级和二级保护动物：兽类 25 种，鸟类 16 种。已确认有分布的兽类 14 种，鸟类 15 种，其中石貂、荒漠猫和藏雪鸡为保护区 2015—2016 年开展高山红外相机调查后新增的物种记录。

至2016年，尚未确认有分布（即缺乏目击、照片或痕迹记录）的保护物种有11种，包括云豹、豹、马麝、大灵猫、金猫、豺、棕熊、藏狐、兔狲、猞猁和黑鸢等（表4.16）。

表4.16 王朗保护区物种名录中国家Ⅰ级、Ⅱ级保护动物

纲	中文名	学名	保护级别	保护区确认有分布	确认方式
哺乳纲	川金丝猴	*Rhinopithecus roxellarae*	Ⅰ	确认	红外相机
	大熊猫	*Ailuropoda melanoleuca*	Ⅰ	确认	红外相机
	云豹	*Neofelis nebulosa*	Ⅰ	尚未确认	
	豹	*Panthera pardus*	Ⅰ	尚未确认	
	金猫	*Pardofelis temminckii*	Ⅰ	尚未确认	
	荒漠猫	*Felis bieti*	Ⅰ	确认	红外相机
	大灵猫	*Viverra zibetha*	Ⅰ	尚未确认	
	林麝	*Moschus berzovskii*	Ⅰ	确认	红外相机
	马麝	*Moschus chrysogaster*	Ⅰ	尚未确认	
	四川羚牛	*Budorcas tibetanus*	Ⅰ	确认	红外相机
	豺	*Cuon alpinus*	Ⅰ	尚未确认	
	黑熊	*Ursus thibetanus*	Ⅱ	确认	红外相机
	棕熊	*Ursus arctos*	Ⅱ	尚未确认	
	藏狐	*Vulpes ferrilata*	Ⅱ	尚未确认	
	豹猫	*Prionailurus bengalensis*	Ⅱ	确认	红外相机
	兔狲	*Otocolobus manul*	Ⅱ	尚未确认	
	猞猁	*Lynx lynx*	Ⅱ	尚未确认	
	小熊猫	*Ailurus fulgens*	Ⅱ	确认	目击
	毛冠鹿	*Elaphodus cephalophus*	Ⅱ	确认	红外相机
	中华鬣羚	*Capricornis milneedwardsii*	Ⅱ	确认	红外相机

续表

纲	中文名	学名	保护级别	保护区确认有分布	确认方式
	中华斑羚	*Naemorhedus griseus*	II	确认	红外相机
	岩羊	*Pseudois nayaur*	II	确认	红外相机
	黄喉貂	*Martes flavigula*	II	确认	目击
	石貂	*Martes foina*	II	确认	红外相机
鸟纲	金雕	Aquila chrysaetos	I	确认	目击
	斑尾榛鸡	*Tetrastes sewerzowi*	I	确认	目击
	红喉雉鹑	*Tetraophasis obscurus*	I	确认	目击
	绿尾虹雉	*Lophophorus ihuysii*	I	确认	红外相机
	黑鸢	*Milvus migrans*	II	尚未确认	
	苍鹰	*Accipiter gentilis*	II	确认	红外相机
	雀鹰	*Accipiter nisus*	II	确认	目击
	松雀鹰	*Accipiter virgatus*	II	确认	目击
	普通鵟	*Buteo japonicus*	II	确认	目击
	领鸺鹠	*Glaucidium brodiei*	II	确认	目击
	灰林鸮	*Strix aluco*	II	确认	目击
	血雉	*Ithaginis cruentus*	II	确认	红外相机
	红腹角雉	*Tragopan temminckii*	II	确认	红外相机
	蓝马鸡	*Crossoptilon auritum*	II	确认	红外相机
	勺鸡	*Pucrasia macrolopha*	II	确认	红外相机
	藏雪鸡	*Tetraogallus tibetanus*	II	确认	红外相机

注：本表已根据 2021 年公布的《国家重点保护野生动物名录》做了调整。

基于前述评估结果所提的建议，王朗保护区有针对性地开展了一系列专项调查，包括在高山区域放置红外相机，聘请昆虫专家更新保护区的昆虫名录等，取得了卓有成效的成果。保护区在 2016 年调查了监测未覆盖到的高山草甸，在一个调查周期后增加了 6 种兽类和 8 种鸟类的分布新记录。

案例 2：白水江保护区

自 1984 年起，白水江保护区通过本底调查、常规监测和专项监测三种方式积累区内的生物物种分布状况数据，详见表 4.17。

本底调查：保护区开展过一次综合科学考察（以下简称“综合科考”）（1992—1995 年），于 1997 年发布《甘肃白水江国家级自然保护区综合科学考察报告》并沿用至今。此外，保护区内有 541 个物种具有标本资料，昆虫标本种数最多，此外兽类有 20 种，鸟类有 31 种。随着近十余年来的动物监测和专项调查，相较于本底名录，保护区增加了部分新的物种记录。此次评估期间，我们整合了保护区建区以来的监测和实地调查数据，对物种名录进行了部分更新（主要是兽类和鸟类的更新），物种名录中兽类由 77 种更新为 78 种，鸟类由 275 种更新为 289 种。其中有 37 种兽类、56 种鸟类、11 种两栖类、16 种爬行类等通过实地物种调查与标本资料确认有分布。

常规监测：总结自白水江动物监测数据库（2005—2017 年），保护区自 2005 年开展常规动物监测，主要调查方法为样线痕迹调查，截至 2017 年，保护区数据库中已积累 7718 条地理信息完善的动物痕迹数据，覆盖识别到种的物种数 101 种，其中含兽类 35 种，鸟类 55 种，爬行类 8 种和两栖类 3 种，国家一级和国家二级保护动物 27 种。

专项监测：除常规监测外，保护区曾开展过物种专项调查，如 1984 年组织了大熊猫灾情和资源调查；1987 年开展了大熊猫及栖息地调查；2005 年开展了保护区内蝴蝶多样性调查，在保护区实验区、缓冲区、核心区分别发现了蝴蝶 391、340、284 种。

根据上述三类数据，我们对保护区动物物种名录进行更新。截至 2017 年，保护区物种名录中有国家一级和二级保护动物 51 种，包括 24 种哺乳类、24 种鸟类、2 种两栖类和 1 种鱼类（表 4.18）；其中属于《IUCN 红色名录》中 VU、EN、CR 级别的有 18 种。这些保护动物中，通过保护区的动物常规监测（痕迹监测）确认有分布的有 29 种

（豹虽出现在监测记录中但实际未确认，豺的痕迹监测记录有待核实）；通过历史标本资料认为有分布的有 7 种；通过野生动物救助确认有分布的有黑鹳、秃鹫、高山兀鹫、雕鸮、灰林鸮 5 种；其余物种，如马麝、棕熊等在保护区内的有无和分布状况尚未确认。

保护区对区内生物物种有无的掌握随时间的延长不断增加，成效积极。

表 4.17　白水江保护区物种名录所记录物种数

界	类别	物种数		
		1996 年[a]	2015 年[b]	有标本[c]
动物	哺乳纲	77	77	20
	鸟纲	275	275	31
	两栖纲	28	28	13
	爬行纲	37	37	20
	昆虫纲	2138	2875	377
	硬骨鱼纲	68	68	27
植物	种子植物	1803	1810	53
	蕨类植物	185	197	—
	苔藓植物	23	23	—
真菌		294	294	—
	合计	4928	5684	541

数据来源：a.《甘肃白水江国家级自然保护区综合科学考察报告》(内部资料)；b.《地震对大熊猫生境选择的影响及对策》(内部资料)；c. 保护区标本馆。

注：“–”表示无数据。

表 4.18　白水江保护区本底名录中保护动物分布确认状况

纲	中文名	学名	保护级别	保护区确认有分布	确认方式
哺乳纲	川金丝猴	*Rhinopithecus roxellana*	Ⅰ	确认	痕迹监测
	大熊猫	*Ailuropoda melanoleuca*	Ⅰ	确认	痕迹监测
	云豹	*Neofelis nebulosa*	Ⅰ	尚未确认	
	豹	*Panthera pardus*	Ⅰ	尚未确认	

续表

纲	中文名	学名	保护级别	保护区确认有分布	确认方式
	金猫	*Pardofelis temminckii*	I	确认	痕迹监测
	大灵猫	*Viverra zibetha*	I	尚未确认	
	豺	*Cuon alpinus*	I	确认	痕迹监测
	林麝	*Moschus berezovskii*	I	确认	痕迹监测
	马麝	*Moschus chrysogaster*	I	尚未确认	
	四川羚牛	*Budorcas tibetanus*	I	确认	痕迹监测
	猕猴	*Macaca mulatta*	II	确认	痕迹监测
	藏酋猴	*Macaca thibetana*	II	确认	痕迹监测
	小熊猫	*Ailurus fulgens*	II	确认	痕迹监测
	黑熊	*Ursus thibetanus*	II	确认	痕迹监测
	棕熊	*Ursus arctos*	II	尚未确认	
	水獭	*Lutra lutra*	II	确认	目击
	黄喉貂	*Martes flavigula*	II	确认	痕迹监测
	豹猫	*Prionailurus bengalensis*	II	确认	痕迹监测
	猞猁	*Lynx lynx*	II	确认	标本
	狼	*Canis lupus*	II	确认	标本
	毛冠鹿	*Elaphodus cephalophus*	II	确认	痕迹监测
	中华鬣羚	*Capricornis milneedwardsii*	II	确认	痕迹监测
	中华斑羚	*Naemorhedus griseus*	II	确认	痕迹监测
	岩羊	*Pseudois nayaur*	II	确认	痕迹监测
鸟纲	玉带海雕	*Haliaeetus leucoryphus*	I	尚未确认	
	金雕	*Aquila chrysaetos*	I	确认	痕迹监测
	秃鹫	*Aegypius monachus*	I	确认	救助
	草原雕	*Aquila nipalensis*	I	尚未确认	
	猎隼	*Falco cherrug*	I	确认	标本

续表

纲	中文名	学名	保护级别	保护区确认有分布	确认方式
	绿尾虹雉	*Lophophorus lhuysii*	I	确认	痕迹监测
	黑鹳	*Ciconia nigra*	I	确认	救助
	松雀鹰	*Accipiter virgatus*	II	尚未确认	
	普通鵟	*Buteo japonicus*	II	确认	痕迹监测
	高山兀鹫	*Gyps himalayensis*	II	确认	救助
	苍鹰	*Accipiter gentilis*	II	确认	痕迹监测
	雀鹰	*Accipiter nisus*	II	确认	痕迹监测
	鹗	*Pandion haliaetus*	II	尚未确认	
	红隼	*Falco tinnunculus*	II	确认	痕迹监测
	红喉雉鹑	*Tetraophasis obscurus*	I	确认	痕迹监测
	红腹角雉	*Tragopan temminckii*	II	确认	痕迹监测
	勺鸡	*Pucrasia macrolopha*	II	确认	痕迹监测
	血雉	*Ithaginis cruentus*	II	确认	痕迹监测
	蓝马鸡	*Crossoptilon auritum*	II	确认	痕迹监测
	红腹锦鸡	*Chrysolophus pictus*	II	确认	痕迹监测
	灰鹤	*Grus grus*	II	确认	标本
	雕鸮	*Bubo bubo*	II	确认	救助
	灰林鸮	*Strix aluco*	II	确认	救助
	长耳鸮	*Asio otus*	II	确认	痕迹监测
两栖纲	大鲵	*Andrias davidianus*	II	确认	标本
	文县瑶螈	*Yaotriton wenxianensis*	II	确认	标本
硬骨鱼纲	四川白甲鱼	*Onychostoma angustistomata*	II	确认	标本

注：本表已根据 2021 年公布的《国家重点保护野生动物名录》做了调整。

4.3.2 可绘制分布图的物种数

从获得目标物种在保护区有分布的证据，到绘制出这个物种在保护区的分布图，对更有效地保护这个物种，有一个不小的信息量升级，然而也是非常必要的一个升级。

分布图可以有多种表现形式，最基础的是将确认的目标分布点标记在保护区的地图上，在很多保护区的本底调查报告或总体规划中，都可以看到这种类型的分布图。这种分布图非常明确地表示出了物种分布的格局，是集中在某个区域，还是散布于整个保护区范围等，因此对划定保护区功能分区方面有很大帮助。然而，在这些分布点之外的区域，是否也有目标物种分布，可能性有多大，这种分布图能提供的帮助就有限了。类似的，如果想考察保护行动开展后分布区是否产生了积极的改变，以及改变的面积和位置，这样的分布图就更无能为力了。

因此，对保护区适应性管理和成效评估更为有效的，也即对保护目标物种决策最有帮助的是空间连续的分布图。幸运的是，借助近些年出现的物种分布预测方法，可以从一定数量的分布点和覆盖保护区的环境变量数据，例如，包含海拔高度数据的 DEM，反映地形复杂程度的崎岖度（由 DEM 计算衍生出的数据），气温、降水等气候数据，由气候数据再计算出的生物气候数据，与人类活动相关的公路、人口、居民点等等，使用常用的 MaxEnt、BioMod2 等物种分布预测模型，就能比较容易地预测出覆盖整个保护区的空间连续的分布。

栖息地丧失和退化是生物多样性尤其是濒危物种面临的主要威胁，了解物种的空间分布、栖息地状况与动态变化，评价栖息地质量现状、栖息地丧失或退化的原因，对于评价物种保护现状，设计科学合理的保护行动、栖息地恢复策略等具有重要作用。保护投入应主要集中在保护物种的现有分布区，并留意监测物种潜在的迁移、扩散范围。借助模型预测出的物种分布，可以进行调查策略优化，将更多调查努力分配至栖息地更集中、物种分布可能性更高的区域（Myers et al., 2000；Brook et al., 2003；Koh et al., 2004；Critchlow et al., 2017）。

例如，王朗保护区，借助所预测出的大熊猫的分布，就能识别出对大熊猫栖息地负面干扰最大的家牛和家马的进区通道和活动区域，并在此基础上合理安排巡护和管理来高效实现对大熊猫栖息地的保护。又如，很多保护区期待与外来的科学家展开深入的科研合作，对于正在寻找研究对象的科学家，如果保护区能够提供更详细的分布数据，显然会比不能提供这些数据的保护区更有竞争力；对大熊猫繁殖、通信、产仔、育幼等行为的深入研究，也一定发生在大熊猫分布区中；要把生态旅游的客人带去观鸟或观花，也得先知道这些待观察物种的分布区；在保护成效评价中，目标物种分布区的稳定和扩展，是对目标物种保护有成效的表现。从信息量成效的角度，能绘制出的目标物种分布图数量越多，成效就越好。

指标编号	S2–212
指标	分布：能够绘制分布图的物种数增加
所属类别	S2 状态 2：物种多样性的维持和改善
有效性说明	能够绘制分布图的物种数增加
数据	保护区生物多样性本底名录，历年物种调查名录（含各门类），物种长期 / 常规监测数据集
方法	对比本底名录，统计现阶段仍有分布的物种数及确认率（确认现阶段存在的物种数 / 名录中物种总数）

在指标的相关产出中，可以覆盖下面的一项或多项，具体视保护区的实际情况而定：

（1）统计保护区了解至少一个实际分布位点的物种数（反映保护区物种调查的覆盖度），并比较在评估时段间该数值的变化，积极的评估结果是：从无分布点到有一个分布点的物种数增加。

（2）统计保护区可以借助栖息地模型绘制适宜栖息地范围的物种数，并绘制其适宜栖息地范围（反映保护区动物常规监测的覆盖度），积极的评价结果是可绘制出的分布图数量增加。

（3）现有分布预测图质量发生显著提高的物种数。

（4）根据本项评估的结果，对保护区下一步工作改进方面的建议可以有：对比适宜栖息地范围与保护区实际调查范围，指出保护区内保护动物的调查空缺与建议增补调查的范围（反映保护区动物栖息地的监测力度），提高调查 / 监测的空间针对性和监测对象的遇见率，以帮助保护区更高效地完善其物种分布信息。

案例 1：王朗保护区

基于保护区监测数据库中痕迹调查与红外相机监测的结果，截至 2016 年，已知至少一个分布位点的物种有 109 种，包括兽类 35 种，鸟类 71 种，两栖类 3 种。独立分布位点大于 10 个的物种共 33 个，大于 50 个的物种共 17 个。分布记录最多的为大熊猫（1846 条），其次为羚牛（1094 条）和野猪（653 条）。

使用 Maxent 模型对分布点大于 50 个的 17 个物种进行预测，预测结果的 AUC 平均值皆在 0.9 以上，AUC 值高，说明模型预测结果好，越接近 1，模型表现越好。

我们将王朗保护区划分为 1 km×1 km 的网格（共 366 个网格，编号 1 ～ 366），这些网格既是评估的空间单元，也是细化设计下一步管理计划行动的决策单元。这种做法将原先以保护区作为一个整体来设计行动，或以长白沟、竹根岔等几大片区来设计行动，细化到了更小的空间单元上的行动，因此使得管理在空间上更为精细，如有必要，空间网格的尺寸还可以进一步缩小。

根据每个物种的分布预测结果，将这些网格分为“预测有分布”和“预测无分布”两类，以此作为评价和决策用的物种分布。我们把从监测中获得的相应物种的分布记录，即“监测有分布”落在预测分布网格上，其中“监测有分布”与“预测有分布”重合的网格占“预测有分布”的比例越高，说明对该物种的监测在空间上覆盖得越充分。在 17 个物种中，监测分布覆盖预测分布的比例超过 50% 的物种有 12 种，其排序如图 4.7 所示。该排序结果较为定量地说明了保护区对目标物种监测的覆盖度，其中大熊猫栖息地的覆盖度最高（90%），其次为羚牛（87%）和野猪（78%）。

若将“预测有分布”但并未被监测覆盖的网格视为该目标物种的潜在分布区，那么这些“潜在分布区”就是该目标物种当前的分布信息空缺区域，也是建议保护区下一步增补调查的区域、在这些区域，

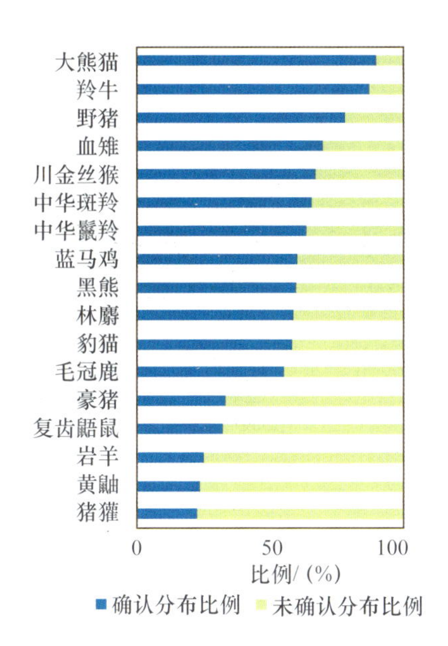

图4.7　王朗保护区17个物种的监测记录所覆盖网格占预测分布网格的比例

可能获得该目标物种的新分布证据、新栖息地信息、新人为干扰信息等，保护区对该物种的认识将更为全面，采取的保护措施也可能更为全面和精准。

将除上述 17 个物种外的更多物种的“潜在分布区”叠加，我们绘制出了调查优先区地图（图 4.8），根据此图中每个网格待调查物种的数值，在有较多物种重叠的网格安排监测或调查，可能获得新信息的物种数量就较高，相应的监测或调查的成效就越高。在王朗保护区，这样的区域主要包括长白沟、七棵树沟、水闸沟、长白沟、大窝凼主沟等地。

案例 2：白水江保护区

截至 2017 年，白水江保护区的监测数据库中已积累 7718 条地理信息完善的动物痕迹数据，识别到种的物种数累计为 96 种，其中含兽类 35 种、鸟类 50 种、爬行类 8 种和两栖类 3 种。独立分布位点大于 10 个的有 33 种，大于 50 个的有 17 种，分布记录最多的为羚牛（1850 条），其次为大熊猫（989 条）和斑羚（877 条）。

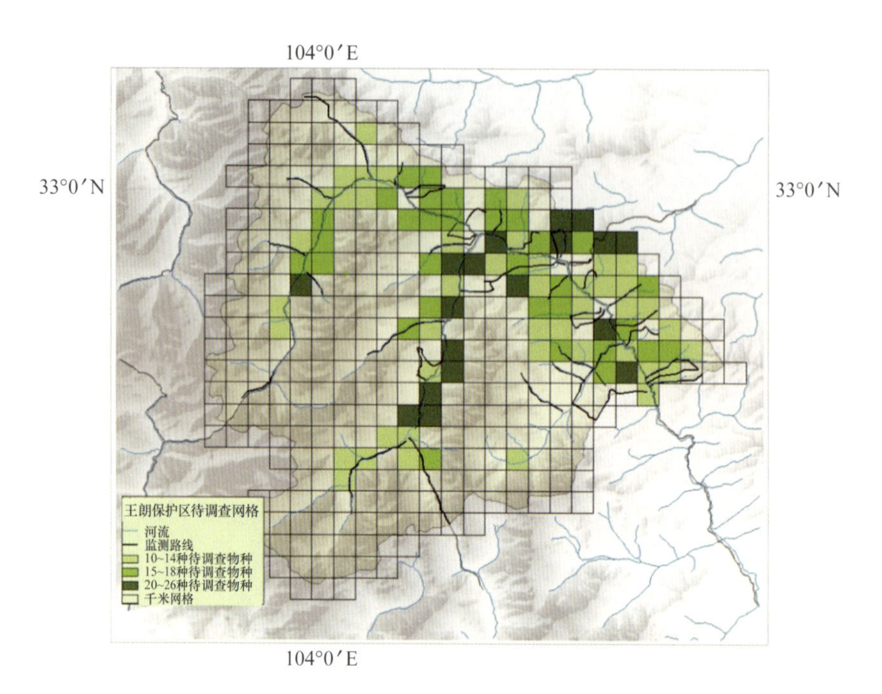

图4.8 王朗保护区保护对象分布待确认区域中的调查优先区（由该结果建议保护区优先选择在常规监测范围内的包含较多待调查物种的网格）

Maxent 模型对以上物种的模拟结果的 AUC 平均值皆在 0.9 以上，表示分类表现较好。17 个常规监测物种中，确认分布比例最高的是羚牛（48%），其次是大熊猫（30%）；林麝的确认比例最低（3%）（图 4.9）。潜在分布区和确认分布区之间的差值区域，是对象物种的分布信息空缺区域，同时也是建议保护区下一步增补调查的区域，保护区在能力范围内可以优先选择动物常规监测范围内的、包含较多信息空缺的物种的网格进行补充调查（图 4.10）。

案例 3：对潜在分布区的精度评估

针对建议加强监测和调查的潜在分布区，我们在王朗保护区进行了实地验证，看看是不是能在这些区域获得新的物种分布信息。

2017 年 5 月 8 日至 2018 年 12 月 30 日，我们在保护区的水闸沟、南沟、七坪沟等区域挑选了 20 个建议加强监测的网格（图 4.11）布设红外相机，并使用保护区在日常监测中常用的样线调查法记录沿

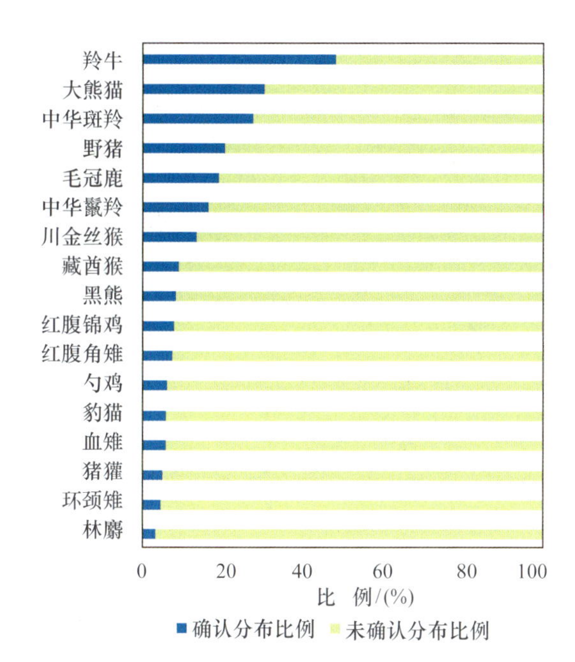

图4.9　白水江保护区主要监测对象适宜栖息地的确认分布比例

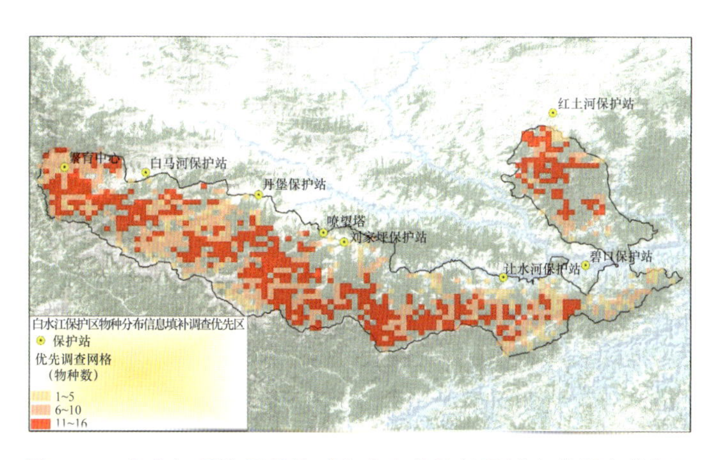

图4.10　白水江保护区保护对象分布待确认区域中的调查优先区

线的动物痕迹数据作为补充。随后将两类调查补充的已证实有分布的物种与评估结果中列举的预期有分布的物种进行对比，计算准确率。

受地形因素影响，拟验证的174号网格难以实施，实际放置红外相机的网格为19个，位于水闸沟的197号、198号和位于南沟的263

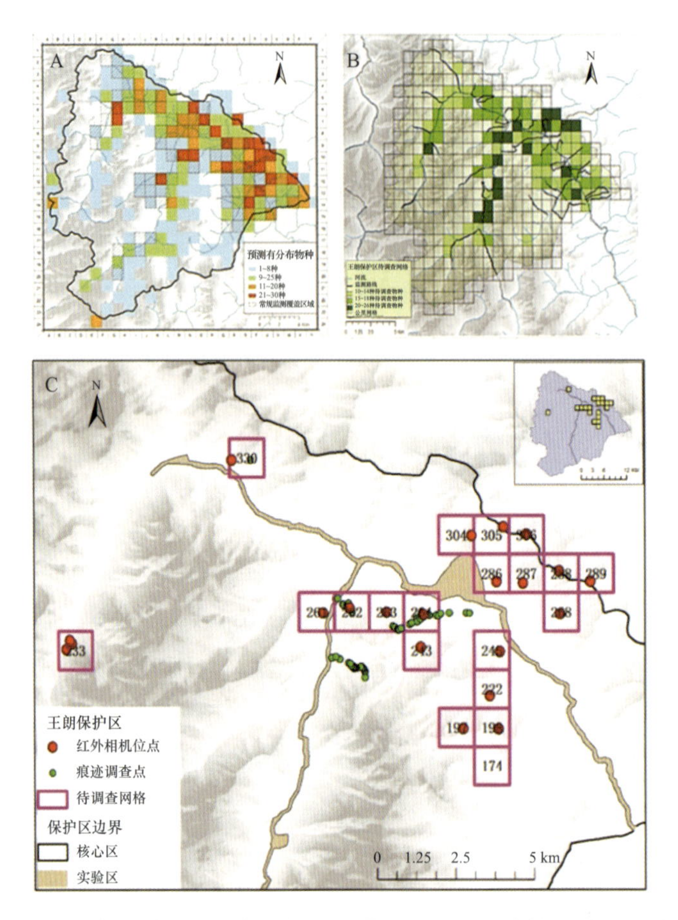

图4.11　王朗保护区常规监测物种的分布范围及建议调查的区域。A. 保护区常规监测动物潜在栖息地的叠加；B. 常规监测物种的分布调查空缺；C. 建议优先调查的20个网格

号网格内相机因泥石流导致的山体滑坡而丢失，因此最终回收了 16 个网格内共 7000 个相机工作日的有效数据。

每个物种在 1 个监测网格内，有 1 项“有 / 无”分布结果，对于我们拟补充分布信息的 22 个物种，在 16 个网格内，二者相乘，有 352 项“有 / 无”结果，在 7000 个相机日和相关的路线调查中，共得到了 124 项“有”的分布记录和 228 项“无”的分布记录（表 4.19）。

根据模型预测，其中将监测到 239 个“有”分布记录数和 113 个“无”分布记录数。对于同一物种，在 1 个网格中，只要记录到有该

表 4.19　对建议王朗保护区补充调查的网格的实际调查结果

监测	模型预测		
	有分布（观察值 / 理论值）	无分布（观察值 / 理论值）	小计
有分布	94 / 84.2	30 / 39.8	124
未发现分布	145 / 154.8	83 / 73.2	228
小计	239	113	352

物种分布，无论记录到 1 次还是多次，记录数都为 1 项；如果在监测期间，在该网格上没有记录到该物种，则记录为“无”，记录数也为 1 项。若预测是有效的，将应该在预测为“有”的网格中，观察到比理论值更高的“实际有”结果，理论值的计算为总记录数（352 项）中按照“预测有”所占比例（239/352=67.9%）与“实际有”所占比例（124/352=35.2%）随机组合出的记录数，即 84.2，实际观察值是 94，比理论值高出 12%；在预测为“无”的网格中，观察到比理论值更高的“实际无”结果，实际观察值为 83，高于理论值 73.2，说明预测是有效的。

由于调查设备和调查强度等限制，得到的“调查无”的结果并不等同于“分布无”，很多有分布的情况，也会得到“调查无”的假阴性结果。因此对于“预测有”而“调查无”，实际上应该有一部分是有保护对象分布的，因此，上述分析实际上低估了预测实际的有效性。

此外，在新增的监测网格中，还记录到 22 个目标物种之外的 6 个物种，每个物种被记录到的网格数分别是：赤狐 1 个网格、黄鼬 5 个网格、小麂 3 个网格、勺鸡 1 个网格、红腹锦鸡 1 个网格和红喉雉鹑 5 个网格。

可以看到，在整理和分析已有的物种分布数据基础上，使用分布预测模型，并根据预测结果有目标地调整监测方案，在获得新分布信息和填补信息空白上，是很有效的。

物种分布预测模型的准确度随着输入分布点数量的增加而增加，因此当保护区在监测或调查中获得更多的目标物种分布点后，对目标物种的分布预测也会更为准确，相应的，评估结果将更为准确，基于评估结果给出的建议质量也会更好。

此外，在评估初期发现，有不少名录中的高山物种只有很少的分布记录，或者没有分布记录，因此无法绘制出分布图。在保护区当时的监测设计中这些区域都是没有覆盖的，因此我们建议保护区加强对高山区域的调查。保护区于2016—2017年着手在这些区域设置红外相机开展调查，结果新增了14个物种（含8种鸟类，6种兽类）的分布记录，更新了保护区的物种名录。

4.3.3 有种群数量的物种数

目标物种因保护不足而趋向灭绝，或因保护有效而有所恢复，直接会在种群数量上表现出来，因此对目标物种的种群数量及变化趋势进行监测非常重要。

如果目标物种的种群数量过低，低于最小存活种群的规模，那么就需要采取非常积极，甚至是超出常规的保护力度来加以挽救；若种群数量持续恢复，没有灭绝的风险，则可持续监测；若种群数量的增加已经导致或将要加剧与当地人的冲突，则需要积极寻找缓解的办法；若种群数量已经临近环境容量，并将因此导致大规模的流行病暴发，或大面积栖息地破坏，为规避这些不利情况，则应积极采取管控种群规模的措施。

监测并掌握目标物种的种群数量，是比了解其分布更为困难的工作，很多保护区都只有最主要的1种，或少数几种目标物种种群数量的可用数据。统计不同时间点上保护区所掌握的物种种群数量信息，可以帮助我们评估保护区在这方面工作所取得的成效。

指标编号	S2-213
指标	数量：能够估出数量的物种数增加
所属类别	S2 状态 2：物种多样性的维持和改善
有效性说明	能够估出数量的物种数增加
数据	物种长期 / 常规监测数据集，巡护数据集，物种专项调查数据集
方法	统计保护区掌握种群数量或密度的物种数

案例 1：王朗保护区

截至 2016 年，保护区能够估计出种群数量的物种仅有大熊猫 1 种（表 4.20），其余物种尚未进行种群数量调查。

表 4.20　王朗保护区内大熊猫种群数量估算　单位 / 只

数据来源	数据公布时间				
	1988	2003	2006	2015	2016
全国大熊猫调查	27		27	28	
基于粪便咬节法		25			
基于遗传学分析			66		33

案例 2：白水江保护区

截至 2017 年，保护区曾经做过种群数量估计的物种包括大熊猫（6 次数量调查）、金丝猴（1 次数量估算）、藏酋猴（1 次数量估算）、羚牛（1 次种群密度估算）、豹猫（1 次数量估算）5 种（甘肃白水江国家级自然保护区管理局，1997）。其中，大熊猫每隔 10 年都要进行一次普查，有数量结果的调查为 1974—1976 年（第一次调查）、1982—1984 年（第二次调查）、1987 年（大熊猫专项调查）、1992—1995 年（综合科考）、1999—2003 年（第三次调查）、2011—2014 年（第四次调查）。其他物种如金丝猴、藏酋猴、羚牛、豹猫都是综合科考时进行过数量估算，但在之前或之后都没有进行全面调查（图 4.12）。

大熊猫：对大熊猫的种群数量调查次数最多，其历史的种群数量记录最早可追溯到 1975 年的调查（保护区建区前），最近一次为 2014 年，调查结果为 110 只。

金丝猴：保护区 1992—1995 年综合科考期间综合了目击记录、社区访问、实地调查以及文献资料分析等调查方法，将保护区内的金丝猴分为 13 个大群和若干个小群，估算出种群数量为（794±288）只，调查精度约为 63.74%。

藏酋猴：1992—1995 综合科考期间，结合实地观察与社区访谈等方法对藏酋猴种群数量做了估算，将其分为 10 个大群，数量为（423±108）只，调查精度约为 74.36%。

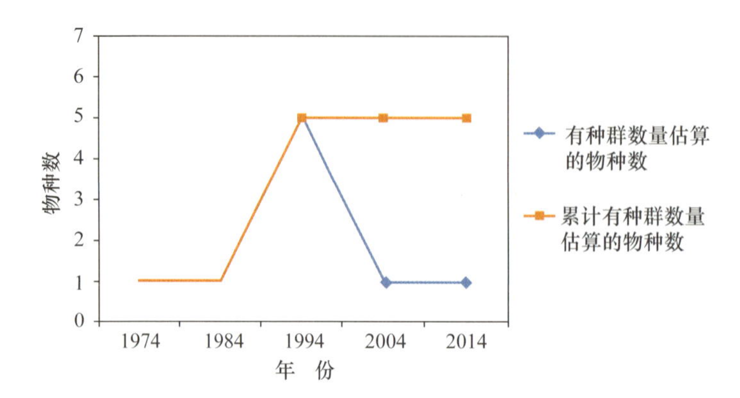

图4.12 1974—2014年白水江保护区有种群数量估算的物种数

羚牛：1992—1995 年综合科考期间，采用截线法对全区的羚牛密度进行估算，估计保护区内羚牛平均密度为 0.8327 只 /km^2，种群数量为（1179±304）只，调查精度约为 72.24%。

豹猫：1992—1995 年综合科考期间，采用逆向截线法以粪堆数间接代替实体对保护区内豹猫数量进行估算，估计保护区内豹猫平均密度为（0.422±0.036）只 /km^2，种群数量为（902±77）只，调查精度约为 91.6%。

4.3.4 有栖息地分析的物种数

栖息地从字面意义上即为生物栖居生息的空间。我们通常会用栖息地质量来对物种的栖息地进一步分类，生存在高质量栖息地中的个体，通常意味着能获得更好的食物，低死亡风险，高生育机会，体现在种群层次上，则会表现出正增长率。每个物种对栖息地的偏好各不相同，有些物种偏好森林，有些偏好草地，有些偏好湿地，有些则适应于多种植被类型。然而，构成栖息地的并不只有植被类型，还包括海拔、地形、水源状况、隐蔽条件、食物和天敌状况、生殖资源，以及人类的干扰等。因此，每个物种的栖息地分析都应独立开展。

当前物种多样性丧失的最主要原因包括生境的丧失或人为破坏，对受威胁的野生动物的栖息地评价是分析物种生存现状、种群稳定性的重要手段，同时也能够为制定保护策略提供依据（欧阳志云 等，2001）。

具体到保护成效评估上，包括目标物种的栖息地面积是否总体保持稳定或有增加，空间格局是否向有利的方向变化，栖息地质量由低级向高级提升的面积，以及所改变的区域是否有助于栖息地斑块的连接、边缘效应的降低或斑块形状的改善等。除了直接作用于物种本身的保护行动外，大部分恢复物种种群的保护行动都是通过提高栖息地面积和质量来实现的，因此，每个目标物种理论上都应该进行栖息地分析，并在此基础上制订保护行动计划。

从保护区管理角度，有多少目标物种进行了栖息地分析，监测中收集的数据能支持多少个物种的栖息地分析，都可以客观地反映出保护区在物种管理上能够达到的水平，因此，进行了栖息地分析的物种数可以作为一项评估保护区成效的指标。

指标编号	S2-214
指标	栖息地状况：能够进行栖息地分析和质量评价的物种数增加
所属类别	S2 状态 2：物种多样性的维持和改善
有效性说明	能够进行栖息地分析和质量评价的物种数增加
数据	物种长期 / 常规监测数据集，巡护数据集，物种专项调查数据集
方法	统计保护区能够分析栖息地质量变化的物种数

案例：王朗保护区

在王朗保护区的日常监测中，当遇到目标物种痕迹时，会要求填写一张生境表，要填写记录的内容包括痕迹所处的位置（经纬度）、海拔高度、地形、坡位、坡度，以及与植被相关的植被类型，乔木、灌木、竹林的相关数据，人类干扰数据，其他动物痕迹等数十项。该表格的设计就是为了对目标物种的栖息地选择进行统计分析的。通常，对每一个目标物种，都要填写一定数量的生境表，并且这些生境表所记录的位置应尽量覆盖该物种的各种可生存环境，这样通过分析，就可以较好地理解该物种的生境需求。

截至 2016 年，保护区内有生境记录的物种有 50 种，超过 50 张生境表的物种有 14 种，其中保护动物有 11 种（表 4.21），这些物种都可以进行栖息地选择分析以及进一步的栖息地质量评价。

表 4.21 可进行栖息地分析的物种名录

物种	拉丁名	保护级别	生境表数量 / 张
大熊猫	*Ailuropoda melanoleuca*	I	1838
扭角羚	*Budorcas taxicolor*	I	1091
野猪	*Sus scrofa*		634
斑羚	*Naemorhedus goral*	II	547
鬣羚	*Capricornis summabraensis*	II	376
豹猫	*Felis bengalensis*		332
血雉	*Ithaginis cruentus*	II	304
川金丝猴 *	*Rhinopithecus roxellarae*	I	254
黑熊	*Selenarctos thiberanus*	II	193
蓝马鸡	*Crossoptilon auritum*	II	184
林麝	*Moschus berzovskii*	I	170
岩羊	*Pseudois nayaur*	II	141
复齿鼯鼠	*Trogopterus xanthipes*		110
毛冠鹿	*Elaphodus cephalophus*	II	93

* 注：金丝猴的痕迹可能与鼯鼠的痕迹有混淆，需要进一步甄别确认。

4.3.5 掌握种群动态变化的物种数

有足够面积、良好质量的栖息地是物种种群数量恢复的基础，然而，种群数量的增加并不总会与栖息地的改善一起发生，有时是因为时滞，有时则是因为其他外部因素，例如，突然暴发的传染病、极端的天气变化、突发的自然灾害等，当然，也有很多来自人类的因素，例如，污染、偷猎、过度采集等。

有效的保护应该防止目标物种的种群数量的非自然原因下降，即对负面人类影响加以管控；在目标物种种群出现因自然原因下降时，能予以帮助以防止数量下降到危险程度。

因此，保护区监测目标物种的种群数量，并掌握其变化趋势，能够反映保护区的保护成效。除少数物种外，对大部分目标物种而言，进行数量估计是一项非常困难的工作，工作量大，资源需求量高，而且反映结果误差的置信区间往往也相当宽，因此，相当多的保护区都没有掌握太多物种种群绝对数量，而是通过痕迹遇见率分析，或通过由占域模型的占有率分析来间接估计物种种群数量和分布区的变化。我们将做过这种物种种群数量随时间变化的分析作为保护区成效指标。

指标编号	S2-215
指标	动态：掌握种群动态变化的物种数增加
所属类别	S2 状态 2：物种多样性的维持和改善
有效性说明	掌握种群动态变化的物种数增加
数据	物种长期 / 常规监测数据集，巡护数据集，物种专项调查数据集
方法	统计保护区了解种群动态（数量、结构变化等）的物种数

案例 1：王朗保护区

王朗保护区对大熊猫种群数量的最早记录为 20 世纪 80 年代全国第二次大熊猫调查结果（27 只），随后全国第三次、第四次大熊猫调查分别得出 27 只和 28 只的结果，从该数据来看，保护区内大熊猫种群数量虽无明显上升，但总体保持稳定。数据详见表 4.20。

目前王朗保护区关注了种群数量与动态变化的物种有大熊猫 1 种，其余物种的种群动态尚未进行详细的总结和分析。

案例 2：白水江保护区

目前白水江保护区掌握了种群数量变化的物种也只有大熊猫 1 种，其余物种尚未开展两次或以上的种群数量调查，种群动态变化不明。

（1）使用痕迹遇见率反映物种种群动态的物种数。

在假设调查努力每年都相同的情况下，通过对不同年份保护区固定样线上的物种痕迹遇见率的比较，可以粗略反映样线范围内相应物种的消减动态，保护区自 2014 年重新设计了固定样线后，对比 15 种监测常见种 2015—2017 年的痕迹遇见率，结果显示，在固定样线范围内，羚牛的痕迹遇见率逐年降低、大熊猫的痕迹遇见率 2015 年后有所降低，其余物种呈现出不同的波动趋势（图 4.13）。在 2017 年，使用痕迹遇见率反映物种种群动态的物种数有 15 种。

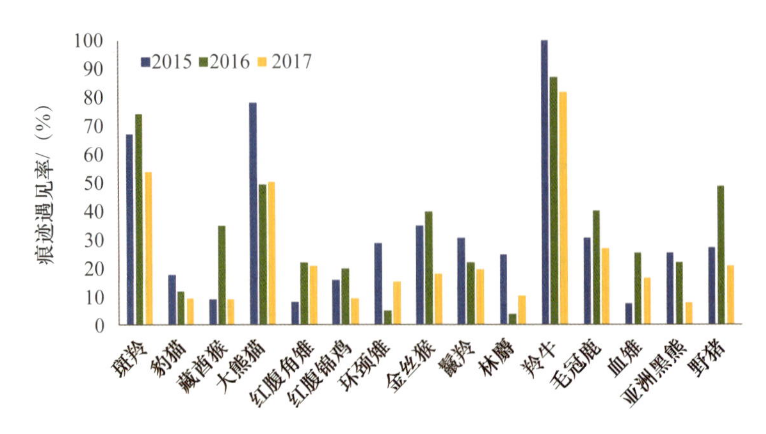

图4.13　白水江保护区2015—2017年间在监测样线上的主要物种平均痕迹遇见率变化（以三年间出现过该物种痕迹的样线数为基准值做平均）

（2）用占域模型估计物种种群动态的物种数。

我们尝试选择大熊猫、羚牛、斑羚、野猪、毛冠鹿这5个白水江保护区常规监测数据量最多的物种进行占有率分析，分别运用单季节单物种占域模型来分析这5个物种在2006—2007年、2015—2016年近10年跨度的两个时段内的占有率（对栖息地的空间利用）情况。并将通过调查数据得到的朴素占有率和通过占域模型分析得到的物种在保护区内的空间占有率进行直观对比，尝试探讨这10年间这5个物种的栖息地利用率的变化趋势（表4.22）。

从直观对比结果来看，大熊猫、羚牛、斑羚、野猪、毛冠鹿的朴素占有率在这10年间均增大。占有率模型估计的大熊猫、野猪、毛冠鹿的栖息地利用率均有所增大，羚牛的栖息地利用率基本保持不变，而斑羚的栖息地利用率却有所减少。

我们将模型的分析结果与保护区科研监测人员交流，并与他们的实地观测经验对比。结果发现：保护区内观测到大熊猫适宜栖息地范围有所增加，原因可能为2010年后保护区与当地社区人员签订保护协议，人为干扰减少，同时2014年后常规监测范围有所增加，可能导致更多的大熊猫分布区被发现，因此，模型结果中大熊猫栖息地利用率的增大并不一定代表大熊猫实际分布的增多。

羚牛在2006—2007年受到较多人为干扰，如偷猎。2010年签订保护协议后，人为干扰减少，羚牛分布应该增多，种群数量也有所增加。据监测人员描述，"从红外相机中也能经常看到幼崽"。在保护区当地人员的直观感受下，斑羚和毛冠鹿的分布没有明显变化。而感觉野猪是明显增加了，与模型结果相符。通过占域模型对监测数据进行分析得到的定量化结果与保护区监测人员的实地观测经验相结合，或许可以为物种在保护区内的栖息地利用变化动态提供更完善的信息。

表4.22　白水江保护区重点保护物种的朴素占有率和栖息地利用率10年间变化情况

常见物种	朴素占有率		栖息地利用率[a]	
	2006—2007年	2015—2016年	2006—2007年	2015—2016年
大熊猫	0.15	0.43	0.21±0.26	0.50±0.24
羚牛	0.43	0.50	0.60±0.44	0.61±0.28
斑羚	0.17	0.25	0.54±0.50	0.30±0.20
野猪	0.18	0.41	0.36±0.50	0.75±0.31
毛冠鹿	0.18	0.39	0.27±0.30	0.65±0.35

注：a. 在95%置信区间下估计的栖息地利用率。

案例3：纳板河保护区

纳板河保护区对区内的目标物种做过多次调查。从2009年至2017年，保护区实现了对固定样地内的植物进行两年一次的数量统计，部分样方中的植物数量统计更是始于2001年；对森林鸟类物种曾连续3年开展专项监测，但无种群数量或密度统计；兽类物种除印度野牛曾通过社区访谈预估种群数量外（数量为30～50头），其余物种尚未进行种群数量或相对密度的估算。

根据纳板河保护区编制的《纳板河生物多样性报告2014》，2011—2013年，保护区曾连续三年开展春季森林鸟类监测，春季19种繁殖鸟目击频次如表4.23所示。调查中共记录鸟类147种，隶属11目40科，4216只次。记录数量最多的鸟是蓝喉拟啄木鸟，共记录285只次；其次为栗耳凤鹛，281只次。

表4.23 2011—2013年春季19种繁殖鸟目击频次 单位：只次

重要物种	保护级别	2011年	2012年	2013年	合计
凤头蜂鹰	Ⅱ，V			`2	2
蛇雕	Ⅱ，V	2			2
原鸡	Ⅱ，V	25	18	12	55
灰孔雀雉	Ⅰ，CⅡ，R	1	3		4
绿脚山鹧鸪	VU，R			4	4
绿翅金鸠	V	1	3	1	5
山皇鸠	Ⅱ，V	1	1	1	3
针尾绿鸠	Ⅱ		2	1	3
楔尾绿鸠	Ⅱ	2		1	3
灰头鹦鹉	Ⅱ，CⅡ	1			1
小鸦鹃	Ⅱ	4		1	5
褐翅鸦鹃	Ⅱ	40	13	15	68
领鸺鹠	Ⅱ	4			4
斑头鸺鹠	Ⅱ	1	9	21	31
小盘尾	R	4	1	5	10
大盘尾	R		3		3
银胸丝冠鸟	Ⅱ		7	3	10
长尾阔嘴鸟	Ⅱ	3		2	5
银耳相思鸟	CⅡ	0	0	3	3

注：Ⅰ，Ⅰ级保护动物；Ⅱ＝Ⅱ级重点保护动物（依据《国家重点保护野生动物名录》）。CⅠ，CITES附录Ⅰ；CⅡ，CITES附录Ⅱ（依据《濒危野生动植物种国际贸易公约2010》）。CR，极危；EN，濒危；VU，易危（依据《IUCN红色名录》）。R，稀有；V，易危（依据《中国濒危动物红皮书》）。

4.3.6 目标物种的分布面积

前述物种层次的状态指标都是以物种为计数单位，统计总体上拥有相关支持保护信息的物种的种数。接下来的几项指标则是与要保护的目标物种直接相关的。若保护区采取的行动针对多个保护物种，为提高对这些物种的保护成效，每个物种应该被分别评估，即每个物种都会有一个或多个模块的评估结果。

目前设置的指标包括分布区面积、种群数量、栖息地质量和关键栖息地四项，识别出关键栖息地予以有效保护，栖息地质量有所提高，以及相继发生的种群数量增加和分布区面积增加，都是目标物种得到有效保护的途径和可观测到的表现，尽管不总是能被同时观测到，因这些指标间存在内在联系，观测到其中某项指标的变化也有较好的说明意义。

目标物种的分布区面积减少是物种种群数量减少和收缩，乃至发生局部灭绝或灭绝的表现特征之一；反之，物种生存状态改善，也体现在分布区有所扩展上。对于需要管控的物种，例如，入侵物种以及会引起严重人和野生动物冲突的物种，如棕熊、野猪。当没有灭绝方面的担忧时，这些物种由于种群数量增加，其分布区也会向人居方向扩张，因而需要监测和采取必要措施。

指标编号	S2-221
指标	分布区面积增加：对应关键保护对象分布扩展
所属类别	S2 状态 2：物种多样性的维持和改善
有效性说明	对应关键保护对象分布扩展
数据	物种常规监测数据集，巡护数据集，重点保护对象专项监测（含痕迹、红外相机、种群数量、行为学监测等），关键栖息地调查数据
方法	收集物种常规监测数据；收集巡护数据；重点保护对象专项监测（含痕迹、红外相机、种群数量、行为学监测等）；关键栖息地数据调查

最直接评估分布区面积变化的方法就是将评估前评估期末两个时间点上目标物种的分布图在空间上叠加，叠加结果有四种可能：① 前后均有分布；② 评估前无分布，评估期末有分布，即目标物种的分布扩展到了这类区域；③ 评估前有分布，评估期末无分布，即目标物种的分布从这类区域消失；④ 评估前和评估期末均无分布。当其中②与③的和为正数时，分布面积增加，反之则减少。生物的分布区范围是动态变化的，分布区有增减也属正常，仅当减幅超过了正常波动幅度，以及减少的区域是由于保护力度不足所致，才需要特别关注。

然而，物种分布信息存在空缺的状况普遍存在，个别受关注的物种可能有稍好的分布数据，但大多数目标物种的分布数据都很不完整，这样的状况普遍存在于很多保护区中，为改善这种状况，评估并填补分布信息空缺应该一直放在保护区的管理计划中，直到这种情况消失。

此外，监测和调查中固有的误差也影响分布图的绘制。监测中，大部分数据是“有”数据，即监测到某地点有目标物种的分布，只要不出现认错物种或认错物种痕迹的情况，这些监测到的“有”数据就可以反映物种的真实分布。当在同一区域长期未监测到目标物种，或该区域主要的栖息地类型不符合目标物种长期生存时，会归类为分布的“无”数据，这实际是一种接近真“无”的“准无”数据。自然界总会给我们带来很多的意外，以大熊猫为例，按照常识，湖泊水库等大面积水体不适合大熊猫生存，然而实际上，白水江保护区确有观察到大熊猫游过水库的情况，这类事件，都会给确定“有”还是“无”带来很大的困惑。因此，在“无”的定义中，需加上一些前提限制条件，而这些条件则因后续分析的目的和对误差的要求而不同。

在评估中，使用物种分布预测模型和占域模型等方法进行分析，然后分别提取分布区和栖息地等指标。

案例 1：王朗保护区

王朗保护区自 1997 年开展针对大熊猫及大熊猫栖息地内其他物种的常规监测，至 2016 年，累计获得有效分布点达 1846 个，生境表 2043 张，王朗保护区的大熊猫主要分布在保护区东北部海拔较低的区域，海拔范围从 2400 m 到 3370 m 均有记录，平均分布海拔为 2840 m。

以 2008 年保护区内放牧干扰的增加为对比节点（Li et al., 2017），对 2002—2006 年和 2012—2015 年间隔 10 年的两个时段大熊猫在保护区内的栖息地范围进行分析，采用了 Maxent 模型，并在环境参数中额外增加了两个时段的人为干扰，增加的干扰因素为保护区的巡护数据集所记录的相应时段的人为干扰，包括放牧、非法采集、盗伐等，其中放牧占干扰数据的 80%。

首先，分析了大熊猫栖息地的监测覆盖。大熊猫监测初期，监测区域比较少而集中。很多大熊猫保护区的监测在初期都有这样的特征，随后经过若干年积累，监测范围会越来越接近大熊猫实际分布范围。在这个过程中，使用物种分布预测模型，例如，Maxent 可以提供很好的帮助，缩短接近实际分布范围的时间。累计到 2016 年，王朗保护区已确认的熊猫分布区占 108 个千米网格，利用 Maxent 预测潜在的大熊猫适宜栖息地（二值化后）约占 120 个千米网格（图 4.14），保护区的监测工作至少能够覆盖 90% 的大熊猫栖息地。保护区对大熊猫栖息地的监测覆盖率随年份波动，2004 年最高，反映出当年的调查努力最大。2012 年后，累计确认分布范围的曲线趋于饱和，近年来没有新增的确认分布区。

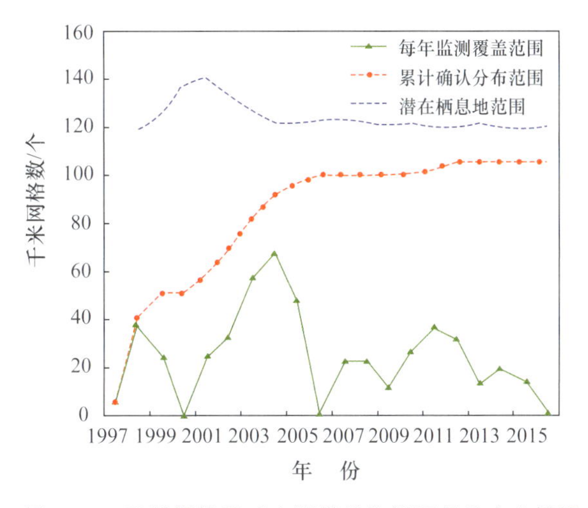

图4.14　王朗保护区对大熊猫的监测覆盖及变化情况

其次，通过实地调查确认了大熊猫分布区的变化，结果显示，曾经确认有大熊猫分布的栖息地网格内有部分区域较长时间未记录到大熊猫的分布迹象（包括痕迹调查、直接观测等），如竹根岔白沙侧沟、竹根岔主沟与二支沟交汇处附近、葫芦沟、小牧羊场沟等地，已 10 余年未记录到大熊猫的活动痕迹；七坪沟、井口沟、长白沟右四支沟等地，近 10 年来也鲜有大熊猫活动记录（图 4.15）。为进一步确认大熊猫痕迹的消失是由于调查努力不足，还是栖息地的实际减少所致，建议对以上区域开展专项监测。若监测结果证实是实际栖息地质量下降，或已经转为非栖息地，则应当查明原因并及时采取应对措施。

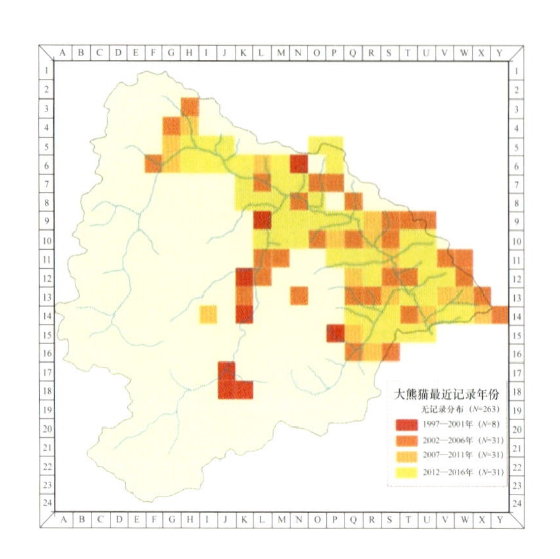

图4.15　截至2016年，在已知大熊猫栖息地范围内最后监测记录到大熊猫的年份

至于保护区范围内大熊猫栖息地面积的变化，调查结果显示，近年来大熊猫栖息地范围收缩明显。相比 2006 年以前，2012 年后大熊猫栖息地面积下降了 30% 以上，且集中在低海拔及河谷地带（图 4.16）。对 2012—2015 年大熊猫栖息地预测结果贡献率最高的三个变量分别是干扰、BIO06（最冷月最低温）、到公路距离，说明以放牧为主的人为干扰对近年来低海拔大熊猫栖息地的退化存在影响。

综合以上分析，我们认为大熊猫分布区面积并无增加，与之相反，大熊猫在王朗保护区的分布范围有所减少，特别是在低海拔河谷区。

案例 2：白水江保护区

2008 年的汶川地震对岷山、邛崃山的大熊猫栖息地影响比较大，加之 2008 年后，白水江保护区内放牧情况有所加重，故将 2008 年作为一个时间分界点来分析在此前后大熊猫分布区和栖息地的变化。

除了使用了与王朗保护区类似的以 Maxent 模型为主的分析外，由于白水江保护区在 2006—2007 年、2015—2016 年两个时段的大熊猫专项调查中获取的监测路径信息比较全，可转化为“有一无”（presence-absence）数据，我们尝试对以上两个时段利用占域模型来分析大熊猫的空间占域变化。

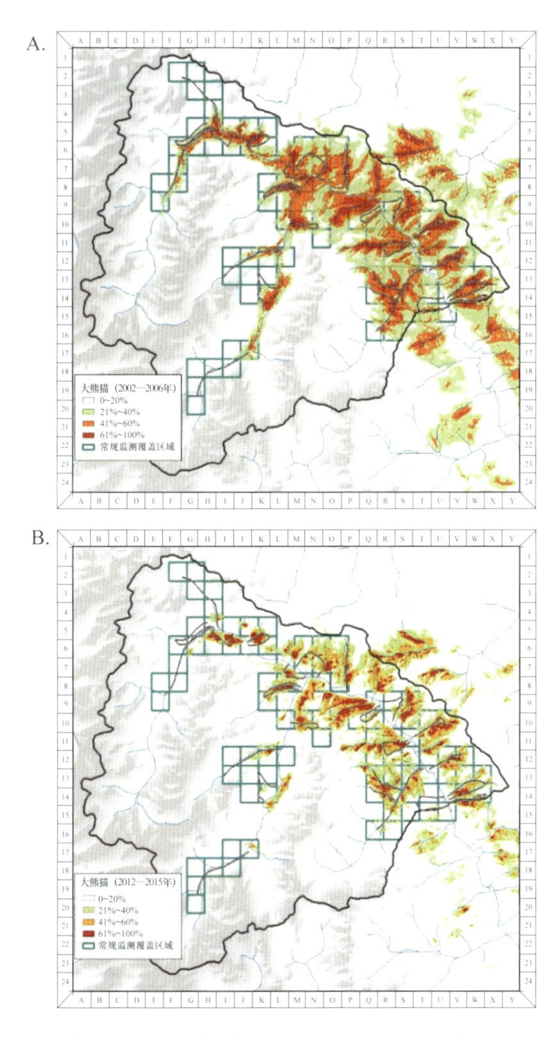

图4.16　大熊猫栖息地范围随时相变化。A. 2002—2006年；B. 2012—2015年

2006—2010 年间的调查包括 42 条样线，每季度的调查结果算一次重复，共 5 次重复；2015—2016 年的调查包括 85 条样线，每条样线长度 2 ～ 7 km 不等，总计 200 km，共 7 次重复（图 4.17）。在分析时，将调查样线分段，重采样至 1 km×1 km 调查单元。2006—2007 年共 117 个 1 km^2 网格，2015—2016 年共 119 个 1 km^2 网格，每次调查“有”计为 1，“无”计为 0。

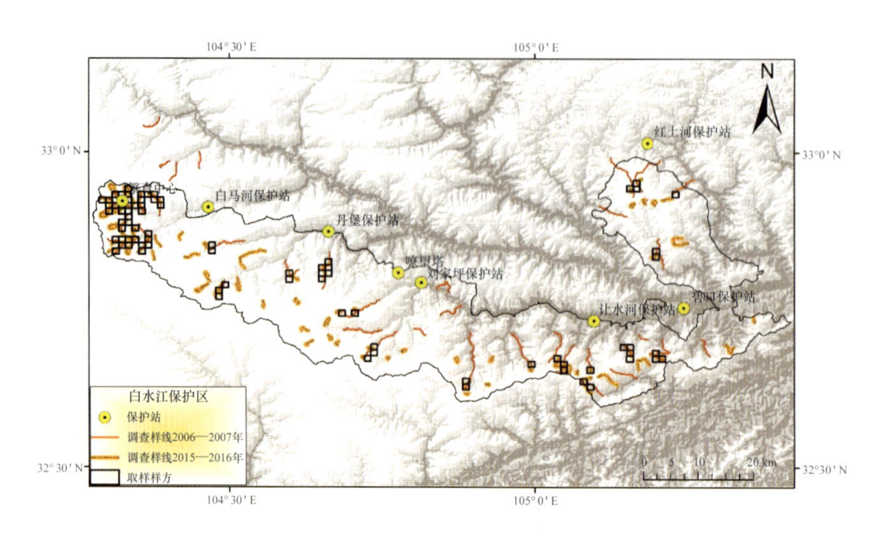

图4.17　白水江保护区大熊猫调查样线与样方

对两个时段构建单物种单季节占域模型，从调查季节、所属片区、生境和干扰中选择探测变量建立模型，并分析这些变量对占域和探测概率的影响。考虑到调查发生的季度可能也会影响探测结果，因此将季节也作为探测变量，假如季节影响并不显著，会在分析结果中体现；不同地段实施调查的人员来自不同的保护站，也可能会对探测结果造成影响，因此将实施调查的片区视作一个探测变量；选择的大熊猫的生境因子一般分为环境因素、食物因素、植被因素和干扰因素四类，参照对大熊猫生境分析的结果，结合常规监测数据集中的已有信息，提取了九个占域协变量：海拔、植被类型、坡位、森林类型（原始林、次生林）、与最近河流的距离、与最近村庄的距离、与最近道路的距离、郁闭度、是否有放牧等。

首先，看监测对区内大熊猫栖息地的覆盖。根据栖息地模型的分析结果，保护区内地理环境与大熊猫栖息地较吻合的区域约占 887 个网格，2005—2017 年期间，保护区常规监测对大熊猫栖息地的累计覆盖度逐年增加，2012 年因集中调查而大幅增加了对栖息地的覆盖，其余年份的监测覆盖范围保持稳定并呈小幅上升，已累计痕迹分布点 989 个，分属 271 个网格，占目前已确认有大熊猫分布区域的 30.6%。如图 4.18 所示。

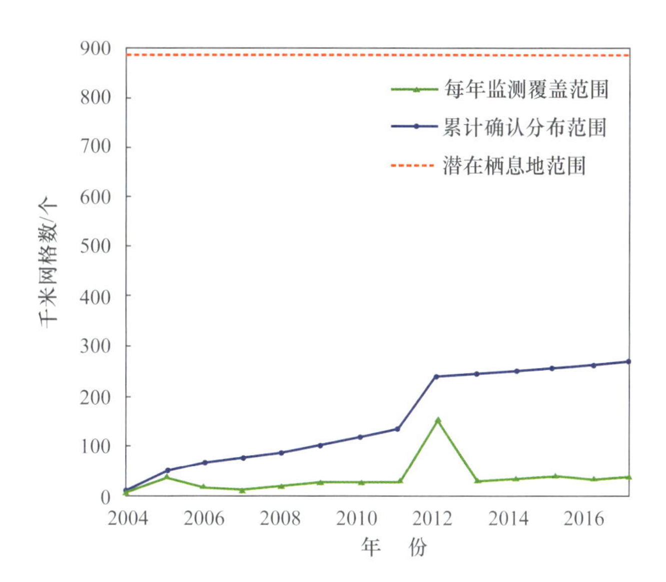

图4.18　2005—2017年白水江保护区对大熊猫的监测覆盖状况

其次，考察大熊猫分布范围的变化，图 4.19 中的不同网格颜色代表了该网格中最后一次记录到大熊猫实体或痕迹的时间，在确定的大熊猫栖息地内，有 81 个网格已经有 7 年以上没有记录到新的分布数据。

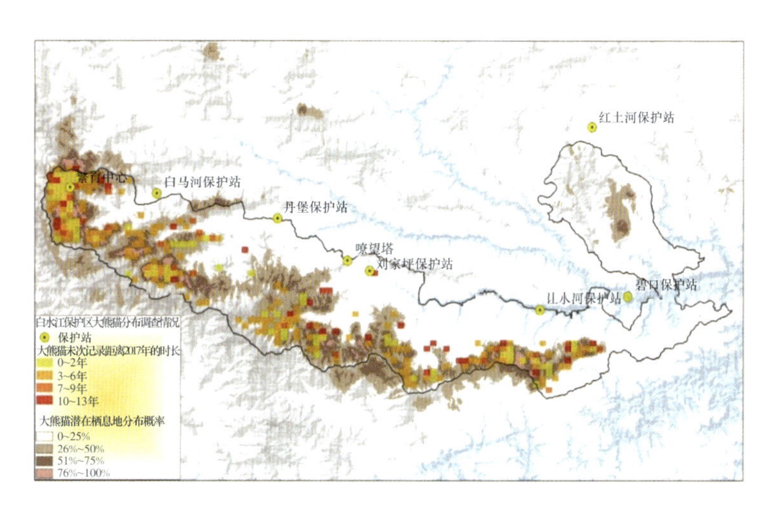

图4.19　白水江保护区大熊猫分布区调查情况。以千米网格显示大熊猫的末次遇见记录距2017年的时长，网格颜色越红，表示原本有分布的区域未监测到大熊猫痕迹的时间越长

再次，分析全区范围内大熊猫栖息地利用率的变化。在对白水江保护区 10 年前后两个时段的占域分析中，2006—2007 年时段，117 个网格中有 18 个网格调查到大熊猫分布，其余 99 个网格未调查到，占域率为 15%；在 18 个记录到大熊猫分布的网格中，一共调查了 90 网格次，其中有 28 次记录到大熊猫，探测概率为 31%；2015—2016 年时段，119 个网格中有 51 个网格调查到大熊猫分布，占域率为 43%，51 个网格的 7 次重复调查中共探测到 107 次，探测概率为 30%。

对 2006—2007 年和 2015—2016 年两个调查时段的占域结果进行分析，结果显示，显著影响大熊猫栖息地利用的因素有两个：海拔和与最近村庄的距离，海拔越高的地方大熊猫栖息地利用率越高，与最近村庄的距离越远的地方大熊猫栖息地利用率越多（图 4.20）。

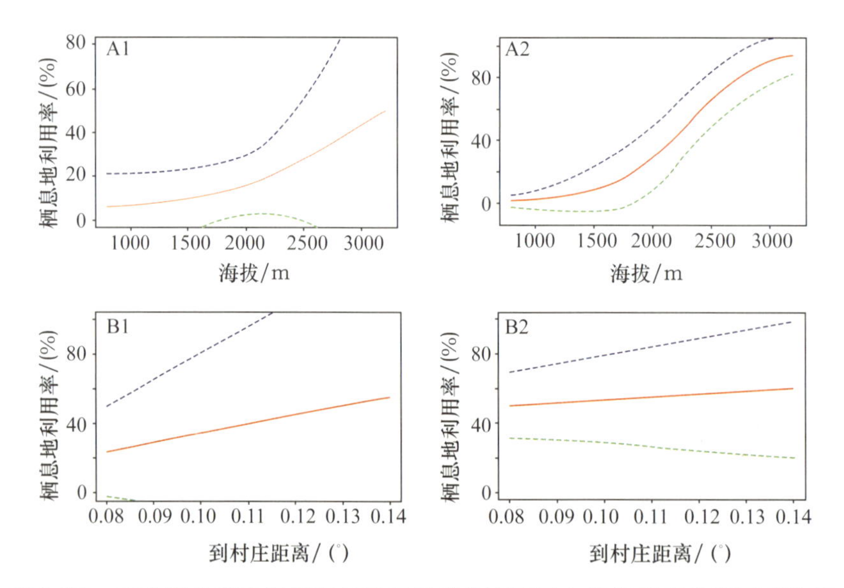

图4.20 两个评估期内海拔和与最近村庄的距离对大熊猫栖息地利用率的影响。A. 海拔，其中，A1为2006—2007年，A2为2015—2016年；B. 与最近村庄的距离，其中，B1为2006—2007年，B2为2015—2016年

分别由 2006—2007 年和 2015—2016 年的占域模型结果，建立大熊猫栖息地利用率与海拔和与最近村庄的距离两个变量间的关系，然后预测保护区范围内大熊猫对栖息地的利用情况。结果如图 4.21 所

示，大熊猫主要分布于保护区内海拔较高、与最近村庄的距离较远的西北至西南边界一带；相比2006—2007年，在2015—2016年的时间段内，大熊猫栖息地利用率增加，相应的分布范围有所扩展。

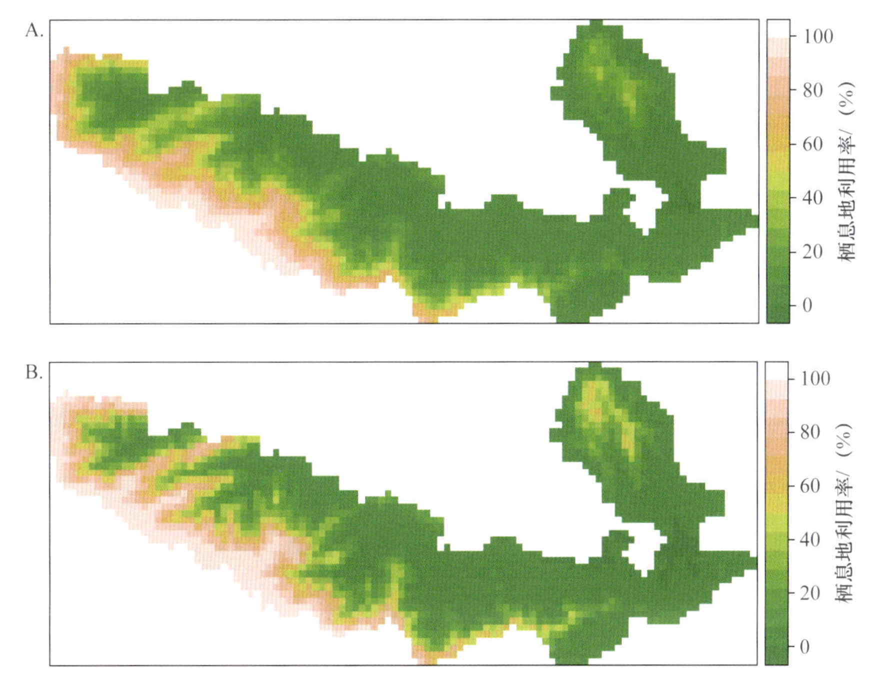

图4.21 白水江保护区内大熊猫栖息地范围及利用率。A. 2006—2007年间大熊猫栖息地利用率；B. 2015—2016年间大熊猫栖息地利用率

4.3.7 目标物种的种群数量

种群数量降低是物种发生灭绝或局部灭绝的必经阶段，若目标物种是受保护物种，则需要确保其种群数量：① 没有减少到危险的程度；② 变化趋势不再处于逐年减少中。若目标物种是需要管控的物种，例如，入侵物种，或会引起严重的人和野生动物冲突的物种，则需要确保其种群数量：① 维持在可控的范围内；② 没有出现爆发性的快速增长。在上述情形下，监测并掌握目标物种的数量是前提。

然而，对种群的绝对数量进行调查和监测，其工作难度和强度都远高于对物种分布和栖息地的调查和监测，所获得的种群数量的误差范围往往也比较高。由于工作难度大，要减少误差和获得较窄的置信区间，所付出的工作量往往会成倍增长。鉴于此，在评估和给出行动建议时，需要谨慎考虑需求和投入产出效率，避免给出不切实际的建议。

野生动物种群数量的调查方法多种多样，不同方法需要的设备、资源差别也很大，在获取绝对数量难度过大的情况下，使用能够满足对比要求的种群相对数量也是可取的，在具有类似调查误差的方法间比较，建议优先选择人力和资金花费少的。

指标编号	S2-222
指标	保护对象物种种群数量稳定或增加
所属类别	S2 状态 2：物种多样性的维持和改善
有效性说明	目标物种的种群数量稳定或增加
数据	物种常规监测数据集，巡护数据集，重点保护对象专项监测（含痕迹、红外相机、种群数量、行为学监测等），关键栖息地调查数据
方法	结合已有的种群密度或数量估计研究，分析建区后目标物种的种群数量变化

案例：王朗保护区

对于大熊猫种群数量估计有多种方法，如粪便咬节法、形态鉴定法、分子鉴定法等，所需的条件不同，获得结果的误差也不尽相同。1988 年，全国第二次大熊猫调查结果显示，王朗保护区内有 27 只大熊猫；第三次全国大熊猫调查于王朗实施时是 1998 年，后来公布的结果是 27 只（2006 年）；2003 年基于保护区的监测数据，使用粪便咬节法估计为 25 只，随后在 2006 年使用粪便遗传学分析的结果为 66 只；2015 年 4 月，国家林业局公布全国第四次大熊猫调查结果，估算王朗保护区有 28 只；2016 年基于遗传学分析的结果为 33 只（表 4.20）。其中，2006 年基于遗传学个体识别手段估计出的大熊猫种群数量，与其他年份的估计结果相比波动较大，推测与样品及分子实验过程有关。从不同分析方法得到的数据来看，王朗大熊猫种群数量无较大的年际波动，总体上得到维持。

4.3.8 目标物种的栖息地质量

栖息地是生物生存和种群繁衍的基础，当栖息地发生面积减少、质量下降、空间分布趋于破碎等不利情况时，目标物种的生存和繁衍就会面临很大的压力，保护成效无法实现。

栖息地的面积、质量和破碎化状况是进行栖息地评价时应考虑的指标。生境分析、物种分布预测模型、占域模型分析等能够进行栖息地分类和空间化的方法都可以在栖息地质量指标的评估中使用。

使用这些物种分布模型，或有空间分析能力的栖息地模型，得到的那些预测值降低或栖息地适宜度降低的区域，也可认为出现了栖息地质量下降，反之，预测值上升，或栖息地适宜度增加的区域，则可以认为出现了栖息地质量提升。

指标编号	S2-223
指标	保护对象栖息地质量保持不变或提高，对应干扰减轻
所属类别	S2 状态 2：物种多样性的维持和改善
有效性说明	目标物种栖息地质量保持不变或提高，对应干扰减轻
数据	物种常规监测数据集，巡护数据集，重点保护对象专项监测（含痕迹、红外相机、种群数量、行为学监测等），关键栖息地调查数据
方法	分析目标物种栖息地内的直接干扰，对物种的影响程度和趋势

案例：王朗保护区

（1）栖息地变化。

将监测数据与用于评估的网格连接，利用监测数据中所带的时间信息，可以得到每个网格中大熊猫痕迹出现的时间序列。若某个网格在监测早期没有大熊猫分布记录，而在后来若干年中，则一直有大熊猫分布记录，或在同等的监测强度下，记录数有明显增加，对于这样的情况，我们猜测这里出现了栖息地质量上升或有非栖息地转化为栖息地，暂时将其归类为栖息地质量增加。类似的，若某个网格在监测早期有大熊猫分布记录，而在后来若干年中，大熊猫分布记录不再出现，或有明显降低，而同期在此网格内的监测强度并无明显减少，对于这样的情况，我们猜测这里出现了栖息地质量下降或丧失，并暂时将其归类为栖息地质量下降或丧失。

对于栖息地质量增加，或栖息地新增的情况，我们统计了 1997—2014 年的监测记录，图 4.22 显示了有新记录的网格所出现的年份和数量。若我们假设，当保护区开展了多年监测，对目标物种的栖息地状况掌握得非常清楚，那么新出现的网格则很可能代表着栖息地改善。1998 年王朗进行了首次范围较大的大熊猫调查，很多有分布的网格都是那年添加的；1999—2004 年，每年新增的网格数目至少有 10 个，2004 年后逐年降低，2006 年仅新增了 1 个，我们假定此时保护区已经对大熊猫的分布有了清晰的了解，此网格数可以作为栖息地的基线了。接下去在 2007—2011 年的五年中，都没有新增大熊猫分布网格，只是在 2012 年增加了 4 个，这 4 个网格可能是栖息地质量增加的区域，当然，也不能排除 2012 年的工作强度比较大，补充了之前的数据空缺。

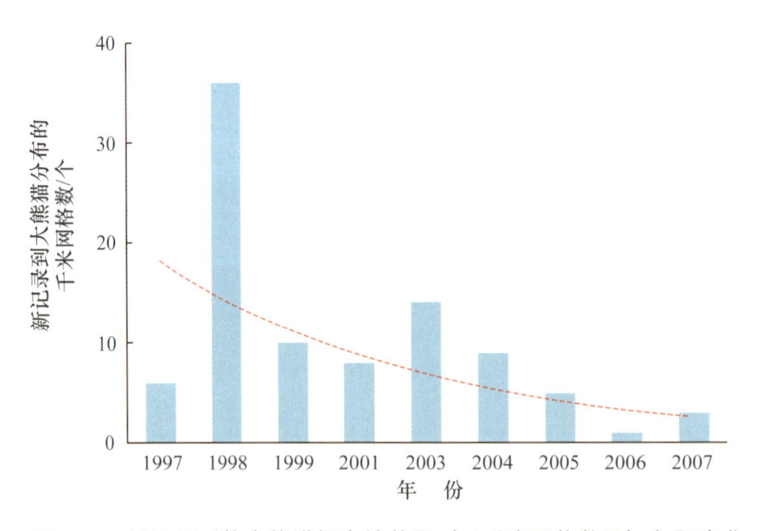

图4.22 新记录到的大熊猫栖息地范围（以千米网格数记）年际变化

然而，这种方法只能识别栖息地的潜在增加。图 4.15 显示了潜在的栖息地质量下降或减少的区域。图中斑块颜色代表了最后一次发现大熊猫痕迹的年份，年份越远，代表未检测到大熊猫在该栖息地活动痕迹的时间越长，说明这些区域的栖息地质量可能下降或已不再是栖息地。例如，竹根岔白沙侧沟、竹根岔主沟与二支沟交汇处附近、葫芦沟、小牧羊场沟等地，已10余年未记录到大熊猫活动痕迹，七坪沟、井口沟、长白沟右四支沟等地，近10年来也鲜有大熊猫活动记录。根据我们的了解，这些区域中有些确实出现了超出保护区管理能力的、原因比较复杂的人为干扰持续存在或增加的情况。

（2）栖息地内的干扰。

识别出可能发生了栖息地质量下降的区域后，接下来就可以对栖息地变化的原因进行分析。在王朗保护区，放牧强度曾一度增加，并维持在比较高的水平，导致不少大熊猫栖息地质量变差。干扰物种包括家养的牛马等，牛马与大熊猫存在食物竞争及栖息地挤占关系，其分布区与熊猫分布区存在部分重叠（图4.23），且2010年后重叠比例上升趋势明显（图4.24）；至2012年，确认有大熊猫分布的千米网格内有牛马分布的比例超过50%，且有持续上升的威胁。

李彬彬等（2017）对保护区内放牧对大熊猫栖息地的影响的研究表明，牛马较多地占用了大熊猫栖息地内的河谷地带，其中马的分布范围占据了大熊猫栖息地内69%的河谷面积，牛则占据了36%的河

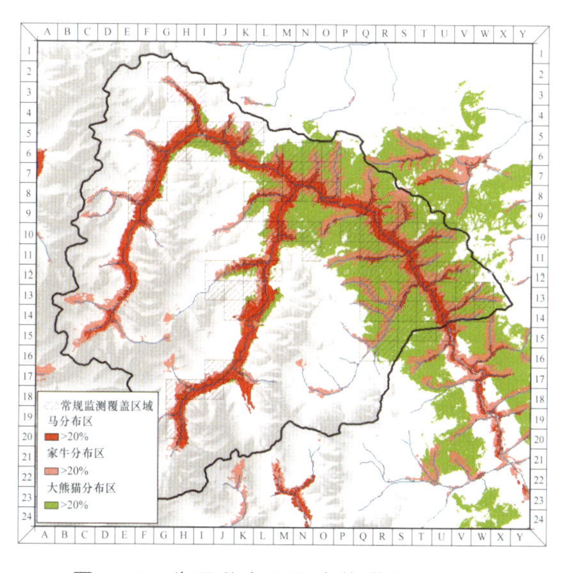

图4.23　牛马分布区与大熊猫分布区比较

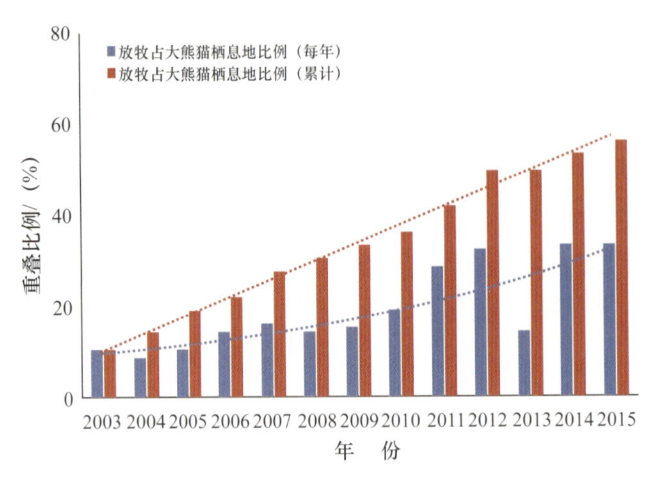

图4.24　大熊猫栖息地内牛马分布占比。该统计基于确认有大熊猫分布的千米网格内牛马分布的网格数

谷面积；对马活动范围的颈圈追踪显示，马的日常活动范围有46%落在了大熊猫栖息地内，而牛的日常活动范围则有56%落在大熊猫栖息地内。牛马在大熊猫栖息地内的活动明显引起了竹子的退化，在竹竿高度、出苗率、竹径、幼苗死亡率等方面较无放牧活动区域存在差距。

综合以上结果，我们的评估认为现存大熊猫栖息地内干扰并未减轻，干扰强度反而有所增加，这些干扰不仅挤占了大熊猫的潜在生存空间，也对其食物资源造成了负面影响。

4.3.9　目标物种的关键栖息地

生物对栖息地的利用不是均匀的，在时间上有差异，在空间上也有差异，这些差异往往与生物的需求有关。以大熊猫为例，成年大熊猫的发情交配期通常集中在晚冬到初夏这段时间，在此期间，栖息地中的一些区域特别重要，被称作发情场。大熊猫平时独居，在发情期则集中到发情场，雄性之间彼此竞争，争夺与雌性个体的交配机会。嗅味树是一种重要的交流区，大熊猫通过将腺体分泌物涂抹到树干上的方式来传递信息。另一个对种群增长很关键的时期为产仔育幼期，产仔通常在每年的七月份，接下去的几个月，大熊猫幼仔自身的防卫能力都比较弱，需要在隐蔽安全的环境渡过。对于保护区来说，在大熊猫发情期和育幼期对关键栖息地加强巡护和管控，将此期间特定区域内的人类干扰尽可能降低，对其当年种群数量增长非常关键，其成效远高于在空间和时间上无差别的巡护。

对目标物种的关键栖息地是否了解，是制定更有成效的保护行动的基础，因此，我们将这项指标纳入对目标物种有效保护的评估中。

指标编号	S2-224
指标	关键栖息地（发情场、育幼场）被正确识别
所属类别	S2 状态 2：物种多样性的维持和改善
有效性说明	目标物种的关键栖息地（发情场、育幼场）被正确识别
数据	物种常规监测数据集，巡护数据集，重点保护对象专项监测（含痕迹、红外相机、种群数量、行为学监测等），关键栖息地调查数据
方法	结合物种习性，对其关键栖息地进行预测，并结合实地调查结果标出关键栖息地范围

案例：王朗保护区

王朗保护区自 2004 年开展了确定大熊猫发情期和在保护区寻找嗅味树的工作，已经在葫芦沟、竹根岔、南沟、长白沟右二支沟、水闸沟等地发现并定位了数十棵嗅味树，并通过在嗅味树旁边设置红外相机等方式对其做进一步确认。嗅味树在保护区内的分布如图 4.25 所示。

大约在同期，保护区开展了产仔场所的搜寻，发现过几处疑似地点，但目前尚无直接证据确认，这方面的工作应该在下一步工作中加强。

4.4 评估压力的模块

评估压力的模块主要针对保护区的主要保护对象所面临的潜在威胁，包括：直接威胁，如盗猎、非法采集等对主要保护对象个体的损伤；间接威胁，如旅游、放牧、工程建设等对保护对象栖息地、生存资源等造成的影响。这部分的保护成效体现在保护威胁得到控制或对保护对象的负面影响减轻，直至保护威胁完全消除。按照保护威胁的

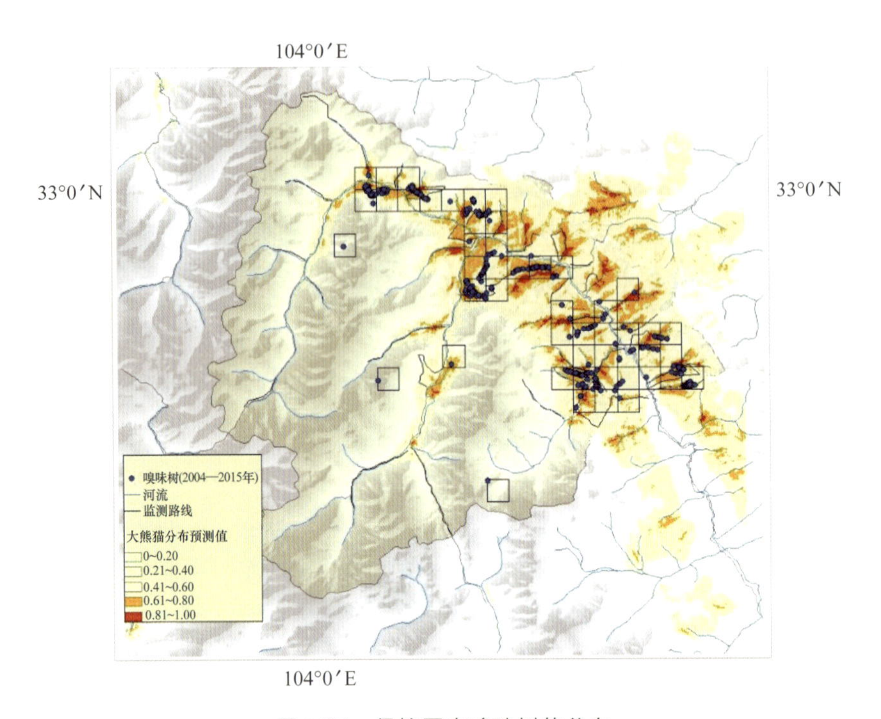

图4.25　保护区内嗅味树的分布

类别，将该模块分为人为干扰、自然灾害、外来物种入侵和气候变化4个评估对象，在保护区评估案例中，我们测试了其中的6项指标。

在测试的指标中，对人为干扰的评估基于对保护区巡护记录变化的分析和影响评估，自然灾害与外来物种入侵的评估方法基于保护区大事记、保护区对入侵物种的调查结果，气候变化的评估基于未来气候情景下对保护区的主要保护对象栖息地影响的预测，故本小节选取与人为干扰相关的两条指标："P3-311 人为干扰数量与面积得到控制或减小"，"P3-312 主要人为干扰影响程度降低"来描述研究方法与结果。

4.4.1　人为干扰数量与面积

这项指标是进行压力相关的成效评价的基础，还有很大的改进空间。根据保护区内存在的人为干扰的列表，逐一对威胁程度进行量化和空间化，进而评估其随时间的变化，及其发生的空间位置。

指标编号	P3-311
指标	人为干扰数量与面积得到控制或减小
所属类别	P3 压力：干扰减轻
有效性说明	人为干扰数量与面积得到控制或减小
数据	历年干扰巡护数据集，自保护区成立后的林政案件记录，保护区内社区分布与违规活动记录（如盗猎、盗伐、放牧、非法采集等）
方法	对人为干扰进行分类和频次的统计，分析建区后的干扰频率变化

案例：王朗、白水江和纳板河保护区

基于保护区档案中的林政案件数据集和保护区的干扰巡护数据集。林政案件可以代表保护区内发生的情节严重的资源破坏行为，包括盗猎、盗伐、非法占地、非法采集（如采集珍稀药用植物）；干扰巡护数据则更多记录了保护区内长期存在的、与周边社区生产生活相关的干扰，如放牧、林下采集（竹笋、药材、真菌等）、旅游、烧火等，并包含空间位置信息。对这两类数据，分别从数量和面积上输出评估结果。

根据监测数据，放牧是王朗和白水江保护区累计频次最高的干扰类别，分别占干扰巡护数据的 84% 和 42%，在很多大熊猫保护区中，放牧都是频次排名靠前的干扰。

我们分析了这两个保护区放牧干扰发生的范围和干扰面积随时间的变化。在干扰面积变化中，在王朗保护区，以与大熊猫栖息地变化评估相对应的 2003—2006 年、2012—2015 年两个时间段作为对比；在白水江保护区，则对比了 2011 年以前与 2011 年之后的放牧面积变化。并将实际调查确认的放牧面积与实际确认的大熊猫栖息地面积进行叠加，统计放牧干扰与主要保护对象栖息地的重叠程度，以此来反映干扰面积的年际变化。纳板河保护区由于缺少具有空间属性的干扰巡护数据集，故在该指标的分析中仅评估了林政案件的频次变化。

干扰频次统计：基于保护区历年的林政案件记录，为了与保护区分类统一，沿用保护区的分类方式对保护区内的人为干扰按类别进行频次统计，包括盗猎、盗伐、非法林下采集等，并对比年际变化趋势。

对于三个保护区中人为干扰的频次变化，从保护区的林政案件中统计出的人为干扰频次变化如图 4.26 所示，王朗保护区的主要非法活

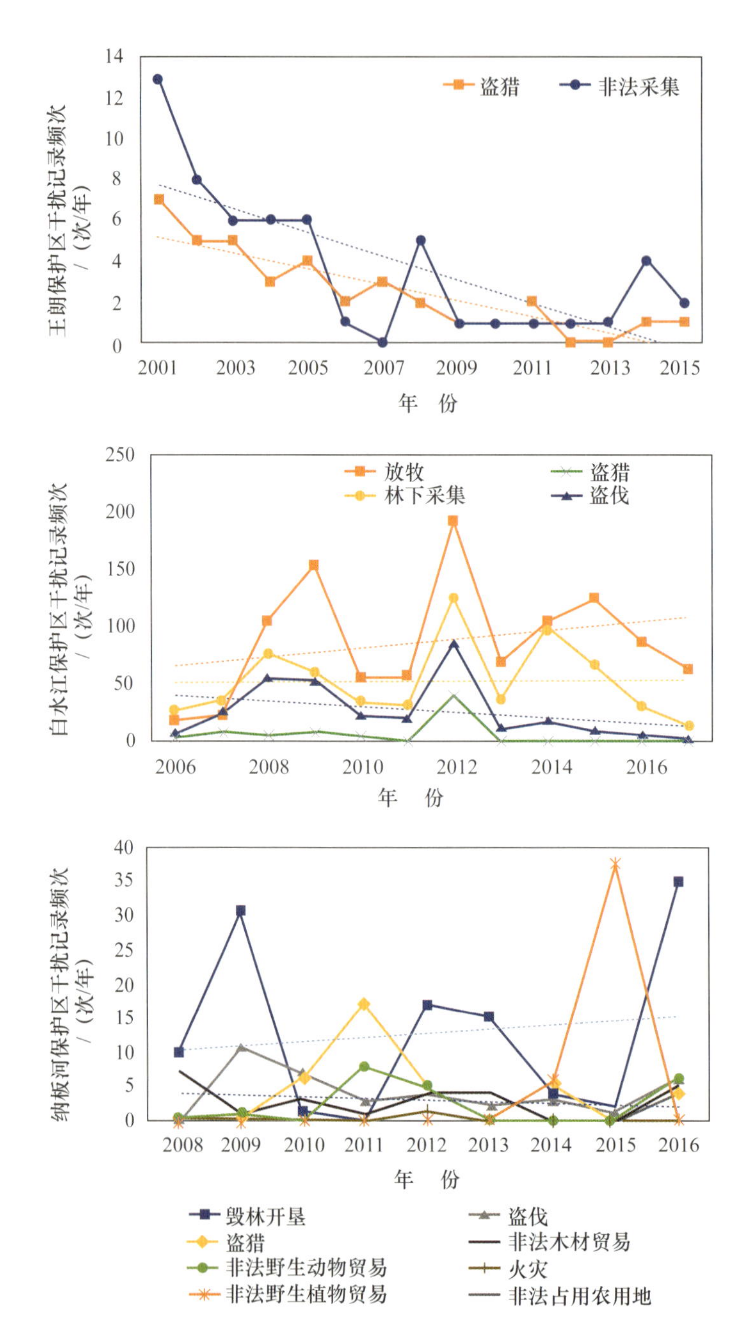

图4.26 三个保护区人为干扰频次变化趋势。干扰频次由保护区巡护与林政案件数据集获得

动为盗猎（盗猎目标物种为黑熊、林麝等）和非法采集，两类干扰皆呈下降趋势，近年来每年的案件频次降低到5起以内。白水江保护区的主要干扰包括放牧、林下采集、盗猎和对树木的盗伐，其中盗伐与盗猎频次有所下降，但放牧频次有增加趋势，林下采集案件的变化趋势不明显。纳板河保护区的干扰类别包括毁林开垦、盗猎、盗伐、非法野生动植物贸易等，各类干扰案件的年际波动较大，其中盗伐、非法木材贸易呈下降趋势，毁林开垦呈增加趋势。

干扰面积变化：基于保护区的巡护数据集，选取保护区内发生频次最高的干扰类别，对其在保护区内的分布位置进行分析，借助分布模型推测干扰在全区内的可能分布范围和在不同时相的干扰面积变化。

在王朗保护区，使用Maxent对2003—2006年和2012—2015年两个时段家畜分布范围进行预测，模型AUC平均值分别为0.947、0.941，表明模型预测结果良好，由分布预测图可见2012—2015年的牛马分布范围相较2006年以前有明显扩大（图4.27）。在2003—2006年模型和2012—2015年模型中，对预测结果贡献率排在前三位的变量是：海拔高度、到河流距离、到公路距离三项，显示家畜的分布集中在低海拔、靠近河流与公路的区域，这跟我们观察到的结果一致。

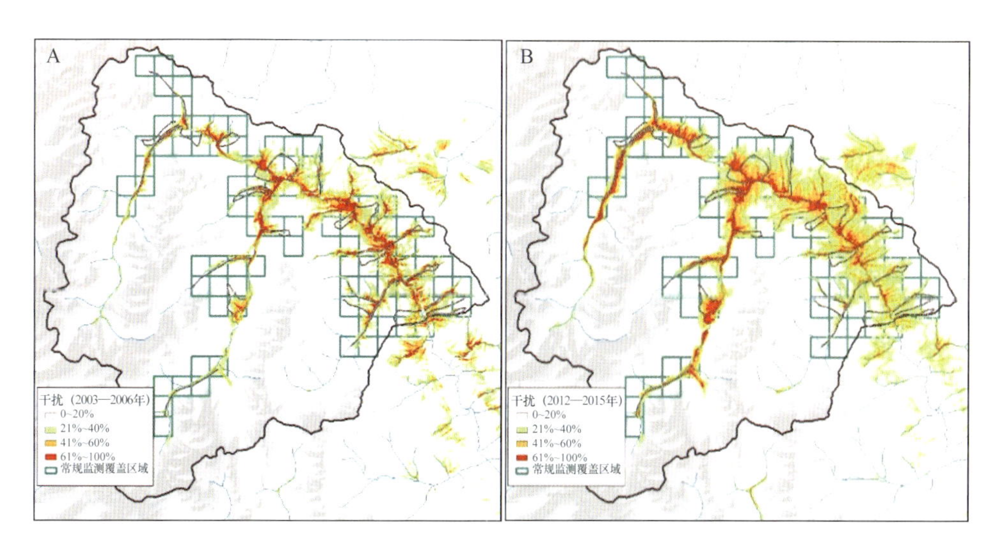

图4.27　王朗保护区内放牧干扰范围变化。A. 2003—2006年；B. 2012—2015年

在白水江保护区，至2017年底，保护区内存在放牧的网格为280个，约占保护区面积的13%，占所有干扰面积的47.5%。基于Maxent模型对家畜分布范围的预测结果显示，家畜的分布范围在2011年后有所扩大，潜在分布范围增加了244.17 km^2，另外，也减少了48.85 km^2，其余431.63 km^2 没有明显变化（图4.28）。

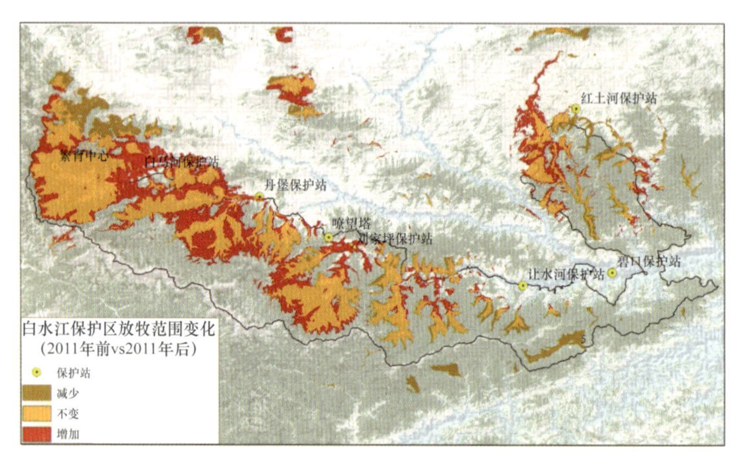

图4.28　白水江保护区内放牧干扰范围变化

在实际调查确认的分布范围中，对于王朗保护区，以网格为单位，截至2016年放牧在保护区内累计分布面积为80个网格（占保护区面积的22%），且与实际确认的大熊猫栖息地重叠度高，累计达56%，并呈逐年上升趋势，平均增速为每年3.89%（R^2=0.99）（图4.29A）。对于白水江保护区，放牧干扰的分布范围与大熊猫分布区的重叠程度累计增加，平均增速为2.39%（R^2=0.93），至2017年重叠率达26.57%（图4.29B）。

4.4.2　人为干扰影响程度

如果前面的指标回答的是干扰有什么，在哪里，影响范围是变大了还是变小了这类问题，这项指标评估的则是干扰对保护目标影响的程度，是不是已经造成了严重的影响，以及按照目前的发展趋势，前景如何，采取对策的急迫性如何，等等。

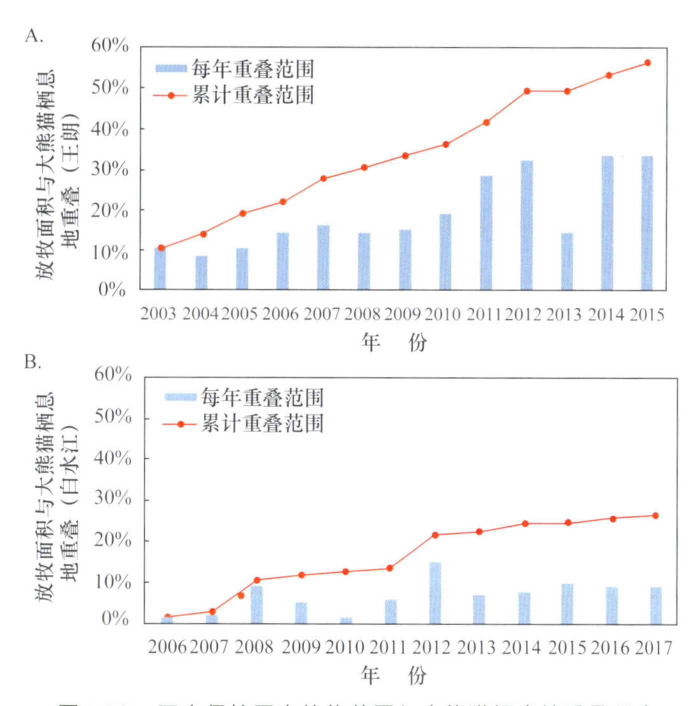

图4.29　两个保护区内放牧范围与大熊猫栖息地重叠程度

指标编号	P3-312
指标	主要人为干扰影响程度降低
所属类别	P3 压力：干扰减轻
有效性说明	人为干扰影响程度降低
数据	历年干扰巡护数据集，自保护区成立后的林政案件记录，保护区内社区分布与违规活动记录（如盗猎、盗伐、放牧、非法采集等）
方法	对人为干扰进行分类和频次统计，分析建区后的干扰频率变化

案例：王朗和白水江保护区

放牧是包括王朗和白水江保护区在内的很多大熊猫保护区都面临的问题。已有研究认为，大熊猫栖息地内过度的放牧干扰会造成栖息地植被退化、挤占大熊猫空间与食物资源等负面问题（Li et al., 2017）。在前面对大熊猫栖息地分析的基础上，进一步探究了放牧干扰与大熊猫栖息地选择和利用之间的关系。

在王朗保护区，放牧干扰与大熊猫栖息地的相关性由Maxent输出结果对建模变量中“到放牧点距离”的响应曲线表示，响应曲线包括混合模型中的响应曲线和基于该单一变量的响应曲线。前者显示了该环境变量在整个模型中的边际效应，以及模型输出结果中的大熊猫栖息地适宜度（或分布概率）随该变量的变化情况；后者则基于该单一变量构建 Maxent 模型，能够显示出大熊猫栖息地适宜度对该变量的依赖程度（Phillips et al.，2006）。此外，分析放牧干扰对大熊猫栖息地模型的贡献率，贡献率的计算由刀切法得到训练算法迭代的正则化增益并减去对 λ 的负贡献。

在白水江保护区的案例分析中，大熊猫栖息地变化的评估由占域模型构建。基于指标 S2-221 中占域模型得到的大熊猫栖息地利用率结果（选取含放牧干扰的 2015—2016 年的模型结果），对比在大熊猫栖息地内有放牧和无放牧的区域（基于分析栅格）大熊猫栖息地利用率的差异。

结果显示，放牧对王朗保护区内大熊猫栖息地选择存在负面影响，“到放牧点距离”变量在大熊猫栖息地模型中的贡献率最高，在 10 次模型重复中平均贡献率为 66%，重要性排序为 42.3%，响应曲线显示出强依赖关系，且到放牧点距离越近，大熊猫栖息地适宜度越低，即分布概率越低（图 4.30），显示大熊猫对家畜的活动范围存在回避。

在白水江保护区的评估结果中，2015—2016 年的放牧干扰高于 2006—2007 年，但在全区尺度未显示出放牧对大熊猫栖息地利用率的影响，基于占域模型的结果显示，在有放牧和无放牧的区域内，大熊猫栖息地利用率没有明显差别（图 4.31）。由此推断在整个保护区的尺度，放牧的增加在现阶段还没有显著影响到大熊猫对栖息地的利用。

4.4.3 人兽冲突

几乎没有哪个保护区的范围不包括人和野生动物共存的交错带。在成功的保护下，保护区内野生动物种群数量恢复，野生动物不可避免地会进入交错带，从而增加与当地居民的互动，当地居民的作物、

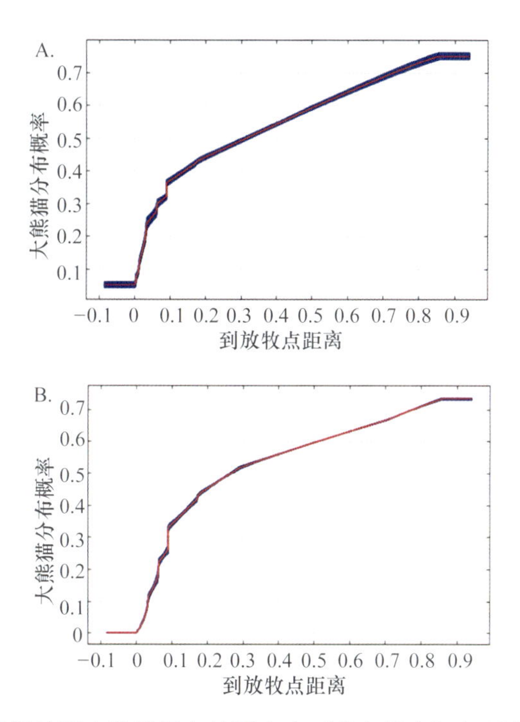

图4.30　王朗保护区大熊猫栖息地适宜度（分布概率）与到放牧点距离的关系。A. 混合变量中的响应曲线；B. 单一变量中的响应曲线

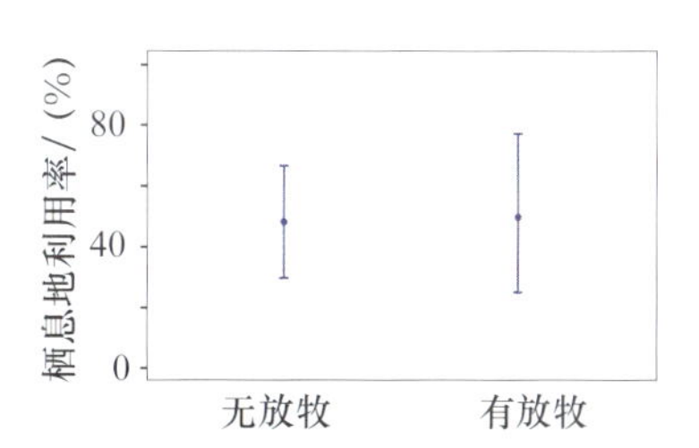

图4.31　白水江保护区放牧对大熊猫栖息地利用率的影响

牲畜和财产，甚至生命都可能因此而受损。人兽冲突的增加，某种程度上是保护区取得成效的副产品，即使发生地点不在保护区边界内，也须积极应对和减缓。

积极的应对可以从记录人兽冲突发生事件开始，掌握引起冲突的野生动物的名单、发生时间和地点、损失种类和数量，以及发展趋势，在此基础上，做出应对决策。

因此，对保护区在应对人兽冲突方面的成效评估也从掌握相关信息开始，进一步则评估所采取的措施是否将冲突有效控制在当地居民可接受的范围之内，包括经济和思想意识等方面。

在这方面，还有很多工作待开展。

指标编号	P3-313
指标	人兽冲突得到缓解
所属类别	P3 压力：干扰减轻
有效性说明	人兽冲突得到缓解
数据	人兽冲突记录，社区访谈
方法	统计人兽冲突案件年际变化，社区对冲突物种的态度和行为变化

案例：纳板河保护区

从纳板河保护区的资料档案中，我们整理出保护区的野生动物肇事案件记录和人兽冲突的变化趋势。在 1999—2006 年间，保护区共记录到野生动物肇事案件 1253 起，平均每年 156.6 起，最高为 1999 年，当年达到了 251 起。在所有案件中，由野猪引起的案件数最多，共 943 起，占到了总案件数的 75.3%。

从变化趋势来看，野生动物肇事案件总体呈下降趋势，其中涉及野猪的案件呈现先上升、再下降的钟形曲线，如图 4.32 所示。

从数据上看，纳板河保护区对区内人兽冲突的情况掌握较好。

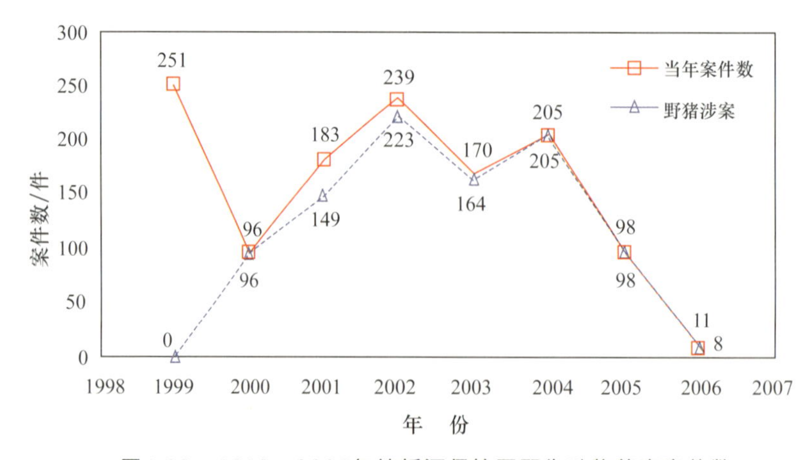

图4.32 1999—2006年纳板河保护区野生动物肇事案件数

4.4.4　自然灾害记录

地震、滑坡、水灾、泥石流、旱灾、森林火灾、竹子开花等，这些无法避免的自然灾害往往对保护区产生剧烈而长久的影响，有些会改变保护区的面貌，有些则会引起主要保护目标发生改变。例如，森林火灾会大面积改变保护区的植被覆盖，并引发新一轮的演替；地震、滑坡和泥石流将改变局部的地形和土层结构；旱灾会导致当年植物生长量的不足和一系列生物死亡事件；竹子大面积开花所导致的竹子大面积死亡，以及接下来漫长的恢复期，不仅迫使大熊猫离开保护区，并会在很长时间内都不会回来。

记录自然灾害发生的时间、影响区域以及影响程度，即便是以大事记的形式，都是非常有价值的。

指标编号	P3-321
指标	对自然灾害的记录与响应
所属类别	P3 压力：干扰减轻
有效性说明	对自然灾害进行了有效的记录
数据	保护区大事记
方法	统计并罗列建区以来较大的自然灾害和影响

我们从王朗和白水江两个保护区的大事记中摘录了相关内容，在这些内容中，灾害种类、发生时间、影响程度等信息都被忠实地记录下来，但与之相关的影像资料、监测数据则不足。目前影像资料、监测数据都可以通过无人机航拍、植物样方调查、动物样线调查等方式获得，建议保护区未来关注这类数据的收集。

案例 1：王朗保护区

从保护区每年记录的“保护区大事记”中摘录出的有关自然灾害的内容：

- 1976 年 8 月 16 日，松潘、平武之间发生 7.2 级地震，震后连降暴雨，造成山崩、塌石、泥石流等。王朗境内竹根岔沟发生大面积滑坡，原始林、次生林、高山草甸、悬岩裸露等生境区损失达 1000 多公顷。

- 2008 年 5 月 12 日，发生汶川地震，面波震级达 8.0 MS、矩震级达 8.3 MW，保护区内 9% 栖息地受损。
- 2010 年 2 月 8 日，竹根岔沟尾发生火灾。可能因偷猎人员野外用火，在竹根岔正沟林线处导致窝棚燃烧，过火面积约 1000 公顷。保护区扑救及时，一日内扑灭明火，两日内将余火扑灭。

案例 2：白水江保护区

据“保护区大事记”记载：

- 1992 年 7 月 27 日凌晨 4 时，刘家坪保护站辖区内的洪崩流、深沟河一带持续暴雨，致使海拔 2300 ～ 3400 m 之间有 54 处发生大面积滑坡，给保护区造成了严重损失。
- 2001 年 5 月 20 日红土河、碧口站辖区核心区发生一般森林火灾，过火面积为 22 公顷。
- 2008 年 5 月 12 日 14 时 28 分，汶川发生里氏 8.0 级特大地震，白水江保护区震感强烈，损失惨重。

4.4.5 灾后影响评估与缓解

与前一指标相关，对于经受了自然灾害，引起植被和目标物种剧烈变动的保护区，除了翔实记录灾害情况外，还应该对灾害影响进行客观评估，对恢复前景进行预测，并决定是否有必要采取人工干预的措施，来缓解负面影响，积极促进恢复。

该指标针对是否采取了评估和缓解措施，以及这些措施的具体成效展开评估。

指标编号	P3–322
指标	对灾害的影响评估与缓解
所属类别	P3 压力：干扰减轻
有效性说明	对灾后影响进行了有效的评估和缓解应对
数据	保护区大事记
方法	统计并罗列建区以来较大的自然灾害和影响，以及是否有评估和缓解措施

在已经开展了评估的三个保护区中，都未发现跟这项指标有关的数据，因此没有相关案例可供展示。

4.4.6　外来物种入侵

全球化进程使得越来越多的生物物种随着物流和人流迁移，有些是主动引进的，但更多的则是无意中携带的。对于已经在本地定殖的外来物种，若对本地生物群落产生了负面影响，并引起经济损失的，则需要监测其动态和管控损失。

有些外来物种侵入保护区后可能导致区内生物群落的原真性发生改变，甚至危及目标物种的生存，监测到这种情况，就需及时处理。

根据我国先后分四批公布的《中国自然生态系统外来入侵物种名单》，有 71 个外来入侵物种，然而，实际上已经产生了负面影响的外来物种数量可能更多，根据《中国入侵植物名录》所整理出的中国入侵植物有 94 科 450 属 806 种（马金双，2013）。对于这两个名录中的物种，特别是前一个名录中的物种，保护区应当根据实际情况纳入监测，与之相关的行动，也应纳入管理计划。

这方面的评估，可以从保护区的监测数据库入手，有些保护区有入侵物种方面的专项调查和数据库，记录到的物种及其分布、数量、变化趋势等资料越翔实，这方面的保护成效就越好。

指标编号	P3-331
指标	外来物种入侵的危害得到控制或缓解
所属类别	P3 压力：干扰减轻
有效性说明	外来物种入侵的危害得到控制或缓解
数据	入侵物种监测数据集
方法	标出入侵物种的分布范围，分析对本土物种的危害，本土物种因此产生的种群或行为上的变化（如群落结构、栖息地、活动节律等）

案例：纳板河保护区

纳板河保护区已有的外来物种入侵记录共 539 条，记录入侵物种数 36 种，其中包括植物 31 种、动物 5 种。已监测到的入侵物种主要沿纳板河流域分布，与保护区内村寨聚集区重叠度较高（图 4.33）。

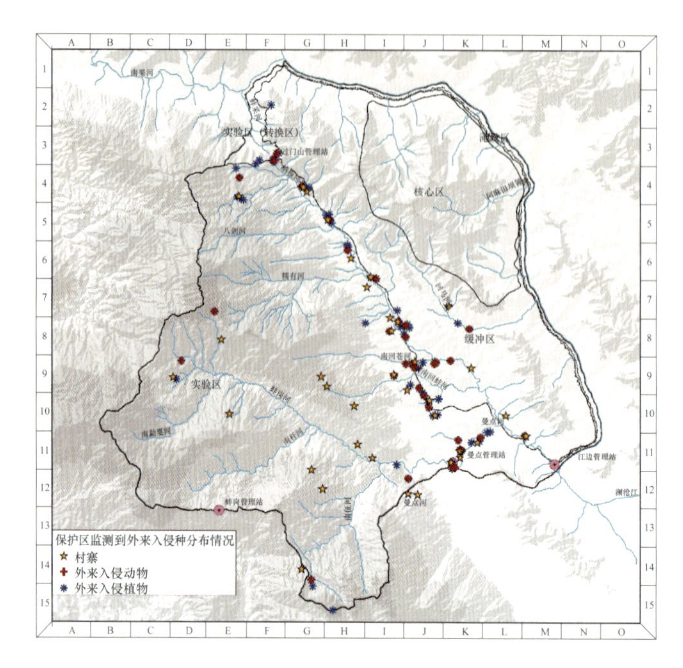

图4.33　纳板河保护区外来入侵物种分布情况

目前还缺乏多时相的监测记录，因此还不能评估外来入侵物种的变化动态。入侵物种数据库中缺少调查日期一项，需要补充录入。

这些已知的外来入侵物种对保护区本地群落将产生哪些影响，会不会危及保护目标，目前还不清楚，建议在下一步工作中做出相应安排。

4.4.7　应对气候变化

气候变化正实实在在地发生，无论保护区是否有所准备，都将承受气候变化的结果。气候变化将在很多方面影响到保护区的成效，这方面的成效评估和所提出的适应性管理建议有非常大的扩展空间。

在本研究中，我们能开展的评估还很有限，仅评估了会不会因为气候变化导致大熊猫分布区偏移而使得保护区失效。这种情况可能会发生在很多保护区，即由于气候变化，保护区内的气候条件和因此而改变的植被不再适合目标物种的生存，目标物种的分布区将发生位移，结果是，现在的保护区对目标物种的覆盖减少，甚至为零，因而失效。

进行这种评估需要依靠物种分布预测模型，使用物种现在的分布点和当前的气候数据，从中提取出物种的气候需求，参照未来的气候预测数据，来预测未来符合该物种的气候需求的区域位置。

指标编号	P3-341
指标	对气候变化潜在威胁的评估与预测
所属类别	P3 压力：干扰减轻
有效性说明	对气候变化潜在威胁的评估与预测
数据	WorldClim2 全球气候数据，保护区气候站监测数据
方法	预测不同气候变化情境下保护对象栖息地的变化，以提供预警

案例：王朗保护区

气候变化是物种生存与分布的潜在影响因素。IPCC 评估报告引用的“第五次国际耦合模式比较计划”（CMIP5）未来气候数据，共有 19 家机构参与到 CMIP5 计划中，提供了在四种代表性二氧化碳浓度路径（IPCC-CMPI5 RCP2.6、RCP4.5、RCP6.0 和 RCP8.5）、两个时间点（2050 年和 2070 年）下的气候变化预测模型。每种情景包括一套温室气体、气溶胶和化学活性气体的排放浓度，以及土地利用或土壤覆盖变化，可以认为气候变化的剧烈程度 RCP8.5 ＞ RCP6.0 ＞ RCP4.5 ＞ RCP2.6。

RCP6.0：该情景反映了生存期长的温室气体和生存期短的物质的排放，以及土地利用、陆面变化，导致 2100 年辐射强度稳定在 6.0 W/m^2。

RCP4.5：在该情景下，2100 年辐射强度稳定在 4.5 W/m^2。该情景用全球变化评估模式（GCAM）模拟得到，考虑了与全球经济框架相适应的、长期存在的全球温室气体和生存期短的物质的排放，以及土地利用、陆面变化。

RCP2.6：该情景将全球平均温度上升限制在 2°C之内。这也是气候变化最不剧烈的情景，其假设 21 世纪后半叶能源应用为负排放。应用的是全球环境评估综合模式，采用中等排放基准，并假定所有国家均参加减排行动。

我们分别将 RCP2.6、RCP4.5 和 RCP6.0 在 2050 年时间点下 19 家机构提供的气候预测模型进行平均，用于预测在王朗保护区范围内的大熊猫潜在栖息地范围随气候变化的可能迁移情况（图 4.34）。分析结果显示在 2050 年，三种情景皆预测大熊猫潜在栖息地可能会随着气温的上升向高海拔地区扩散，RCP2.6 情景下预测的栖息地扩散较 RCP4.5、RCP6.0 略小，除扩散外，在保护区内的大熊猫潜在栖息地并无较大面积的迁移，低海拔河谷地区也无收缩趋势。

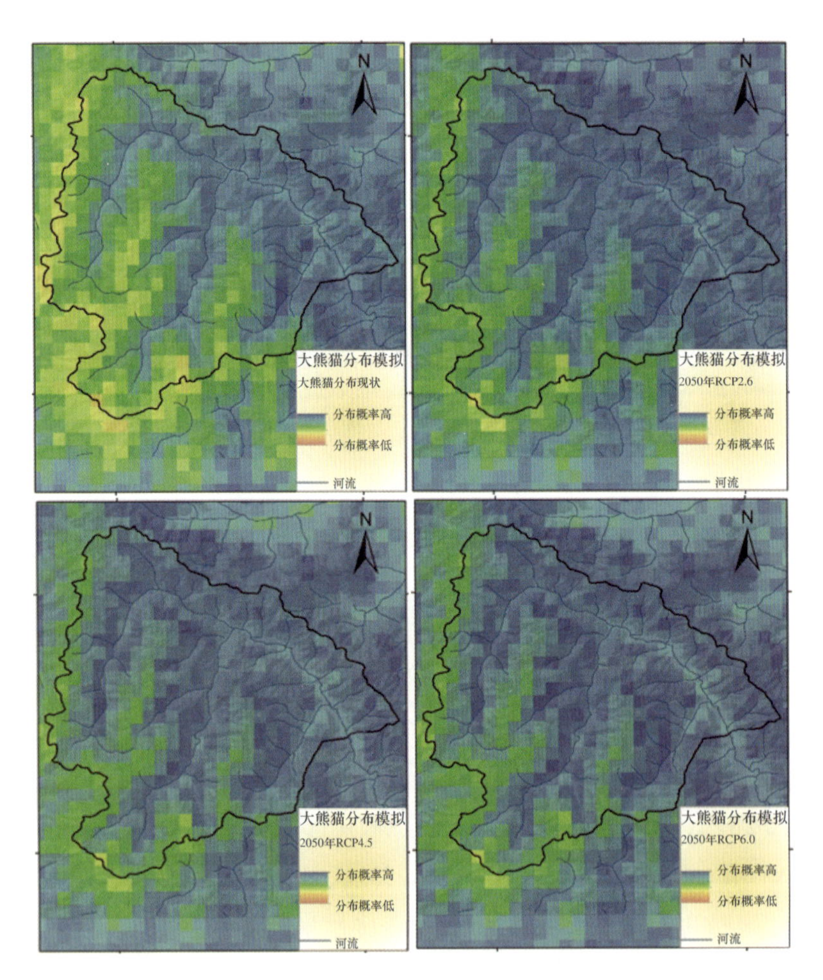

图4.34 三种气候情景下王朗保护区内大熊猫栖息地到2050年可能发生的变化。左上：当前状况；右上：RCP2.6预测的状况；左下：RCP4.5预测的状况；右下：RCP6.0预测的状况

4.5　评估响应的模块

响应即采取的保护行动，评估响应的结果可以实现行动间的比较和筛选。同一保护目标往往可有多种行动途径来实现保护，例如，为减少保护区内的偷猎和非法采集，既可以加强巡护，从打击非法入区人员入手；也可以做社区的工作，从消除相关人员的入区动机入手；还可以两者同时采用。有了对每种行动途径的成效评估后，就可以选择较为有效的措施。又如，为了填补目标物种的分布信息空缺，借助对环境变量的分层分析和模型预测的分布来帮助布设监测点或调查点，在同等成效下，可以不必到难以到达的区域布点，既节省了调查资源，也保障了工作人员的安全。

评估指标分为保护区自己采取的行动和与社区共同采取的行动，设置这些指标的出发点包括：建立保护行动的列表、分析行动的数量变化和空间覆盖上的变化，以及掌握保护区所采取的行动的概况、趋势和空缺；改善保护区的信息支持系统，建好适应性管理的数据基础；增加社区对保护区的支持和贡献。

在本小节的评估案例中共测试了 6 项指标。显然，这些指标只能粗略反映保护区所采取的行动。保护行动积累主要基于保护区的监测数据、保护区大事记、项目报告等，以及建区后针对保护对象的行动数量和覆盖面积的统计及时间变化趋势。此外，还包括对保护区实现适应性管理较为重要的一些硬件。

4.5.1　保护行动数量

统计保护行动数量是评估响应的基础，目标明确的行动数量随时间不断增加，或渐趋稳定，是保护区保护工作有成效的一个侧面。

指标编号	R4-411
指标	基于保护目标的保护行动数量有所增加
所属类别	R4 响应：保护行动有效

有效性说明	基于保护目标的保护行动数量有所增加
数据	保护区总体规划，保护区历年各项监测活动梳理（开展时间、覆盖范围、频次等），保护区大事记，保护区通讯 / 年报，保护区项目梳理（开展时间、合作方、项目内容）等
方法	统计建区以来保护行动的种类、覆盖范围及频次变化；建立累计曲线，评估完善程度

案例 1：王朗保护区

王朗保护区的保护行动类别包括监测巡护、反盗猎行动、科研项目、自然教育等可对生态系统产生直接或间接正面作用的活动。自 1980 年以来，保护区组织的反盗猎、反非法采集行动超过 11 起，每年巡护频次可达上百次。保护区的生态监测也经历了从无到有、再逐步完善的过程，截至 2013 年，在王朗保护区开展的科研项目有 41 项，合作方包括 10 余家科研单位与国际组织。自 2014 年起，保护区增加了对常规监测不覆盖的物种类别的专项调查，包括昆虫、菌类、植物（以大样地内植物为主）、两栖类和爬行类，逐渐填补生物多样性本底信息，并开始通过积累的数据回答和研究保护区内的部分生态问题。

通过对王朗保护区自建区以来开展的保护行动与管理情况的简要梳理可以看出，保护行动的类别与数量呈上升趋势（图 4.35）。

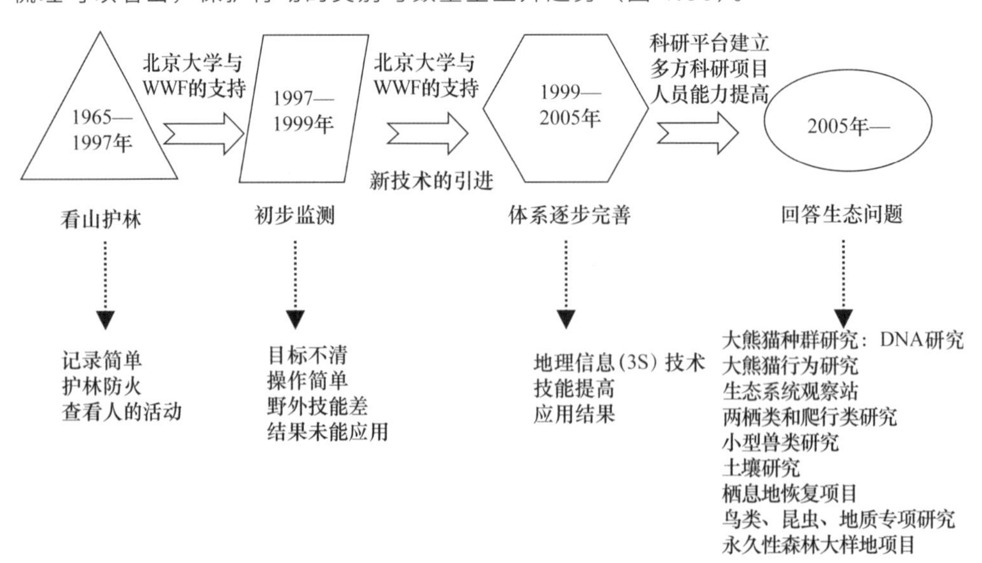

图4.35　王朗保护区生态监测的行动发展过程

案例 2：白水江保护区

白水江保护区的保护行动类别包括监测巡护、反盗猎行动、科研项目、自然教育等可对生态系统产生直接或间接正面作用的活动。相比于保护区建区之初，保护区的常规监测、数据库建设、社区共管等于 2000 年后全面开展，行动的种类和数量都有所提升。目前白水江保护区内开展的保护行动主要包括生态保护类、社区互动类和其他类（表 4.24）。

表 4.24　白水江保护区采取的主要保护行动

直接相关	间接相关	
生态保护类	社区互动类	其他类
资源调查	宣传教育	学术研究
生物多样性监测	社区共管	合作交流
护林防火与巡护	社区帮扶	能力培训
营林造林	人兽冲突缓解	基础建设
林政执法		数据库建设

其中，在林政执法方面，除日常执法外，保护区还对重大人为干扰进行积极干预，并及时开展相应的整顿行动。如 1989—1998 年期间，保护区内出现非法采金热，在当年的记录中，集中查处和关闭非法金坑的整顿行动就很多；1999—2008 年期间，保护区参与了国家林业局组织的“绿剑行动”和“天保二号行动”，其间处理的林政案件数量大幅增加。

在野生动物救助方面，大熊猫作为白水江保护区的明星物种，是保护的重点对象和首要任务。自 1978—2008 年 30 年期间，大熊猫野外救助一直是保护区野外救护的重点工作。

1978—1988 年的 10 年间，由于受到竹子开花灾情的影响，大熊猫野外救助行动较为密集，实际共进行了 24 次救助，有记录的受益大熊猫数量达到 17 只，其中 11 只在 1985—1987 年间获得救助。1989—1998 年，救助行动不再局限于大熊猫，还包含黑熊幼仔等。在此期间，人工繁育珍稀野生动物的行动也逐渐开展，先后共有 73 只金丝猴和 5 只羚牛送往武威濒危物种繁育研究中心进行人工繁育和研究。1999—2008 年，大熊猫救助行动数量显著下降。此期间竹子开花灾情的影响已很小，野外大熊猫受威胁因素减少，大熊猫种群数量有所恢复，救助行动数量下降可能与以上因素相关。此期间对其他动物的救助情况为：2000 年以来共救护野生动物 110 多头（只），其中有国家一、二级保护动物大熊猫 2 只、金丝猴 6 只、黑鹳 1 只、灰鹤 1 只、红腹锦鸡 19 只、猫头鹰 22 只、黑熊 10 头、苏门羚 3 头、雉鹑 3 只、兀鹫 2 只、金雕 6 只、金猫 1 只、黄麂 5 只、豹猫 8 只、花面狸 22 只、鹰雕 1 只（甘肃新记录）；甘肃省二级保护动物野猪 4 头等。

案例 3：纳板河保护区

根据纳板河“保护区大事记”梳理，保护区所开展的保护行动包括反盗猎、基础建设、社区发展 / 帮扶、专项调查、科研监测、报告编写等。在 1991—2005 年期间，保护区保护行动数量虽年际波动较大，但整体呈上升趋势（图 4.36）。

纳板河保护区自 1991 年成立以来，保护监测工作由最初的 1 类——社会经济监测，逐渐完善至 7 类——社会经济、动物、植物、水资源、气象、土壤、外来物种监测。监测工作的覆盖类别有所增加，是保护工作开展的成效体现之一。保护区实验区内人口密度较大，社区发展与保护矛盾较突出，通过帮助当地社区发展、开展环境教育等，

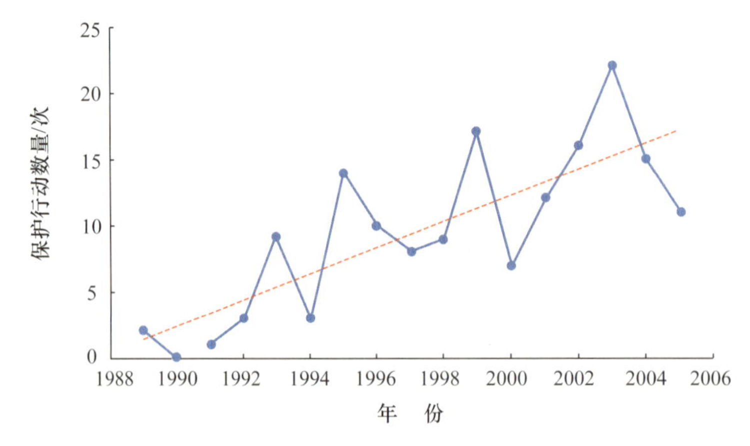

图4.36 1991—2006年纳板河保护区保护行动数量年际变化

可在一定程度缓解保护矛盾，保护区自2009年来开展了多项社区发展项目，项目数量呈逐年增长趋势（图4.37）。

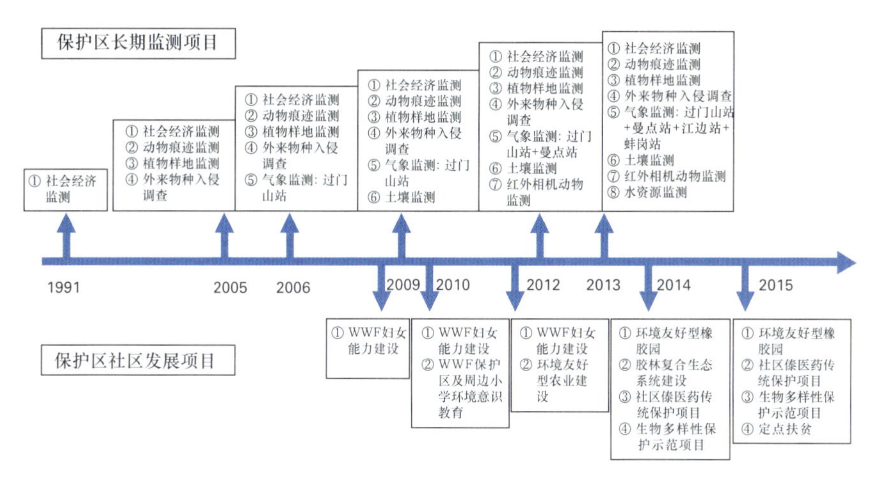

图4.37　纳板河保护区科研监测与社区发展项目开展情况

4.5.2 保护行动覆盖面积

这项指标评估的是行动对目标的空间覆盖度，可以是所有保护行动对保护区全境的覆盖度，也可以是某项行动对其目标区域的覆盖度。有效覆盖占比越高，相应的评级就越好。换一个角度看，当评估给出覆盖范围的同时，也给出了空缺所在，而对空缺的填补，往往就是对下一步行动的建议。

以保护区最基本的监测巡护工作为例，这是几乎所有保护区都会开展的一项日常工作，沿着固定或不完全固定的路线，步行或借助交通工具，巡视该路线上的状况，填写监测和巡护表格，并做相关记录。每条巡护路线能覆盖保护区的部分区域，巡护时也能对巡护期间及稍早一些时间在这些区域发生的事情有所了解。尽管这与对保护区进行时间和空间上的全覆盖相差甚远，但实际上已经足够发现和解决保护区日常遇到的大部分问题。

做具体行动的空间覆盖分析，通常先对照行动预设目标，将所覆盖的空间区域识别出来，找到空间上的空缺，进而对下一步行动计划进行更合理的时空调整。

指标编号	R4-412
指标	保护行动覆盖面积增加
所属类别	R4 响应：保护行动有效
有效性说明	保护行动覆盖面积增加
数据	保护区总体规划，保护区历年各项监测活动梳理（开展时间、覆盖范围、频次等），保护区大事记，保护区通讯 / 年报，保护区项目梳理（开展时间、合作方、项目内容）等
方法	统计建区以来保护行动的种类、覆盖范围及频次变化；建立累计曲线，评估完善程度

案例 1：王朗保护区

在王朗保护区的监测工作中，首先向员工说明监测目的，然后将保护区的网格图发给所有参与实地工作的员工，请大家按照 4 个保护难度等级给图中的网格赋值。随后汇总结果，取众数作为该网格的监测难度值，得到监测难度等级划分图（图 4.38）。从图 4.38 中可以看出，其中最易监测的网格多为牧羊场管理站周围区域，最难监测的网格多为高山地区。

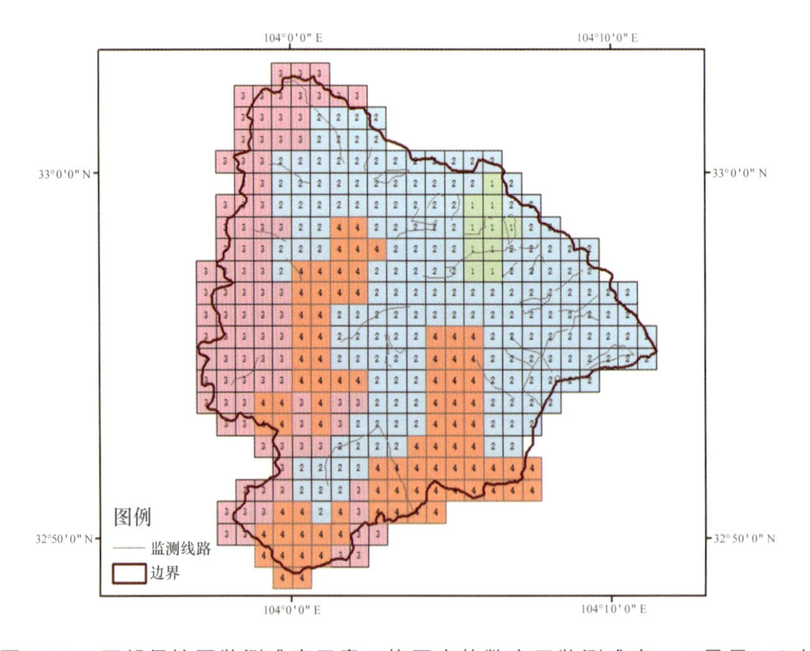

图4.38　王朗保护区监测难度示意。格网中的数字示监测难度：1.最易；2.较易；3.较难；4.最难

监测难度分为 4 级，1 为最易，其难度用保护区员工的语言来说，就是“吃完饭去转一圈的”；2 为较易，即“当天可以回来的”；3 为较难，即“一般得住在野外，如果想当天回来，必须一早走，路上还要快点走”；4 是最难，对保护区员工来说，除非不得已，否则“打死都不想去”，这些区域一般都是海拔 4000 m 左右的高山陡坡。

随后，基于监测数据库中的数据点和监测线路，在 GIS 软件的帮助下进行空间重叠分析，并以网格为统计单位，统计监测的覆盖度。

结果如图 4.39 所示，保护区保护行动的覆盖度年际之间有波动，但整体呈上升趋势，覆盖较好的为难度等级为 1（最易）和 2（较易）的区域，平均覆盖度在 30% 以上，部分年份可达 70% 以上（如 2004 年）；难度等级为 3（较难）和 4（最难）的区域在保护行动中覆盖度较小，自 2015 年后开始出现覆盖，并呈增加趋势。

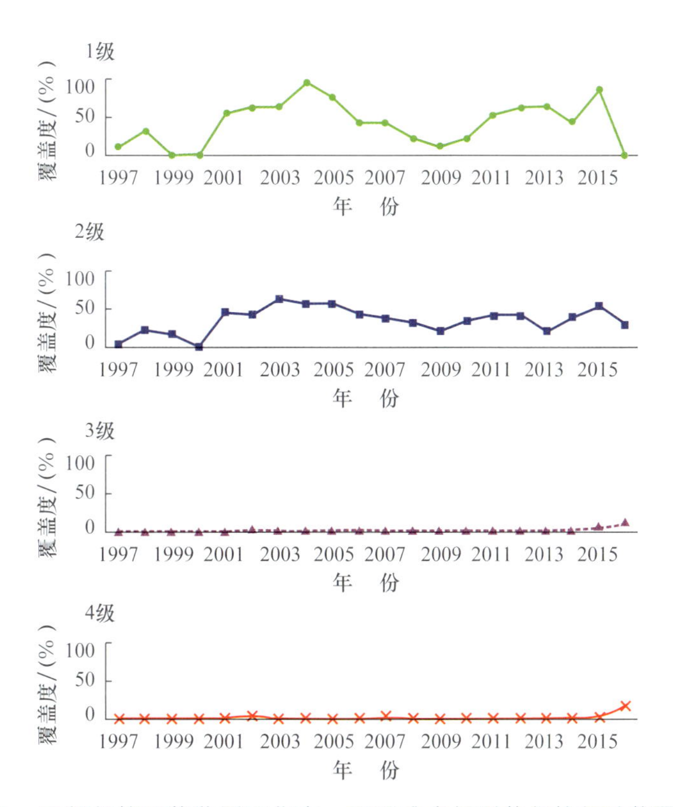

图4.39 王朗保护区的监测工作中，不同难度级别的保护行动的覆盖度。1级—最易；2级—较易；3级—较难；4级—最难

案例 2：白水江保护区

据 2005—2017 年间的监测数据记录，将保护区网格化后，有监测和巡护数据覆盖的网格占 50.6%，累计监测覆盖面积逐步提升。每年都能保持一定数量的网格处于监测中，其中 2012 年监测覆盖面积最多，当时正开展全区大熊猫专项调查，从新增加的监测网格来看，每年都有不同程度的新增（图 4.40）。

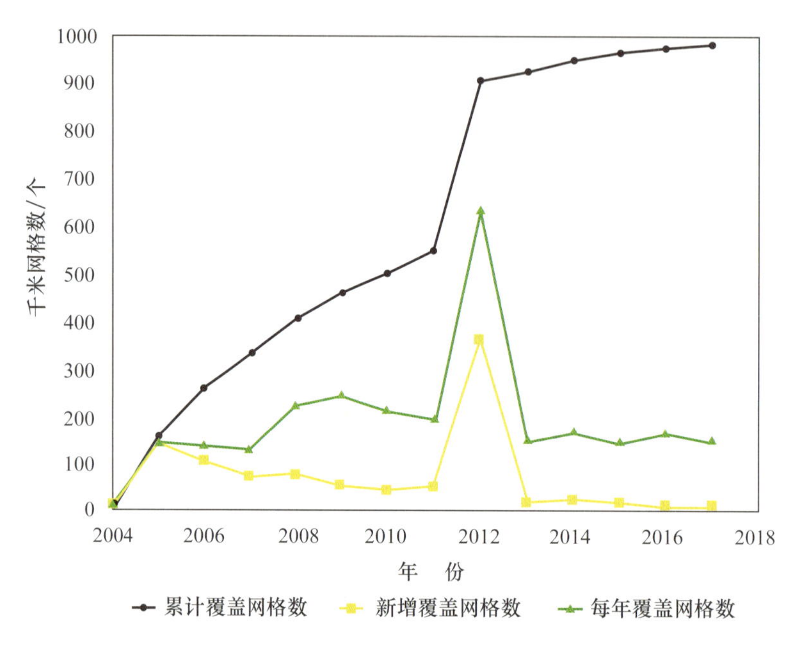

图4.40 白水江保护区生物多样性覆盖面积变化

4.5.3 监测数据库完善程度

这项指标评估的是当前监测所覆盖的数据收集状况，与实现保护目标需要的信息之间的差距，其目的也是识别出空缺，从而在新的监测周期开始时增补数据，或在下一阶段修改管理计划时加入相应的监测。

评估结果以描述说明为主，有些内容可以尝试量化比较。

指标编号	R4-413
指标	保护区监测数据库更加完善
所属类别	R4 响应：保护行动有效
有效性说明	保护区监测数据库完善程度提高
数据	保护区数据库（结构、规模、内容等）
方法	展示数据库的建设与积累状况

案例 1：王朗保护区

王朗保护区是全国较早开展野生动物监测的保护区之一，其常规监测积累的基础信息较为翔实（表 4.25），监测内容较为丰富，其中监测线路表中的信息可用于反映监测的空间、时间和海拔区间的覆盖度；动物痕迹记录表中的物种分布信息可用于预测分布和绘制分布图，结合监测线路表，可以计算遇见率等；生境表中有更为详细的栖息地信息，以及乔木、灌木、竹林状况等信息，可用于物种的栖息地选择分析；大熊猫粪便咬节表中的数据用于大熊猫种群数量的估计；从干扰记录表中记录的数据可分析干扰的种类、发生时间特征以及随时间的变化趋势等。

此外，王朗保护区还积累了比较全面的基础地理数据、气象数据、遥感影像，以及大量的红外相机照片和景观照片等，在很多监测项目上都实现了野外数据收集、入库、分析等的一体化。

此外，王朗保护区于 2002 年提出了鼓励科研合作的数据共享机制，新进入保护区开展工作的科研单位可以获得已有监测和研究数据的支持，从而避免了重复的数据收集工作，为科研者降低了成本，缩短了研究周期，提高了双方的工作效率。

在分析保护区数据现状的基础上，我们也提出了一些改进建议，具体建议包括：填补监测空缺，提高对高山地区的监测频次，完善对植物、爬行类动物、真菌、昆虫等的专项调研，进一步规范科研合作。在与保护区合作的研究者不断增加，保护区可提供的支持资源，特别是人力、时间方面越来越不足的情况下，保护区应根据实际管理和保护需求选择科研合作项目。保护区目前所积累的生态数据还有进一步分析和挖掘的潜力，应将相关工作列入后续的管理计划。

表 4.25　王朗监测信息表

表格名称	包含信息
监测线路表	编号、日期、天气、小地名、线路类型、参加人、记录人、开始时间、结束时间、最低海拔、最高海拔、竹种、竹种海拔分布、备注（事件记录）
动物痕迹记录表	编号、动物名称、痕迹类型、数量、时间、海拔、位置（经纬度）、备注（包含优势树种、新鲜程度等记录）
生境表（在动物痕迹、干扰痕迹点记录）	编号、日期、天气、时间、小地名、参加人、记录人、海拔、位置（经纬度）、部位、坡形、坡向、坡度、动物名称、痕迹类型、生境类型、森林起源、小生境、乔木高度、郁闭度、平均胸径、灌木高度、灌木盖度、竹种、竹子高度、竹子盖度、生长类型、生长状况、水源、备注
大熊猫粪便咬节表	编号、日期、填表人、测量人、数量、新鲜程度、咀嚼程度、组成、长度、直径、小粪便数量、咬节测量值（100 个）、备注
干扰记录表	编号、日期、干扰方式、类型、海拔、位置（经纬度）、干扰时间、数量、强度

案例 2：纳板河保护区

纳板河保护区的监测数据内容、数据库、地图库等都比较规整全面，能够较好地支持成效评估相关工作。

其中，保护区数据以 Office 文档或 Access 数据库形式分类储存，收录的数据时相跨度为 1989—2016 年，累计年份较长。数据包含一级目录 5 类：行政管理、资源保护、科研监测、社区共管、宣传教育；二级目录 25 类，子文件若干。数据收录较翔实，档案管理规整，很容易找到所需资料。

在动物监测方面，保护区自 2005 年开始采用样线法进行动物监测，当年监测力度最高，记录数也最多，2006 年后监测频率改为每月一次，随后几年监测频率有所降低，至 2011 年根据实际情况改为每年 5 月调查一次，动物痕迹监测年均巡护效率（每次巡护所获取数据量）2005、2008 年较高，其余年份较为稳定。保护区于 2012 年开展红外相机监测，在 13 个网格中共设置 51 台红外相机，每台相机的监测期为 6 ～ 10 个月不等，在此之后，保护区拥有的红外相机监测数据量迅速增加（图 4.41）。

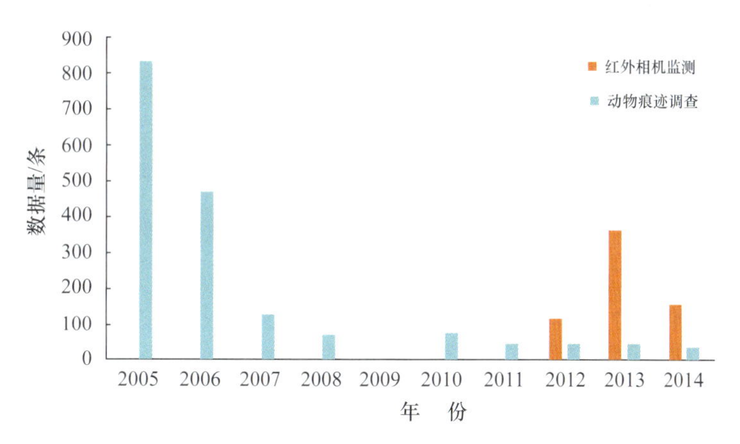

图4.41　常规动物监测数据量年际变化

4.6　评估惠益的模块

将一些重要的自然生态和生物多样性区域划入保护区，限制区域内对保护目标不利的生产生活活动，除了给濒危物种留下生存空间之外，保护区内的生态系统还为保护区周边，以及更大范围内的公众持续提供惠益。

为此，《生物多样性公约》缔约国大会正在推动各国制定国家行动目标和相关指标，衡量并监测由保护生物多样性带给人类的惠益，并督促各国向增加惠益的方向制订和修改行动计划。因此，对惠益的内容的分解和量化监测迟早将进入保护区的工作视野。

然而，目前国际上还没有成熟的指标和方法来进行这方面的评估，可能涉及的内容包括：

① 监测和评估通过对野生动植物物种的可持续管理，使人类，特别是最弱势群体得到的惠益，包括营养、粮食安全、生计、健康和福祉等。

② 监测和评估通过保护和可持续利用等行动，使得农业生态系统和其他受管理的生态系统恢复生产力的数量和变化的比例。例如，监测农田、草地、湿地这些生态系统中的生物多样性的生产力、可持续性和复原力的恢复。

③ 监测和评估所保护的生物多样性和绿色或蓝色空间给人类健康和福祉带来的好处，例如，能够享用此类空间的人口和人口比例的增加量，尤其是给城市居民带来的福祉。

④ 监测和评估通过对遗传资源和相关传统知识等的保护和可持续利用而产生的惠益的公正性和公平分享的程度等，包括在不同族群之间、不同性别之间的公平等。

在我们对三个保护区进行的评估中，能纳入这方面的指标有两项：一项是保护区内社区收入水平有所改善，另一项是保护区内社区参与保护与良性互动。二者都有助于建立惠益测量的基础，未来在这方面还有很多可做的工作。

4.6.1 社区收入水平

指标编号	B5-511
指标	保护区内社区收入水平有所改善
所属类别	B5 惠益：生物多样性保护产生的惠益得到公平的分享
有效性说明	保护区内社区收入水平有所改善
数据	保护区社会经济调查、监测，保护区年报、社区项目资料等
方法	统计建区以来社区人口、迁入和迁出、人均收入变化，社区发展情况（通达率、生活设施等）变化，并与保护区外平均水平进行对比

案例 1：纳板河保护区

该指标的计算基于纳板河保护区对区内社区进行的社会经济状况监测，保护区内的 31 个自然村居住着拉祜族、哈尼族、汉族、傣族、彝族和布朗族 6 个民族，自 1991 年对这些社区开展监测，至今已积累了 25 年的社区经济发展数据。

建立纳板河保护区的初衷之一就是探索一条保护和发展的和谐路径，即维持保护区内自然生态系统的完整性，纳板河流域及其生态系统服务功能的稳定，同时保护区内社区的发展没有停滞，发展水平也不低于保护区周边和所在区县。因此，我们统计了经济监测数据中的人均收入水平（元 / 年）的年际变化，收入水平的增长为有成效的表现，并以保护区外社区作为参照值，保护区内社区与保护区外或所属区、县社区平均收入差距的缩小或高于保护区外社区也是成效的表现。

（1）人均收入水平的年际变化。

自纳板河保护区建区后，1991—2016年间，保护区内社区村民的人均收入整体呈增长趋势，其中景洪市所属社区的人均收入水平较高，勐海县所属社区较低。从年增长率来看，保护区内社区人均收入增长率较高的年份有1994年（63.53%）、1996年（75.10%）、2000年（73.58%）等，收入降幅较大的年份有1992年（−43.66%）、1999年（−28.86%）。2004年经济总收入（993.45万元）较建区前（192.88万元）增长415%（图4.42）。

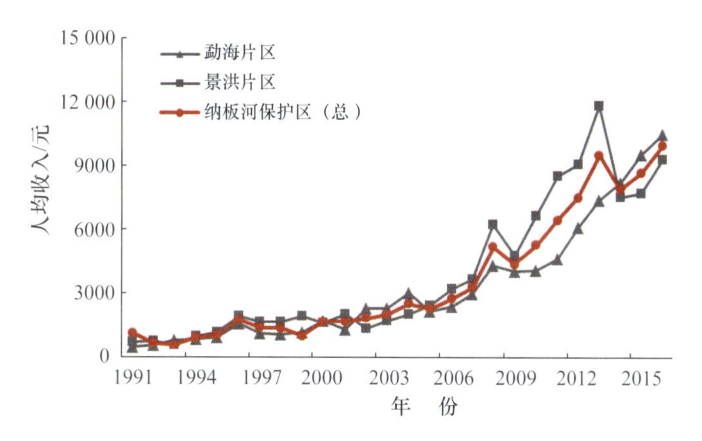

图4.42　1991—2016年纳板河保护区内人均年收入变化

（2）区内外社区发展的差距。

据已有资料显示，纳板河保护区内人口总数呈逐年增长趋势（图4.43），民族组成基本不变（图4.44）。保护区内社区基础建设情况呈逐年改善趋势（图4.45），如砖瓦房数量增多、社区内公路里程增加、通电水平提高等。

将纳板河保护区内社区村民每年的人均纯收入分别与西双版纳州、景洪市、勐海县人均纯收入进行对比（图4.46），1992—2016年，各对比单元的增长趋势较为一致。纳板河保护区内社区人均纯收入在

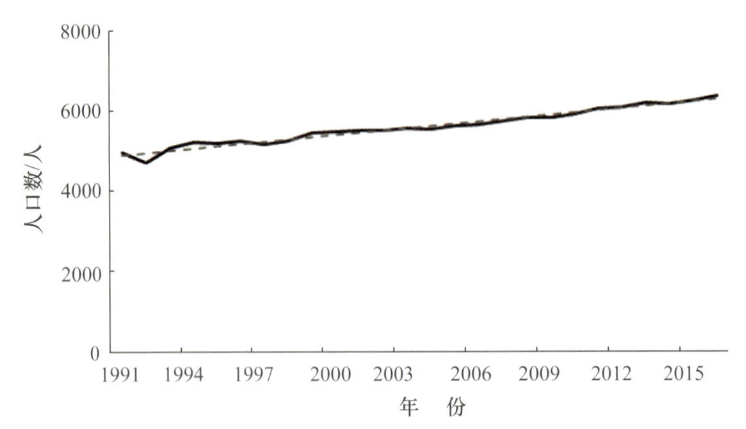

图4.43 1991—2016年纳板河保护区景洪市、勐海县管辖区内总人口数

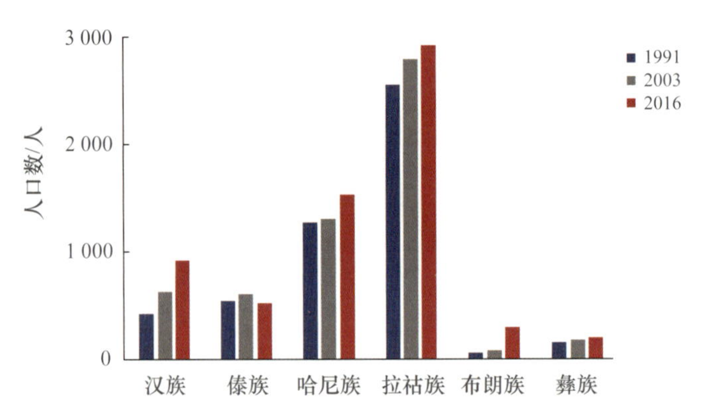

图4.44 纳板河保护区内社区居民各民族人口变动情况

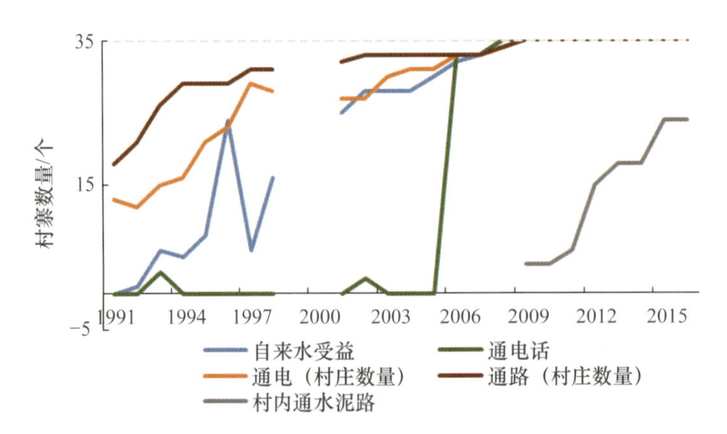

图4.45 纳板河保护区内村寨通电基础建设情况

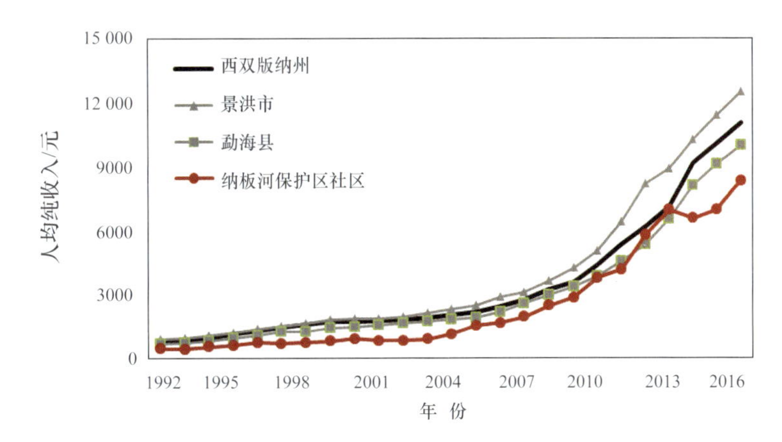

图4.46　1992—2016年纳板河保护区社区及所在州、市、县的人均纯收入变化

这 25 年间增长明显，2010 年及以后纯收入超 3000 元 / 人，2016 年达到最高水平（8329 元 / 人）。

整体来看，保护区内人均纯收入低于西双版纳州及景洪市，也低于西双版纳国家级自然保护区勐养子保护区的人均纯收入。虽低于勐海县，但较为接近，在 2012—2013 年间甚至还高于勐海县。1992—2016 年间，纳板河保护区与西双版纳州人均纯收入的差距平均为 960.36 元，与景洪市的差距平均为 1485.32 元，与勐海县的差距平均为 576.96 元。

纳板河保护区内人均纯收入虽略低于所在市、县水平，但与相邻的区外社区差距不大，说明保护区本身并未对社区发展造成太大的负面影响。

案例 2：白水江保护区

从白水江保护区社区人口数量变动上来看，2000 年后，人口数较建区之初有所增长，出生率和死亡率呈现下降趋势（图 4.47）。2003 年，保护区内社区收入合计为 5116 万元，人均收入为 7754 元 / 年。

因缺乏较连续的社区经济状况数据，故目前的评估尚未能给出变化趋势以及保护区内外的比较，这需在后续工作中完善。

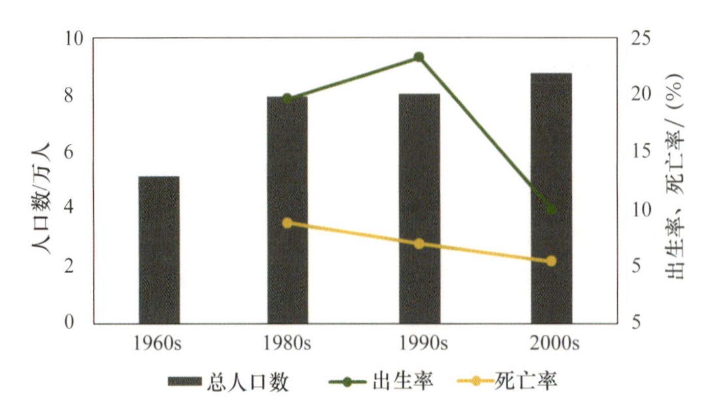

图4.47 白水江保护区社区人口变动情况

4.6.2 社区参与保护与良性互动

保护区的建立限制了社区对区内森林、野生动植物、矿产等自然资源的利用，在区内砍伐林木、狩猎、采集、开垦等活动是被禁止的，居住在保护区内的社区，其砍柴、烧炭、挖药等行为也受到限制，保护区的存在使得社区传统生活方式不可避免地受到了影响，导致生存成本有一定程度的增加，来自资源的收入减少。

同时，保护区的存在也可能给当地社区带来一些惠益。当地社区在享受由保护区维持的良好的生态服务的同时，还获得了更大的发展潜力，例如，在海洋、淡水等方面的保护区，由于禁渔或限制捕捞，鱼类等有价值的水生生物种群得以恢复，从而扩散外溢到保护区外，在靠近保护区周边的区域，当地社区能有更好的渔业收入。保护区的存在，往往还会给当地带来额外的旅游收入；保护区的调查监测，以及与科研机构的合作往往能给当地人带来一些就业机会；保护区还会申请一些资金专门用于帮助周边社区发展，以及创造一些替代收入来源，通过转换收入结构来减少社区对保护区的压力；等等。

这项指标设置的目的在于评估保护区与社区之间的良性合作行动，对生物多样性友好的良性行动数量的增加有助于保护成效的累积。

指标编号	B5-512
指标	保护区内社区参与保护与良性互动
所属类别	B5 惠益：生物多样性保护产生的惠益得到公平的分享
有效性说明	保护区内社区参与保护与良性互动的程度增加
数据	保护区社会经济调查、监测，保护区年报、社区项目资料等
方法	从社区保护意愿、支持力度、保护区对社区帮扶情况等方面评价保护与社区间互动关系

案例：白水江保护区

白水江保护区与各社区签订了集体林管护协议，在此过程中，各社区管理者和护林员在集体林管护、组织协调、监测设备使用等方面的能力得到提升。通过宣传，村民对国家有关集体林管护的法律、法规和政策也有了更充分的了解。根据保护区对 454 个农户的社区访谈结果显示，98% 的农户表示这些年来保护意识有所提高，社区环境保护整体向好。

然而，还有一些需要改善和解决的问题，其中，人兽冲突在社区集体林区域中比较突出。社区反映，野生动物破坏庄稼和损害农户财产情况越来越普遍，损害主要发生在林缘村社，受危害的村社数量较多。据保护区统计，在实验区内居住的 42 个行政村 202 个合作社 5434 户 20 033 人都受到过不同程度的影响，危害涉及农地面积 38 953 亩，粮食产量损失按 1% 估算约为 85 吨，目前多数损失都未得到补偿，村民希望能有所改善。

4.7 展望

使用 COR 体系，以及前述 20 多项指标，我们对三个国家级自然保护区的保护成效进行了评估。经历了这些评估，我们更加确信这些指标的设计是符合保护区适应性管理需要的。根据评估结果提出的行动建议，例如，增加高山区域监测的强度，都返回了积极的结果。

同时，我们也很清楚要保证评价结果的客观性，缩短评价过程需要的时间，提高评价结果对保护行动的指导力，以及对保护成效进行更为全面的评价，还有很多需要改进之处。

在本节中，我们将就如何围绕提高指标计算效率，标准化指标的计算过程，加强指标评估对管理的指导作用，以及还应增加哪些模块，做一些初步的总结。

4.7.1 提高监测数据对成效评估的支持

经历了三个保护区的评估，我们发现，在应用这些指标的过程中，大量的工作时间用在和保护区一起整理各种评估需要的数据上。其中，监测数据的整理是一个重项，为了将已有的监测数据整理为评估可用的形式，我们投入了很多的时间和人力，而这还是在几个保护区都已完成了从纸面上的数据转化为电子数据的基础上的。假如要从数千份野外记录表开始，那将需要更长的时间，工作难度会比现在高很多。因此，提高监测数据库中的数据与成效评估需求的兼容性，是实现常规化适应性管理所需的。

例如，对于物种分布信息空缺（S2-212）这项指标，包含三种度量方法：① 已知至少一个分布点的物种数量；② 可进行分布预测的物种数量；③ 预测结果与真实分布接近的物种数量。后面两种方法都用到分布预测模型，根据我们的研究，随分布点数量的增加，对每个点所代表物种的鉴定准确度增加。随点的空间分布代表性的增加（空间上散开的点好于集中在一起的点），模型预测结果与实际分布更为接近。因此，要实现监测数据对该指标的良好支持，就需要在监测中尽量覆盖更多的物种，即鼓励监测人员记录数据库中无分布记录，和分布记录较少的物种。

常见物种的监测记录经常是监测数据库的空缺，以王朗保护区为例，有保护级别的物种的痕迹记录数很多，如大熊猫，而常见的物种，却往往被忽视。在进行生境分析方面，也有类似的情况。在王朗保护区的 78 种兽类、231 种鸟类中，至 2016 年，保护区内有生境记录的物种只有 50 种，而超过 50 张生境表的物种只有 14 种。

为获得空间散布较理想的分布点，应该鼓励监测人员记录与已有记录相距较远的痕迹。曾有保护区的工作人员问我们，在监测中，每天需要填多少条记录才算好？同一处痕迹，例如，一处大熊猫粪便，上次监测时已经记录过了，那么这次又经过这里，还需不需要记录？如果以实现更多物种有比较准确的分布图为目的，那么当一个物种已经有了好几百条分布记录时，再新添一条记录对于实现这个目的就不太重要了；在同一个点位上，两条以上的记录在进入模型后只被使用一次，因此从这个意义来看也不需要再记录；除非有其他的需求，比如在计算遇见率时，同一位点看到的新痕迹则应当被记录。

4.7.2 关于使用遥感数据

获取空间连续的植被覆盖数据来做栖息地分析，或进行两个以上时相间的变化的比较，曾经是非常困难的。然而，近些年快速发展的遥感技术，从无人机到卫星，提供了各种空间分辨率、时间分辨率以及多种传感器波段的选择，能够满足很多方面的分析需求，并且很多遥感影像数据，或再加工过的遥感影像产品都是可以免费获取的。

从某种意义上说，保护成效评估这一领域已经离不开遥感数据。在我们的评估案例中，使用的遥感数据包括：GFW 数据集、Landsat TM/ETM+ 卫星影像、MODIS 植被指数数据等。还有我们使用无人机拍摄的高清局部影像，按照分析要求可以调整飞行高度达到厘米级别的水平分辨率，无人机上还可以搭载专门用于测量和计算植被指数的传感器。

受数据采集器的影响和制图方法的影响，从遥感影像解译出的用于成效评估的分类图所产生的分类误差，会为后续的指标计算带来误差。我们强烈建议，在评估中，尽可能对所使用的或自测的遥感影像或相关数据产品进行精度评估，确保做出的评估在误差允许范围内（Bos et al.，2019；Sexton et al.，2015；Wulder et al.，2012）。

可以预见的是，随着评估案例的积累，在使用遥感影像及其相关产品上，数据、方法以及对误差的估计都将向标准化的方向发展。

4.7.3 评估的目的是改善行动

对保护区的保护成效评估，除反映上一阶段保护行动是否有效外，更重要的目的是改善下一步的行动计划。在所提出的行动建议中，提高空间分辨率、时间分辨率和赋予行动优先级，有助于在新的管理计划中更精准和有效地设计行动和提高成效。

首先说空间分辨率上的提高。当所建议行动的空间范围从整个保护区聚焦到特定的一个山谷或几个网格时，成效就会好很多。我们将王朗保护区划分为 300 多个面积约为 1 km^2 的网格，形成网格图。以大熊猫关键栖息地识别为例，该分析给出了发情场所在的山谷，甚至可以从图上找到富集嗅味树的网格。有了这些信息，在制订行动计划时，就可以从“减少保护区内的干扰，保护大熊猫的发情场”，细化为“减少某某沟内的干扰，保护大熊猫的发情场”，进而还可以细化到“某工作人员加强对编号为 XXX 的网格的巡护，减少其中的干扰，保护大熊猫的发情场”。

再说时间分辨率的提高，还以大熊猫关键栖息地识别为例。通过对嗅味树出现时间的监测，识别出王朗保护区内大熊猫的发情交配时间为每年春季，从二月份到五月份这段时间就需要特别关注，因此上述行动计划可以进一步细化为“在 2 ～ 5 月份，某工作人员加强对编号为 XXX 的网格的巡护，减少其中的干扰，保护大熊猫的发情场”。有了这样明确的目标，保护区就不需要整年对大熊猫栖息地进行高强度的巡护，为了确保大熊猫在发情期少受打扰，只需要在关键时段、关键区域加强巡护即可。

与值得开展的保护行动相伴的，是保护资源往往不足，缺乏足够的资金、人力来执行所有建议的行动，因此，在衡量目标的轻重缓急后，给建议的行动加上优先级，对制订管理计划会非常有帮助。

4.7.4 指标改进方向

本研究中的评估都是以保护区单体为评估对象展开的，然而，目标物种的分布并不会受保护区边界的限制。从更大的景观尺度看，每个保护区有不同的角色、任务分工，则可能形成更有效率的综合效果。

以大熊猫为例。处于大熊猫分布区核心栖息地的保护区，往往有高质量的大熊猫栖息地，其保护目标应是确保生境质量不下降，在维持大熊猫种群数量不下降的基础上，发挥大熊猫“源”种群的角色，不断向周边输出个体；处在分布区边缘的保护区，往往存在栖息地质量从高到低，甚至到非栖息地的大片过渡区域，其保护目标则应侧重于提高栖息地的质量，促进非栖息地向栖息地转化、低质量栖息地向高质量栖息地转化；对于大熊猫栖息地孤岛，需要走廊带将孤岛与相邻的大块栖息地连接在一起，不少走廊带都在保护区外，这时相关的保护区就需要加强区外走廊带社区的工作。至于景观水平上多保护区的综合成效，在本研究的评估案例中尚未覆盖，若以大熊猫国家公园为评价对象，就需要补充这方面的指标，例如，补充生境完整性、栖息地连通度、遗传多样性等方面的评估。

本研究中使用的指标仍存在很大的改进空间，有些指标的代表性还可以进一步提高，对生态系统服务的评估还有待加强。在评估结果的量化上，对现状等级评价的阈值还有待研究和规范。例如，对森林面积变化指标的现状分级以全国平均水平为对比标准，低于全国水平无森林减少为优，仍有森林减少为良，高于全国水平视减少比例定级为中或差。分等级的目的是影响行动建议的优先级，进而引发积极的行动改变，当评估分级结果融入适应性管理的循环，经过几轮经验总结后，管理就会趋向合理。

很多指标模块数据的获取都依赖保护区的日常监测，监测和评估本身就是适应性管理中紧密相关的两个环节。目前存在监测与评估不完全匹配的情况，应加强各监测（包括调查）方法的一致性，以加强可比性。例如，痕迹遇见率、干扰频次等的比较，应该建立在同等的调查努力上。对物种动态的评估，不同时相间结果的比较最好能保持调查方法和调查强度的一致。

第五章

展　　望

在前面的几章中，已经展示了使用COR体系对几个国家级保护区所进行的成效评估案例，用实际数据显示了COR评估体系可以做什么，以及对保护区如何使用COR体系的评估结果来提高其管理水平。

COR体系中涉及的指标基于客观的数据，使用科学的方法，可以被第三方重复，并且与国际指标接轨。那么，如果要在我国推广这种评估方式，时机是否已经成熟？在自然保护最前线的保护区管理者们对实施保护成效评估又是如何看的？那些有意愿进行评估的保护区是否具备完成COR体系评估所需的足量数据，目前的监测数据能够进行哪些评估？

从国家角度来看，如果中央政府决定要加快推进保护区的成效评估，相关领域是否已经有足够的从业者做支撑？如果人员不足，需要新鲜血液的填补，那么我国高校是否已经为此做好了准备？限制从业人员规模扩大的障碍又在哪里？

进一步的，假设我们最终在中国实现了保护地成效的有效评估，进而普及了保护地的适应性管理，从当前所处的位置出发，到实现这一目的，路径应该怎样走？围绕这些问题，我们做了一些调查和研究，并尝试着在本章中提出一些设想。

5.1 绘制保护地适应性管理的蓝图

首先来描绘一下我们所认为的适合我国国情的保护地管理体系应该是怎样的。目前我国已经初步建成以国家公园为主体的自然保护区网络，覆盖了约15%的陆地国土面积，在此网络外部，还有已划和待划的生态保护红线，这样对陆地国土的总覆盖可达到约30%，构成了我国生物多样性的保护主体。在此主体外，有重要补充作用的还有被称为“其他有效的区域保护措施”（other effective area-based conservation measure，OECM）的区域，包括至少39个民间公益保护地，总面积为7630 km^2，占陆地国土面积的0.079%。OECM所覆盖的区域，除有重要的保护价值这一共同点外，大多是离人居较近，或与人居在一起，面积不大，不适合建立保护区或国家公园，而只能采取更为灵活和精准的保护形式，即更细致的适应性管理方式。我国很多人口密集、远离大片保护地的区域也有重要的生物多样性需要保护，必须依靠 OECM 这种灵活而精准的保护形式。这些广义概念上的保护地在保护生物多样性的战场上都有不可替代的作用，也是保护资金投入的主要对象。这些保护地都需要进行一定程度的管理，也需要保护成效评估，评估和管理体系必须能满足体系中各种保护地的管理需求。

基于个性化、客观性、行动导向性和灵活性四项原则建立的保护成效评估报告体系有助于保护区实现适应性管理，模块化的保护区成效报告可以满足我国保护地体系中不同大小、级别的保护地实现适应性的需求。模块化组合的形式能体现出每个保护区的个性；每个模块都是基于客观监测数据的科学分析得出的，适合进行同行重复和评议；每个模块都是行动导向的，保护区可以以此为依据调整保护行动，并通过监测和评估行动的成效，进一步提出有针对性的调整建议，而这本身就是适应性管理中的两个逻辑相连的环节，自然可以无缝地嵌入适应性管理体系中去；模块化组合的特点使评估体系更为灵活，从小的保护小区、社区保护地到大的自然保护区和国家公园都可以灵活组合。在从小到大的层次上，这一体系都能为有效地使用保护资源提供助力。

进一步，保护成效报告可以成为有机连接我国自然保护相关人员的结点，实现对保护地科学而有效的管理。

（1）保护地工作人员。在一线直接针对压力采取行动的保护地工作人员通过监测和调查不断更新保护目标的状态和所受压力的状态，并采取行动来减缓或消除压力，所引起的压力减轻和状态改善都体现在保护成效报告中。

（2）保护地管理者。保护地的直接管理者通过保护成效报告中各项指标的状态和变化合理调整管理计划，更有效地针对保护目标在空间、时间上调配资源和行动，也就是实现适应性管理。

（3）保护地的上级监管者。即同时管理或监管多个保护区的上级机构，包括省级和中央的保护地主管部门和监管部门，通过每个保护地提供的保护成效报告，来掌握各保护地的各项保护目标的具体情况；通过同一指标在不同保护地间的横向比较，判断出有短板的保护地，从而更有针对性地扶持；通过不同时相间评估指标的变化情况，判断出哪些保护地正在经历快速的改善，或者正处于倒退中；等等，这些进展无疑会提升现有的管理水平的层次。

（4）专业技术咨询者。实施评估并完成评估报告，包括与保护地管理者一起确定保护成效评估的框架和选择评估模块，整理和分析保护区提供的数据并按照模块要求实施评估，撰写保护成效评估报告，根据评估中的发现向保护地管理者提供行动建议，以修改下一步的管理计划等；以独立第三方的角色审阅其他专业技术咨询者编制的评估报告，确保模块的选择有据、数据准确、分析正确和建议合理有用；分析保护地提交的评估报告，汇总出一个地区或全国保护地在特定模块指标上的表现，优选出成效显著的示范保护区，筛选出需扶持的短板保护区，为保护地的上级监管者制定宏观管理政策提供分析报告。

由此可以看出，模块化的保护成效报告和由此形成的适应性管理是有效提高我国自然保护地管理水平的关键环节。

基于保护成效评估报告，适合我国保护地管理体系的框架蓝图应该是这样的：在职能分工上，保护区主管单位——林草系统对保护区实行直接的管理并实施保护行动，由保护区自行组织保护成效评估报告的编写，而生态环境部作为监管部门，通过审阅评估报告来对保护成效进行考核与监督。

在成效评估的组织与开展形式上，我们建议保护区的保护成效报告首先由国家层面给出指导性框架，随后保护区根据自己的特点与保护侧重，自行组织技术力量来编写，或向社会购买有关的咨询服务。

建议每 5 ～ 10 年为一个评估周期。为保证成效报告的客观性和科学性，保护区的成效评估报告也需要由第三方予以审阅，可以参考公司财务报告需经过第三方独立审计的模式。

5.2 实现蓝图的可行性

既然我们认为模块化的保护地评估体系是我国实现保护地适应性管理的关键环节，需要在全国推广。那么，要推广类似COR体系这样的评估体系，实现前面所绘制的蓝图，在当前阶段是否可行呢？

COR体系在应用时需要保护地满足两类条件：① 具有明确的保护对象、保护目标（指标选取的依据）；② 具有生物多样性本底信息和监测数据（评估的数据来源）。我们设计了一项全国范围内的保护区抽样调查，来了解现阶段已经满足上述两项条件，可以开展成效评估的保护区的数量以及这些保护区在保护区整体的占比。

5.2.1 保护目标

保护对象指能够代表保护地生物多样性的指标物种、群落或完整的生态系统（Parrish et al.，2003），保护目标（Objective）则是通过保护干预期望保护对象所达到的目标状态。对保护地的设立目标、重要资源和价值的了解，可以帮助管理者对复杂问题做出决策，采取合适的保护行动。在调研保护地有无清晰的保护目标时，首先对保护目标进行了定义：保护目标除了要求保护地要有明确的保护对象，还要对保护对象预期的变化趋势和状态予以科学合理的计划。保护目标包括长期目标，即希望保护对象最终或长时间内能够达成的状态，比如生物多样性增加、保护物种的种群长期稳定等；也包括短期目标，一般为1～5年内保护区希望实现的变化，比如对保护物种的人为干扰频率降低到某一水平之下（如减少50%或完全消除），保护对象物种种群规模增长10%，或3年内调查了解保护物种的种群数量与分布现状等。明确的、可测量的保护目标对于保护行动的规划和保护进展的评价至关重要。

保护目标理应体现在保护区的管理计划中，而中国保护地缺乏与国外保护地体系相对应的官方管理计划文本，保护区的施工建设、经费调度等皆通过总体规划来审批。据此，我们以总体规划间接代表管理计划，对保护区总体规划文本进行查阅，收集时间为 2018 年 5 月至 2018 年 9 月。通过对总体规划文本中保护对象和管理目标的分析，来相应地评价保护区对保护目标的设计质量（清晰程度）。对保护目标设计质量的评价，采用专家意见法进行打分，分数范围 0 ～ 4 分（表 5.1）。

表 5.1　对保护区保护目标设计质量的评价标准

分数	评分原则	参考性指标（仅考虑与保护对象直接相关的内容）	举例
0	对保护对象描述不清	是否有明确保护对象，与保护区实际资源分布情况是否一致	总体规划的目标部分未提及任何保护对象相关内容
1	清楚保护对象，但没有保护目标	仅提到保护对象，却没有提及保护的预期状态或保护对象的变化方向	保护大熊猫、雪豹及其栖息地 / 森林生态系统
2	清楚保护对象，有宽泛的目标，但没有具体指标	知道要保护的物种和方向（种群恢复、生境完整、威胁减轻），但没有具体指标，即长期和近期目标中没有提及恢复的程度	如保护栖息地不受盗猎威胁，物种种群稳定，种群数量不减少等
3	清楚保护对象、保护目标，有具体指标，但无时间计划	有保护目标，长期 / 短期目标中提到了保护工作的重点方向（目的），并具体到关键物种	如大熊猫种群恢复的水平，栖息地扩大的范围，监测覆盖达到的程度，了解某物种的分布和资源动态，不一定要具体到数字，只要能符合评估 / 验收的要求
4	清楚保护对象、保护目标，有指标，有时间计划	细化到几年内恢复的程度、监测覆盖面积数等具体条目	如 5 年内监测覆盖的面积数，2 年内针对某物种开展保护 / 恢复行动的内容

在全国范围内的自然保护区总体规划文本分析中收集到 238 份总体规划，包括 13 个省（自治区、直辖市）的 229 家保护区单位，其中国家级保护区 190 家，占到全国国家级保护区数量（469 家）的 40%。

对总体规划的分析结果显示，大部分保护区的保护目标评分为 2 分，即清楚保护对象和比较笼统的保护方向，却没有针对保护对象的具体保护规划和预期达到的状态。较常出现的描述如“维护区域内生态系统稳定性和整体性 / 完整性 / 自然性”“野生动植物正常生存繁衍，种群数量不断增加”“使自然资源得到有效保护，维持物种多样性和生态系统稳定性”等。

同时，相近区域的保护区或由同家机构编制的总体规划重复性较强，除了保护对象在物种上有所区分外，管理目标中多是较为模糊的“生态完整性”“有效保护”等，并未看出有针对保护对象实际需求所制定的、切实可测的保护目标。比如，较为典型的对管理目标的描述是，“坚持以保护生物资源、自然生态系统为中心，以增加生物多样性，确保生态系统良性循环为目的，积极开展科学技术研究，按可持续发展战略，积极开发生态旅游资源，搞好多种经营，增强保护区综合实力，协调好保护区与当地社区关系，用高科技手段，尽快将保护区建设成集生物多样性保护、科研、宣教和多种经营为一体的多学科多功能的国家级重点自然保护区”，等等。这样的目标在字面上虽然符合常理，但缺乏对保护区实际问题、威胁和需求的考虑，缺乏对保护对象特异性的考虑，也就难以成为切实可行的帮助保护区规划和开展保护管理行动的参考依据。

对各保护区总体规划的分析结果还显示，评分大于 3 分的保护区可认为具有较清晰的保护目标，这一比例为 22%，具体到保护区类型上，野生动物类型的保护区具有清晰保护目标的比例较高（图 5.1）。

6% 的保护区评分为 4 分，即在管理目标的制定中包含了对保护对象预期状态的定量化指标。其中部分保护区的定量目标较符合实际保护需求，可行性高，比如，江苏盐城湿地珍禽国家级自然保护区在管理计划中提出至 2025 年“掌握 10 ～ 15 个重要物种的种群变化”，石首麋鹿国家级自然保护区在清楚麋鹿种群动态的基础上，认为现阶段麋鹿种群已超出环境容量，在下阶段的保护计划中需要人工控制种群数量。也有部分保护区的定量目标较高，其可行性有待商榷，如西藏色林错国家级自然保护区预期“黑颈鹤到 2010 年恢复到 15 000 ～ 16 000 只，2025 年恢复到 25 000 只以上，彻底摆脱濒危状态”。

除了研究收集到的总体规划外，我们还用实地访谈和问卷调查的方式就总体规划能否代表保护区实际管理计划进行了评估。其中，问

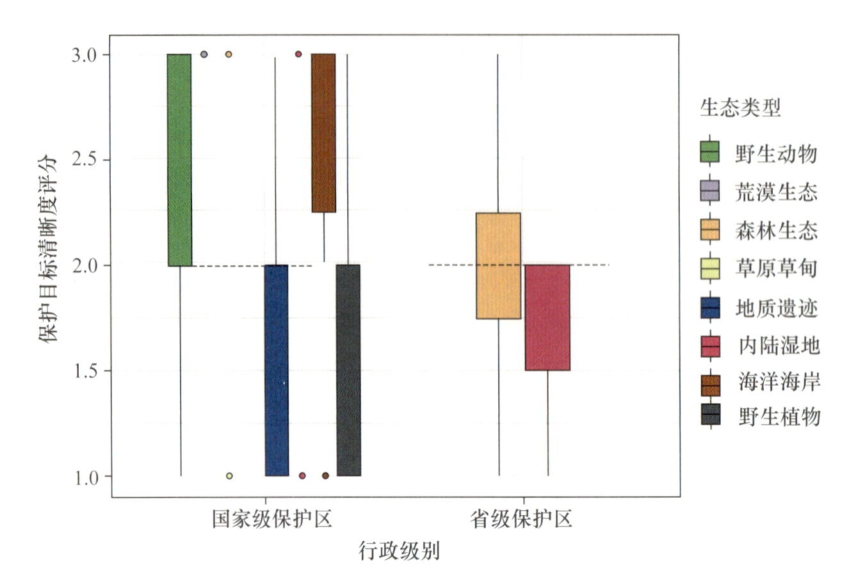

图5.1　不同类型保护区保护目标的清晰度。分数越高表示保护目标越清晰，其中荒漠生态、草原草甸类型样本量较少，在图中以散点表示

卷主要针对保护目标方面的问题，包括有无目标、目标内容以及保护区工作优先级排序等，如表 5.2 所示。随后将设计的关于保护目标结构化的调研问卷进行了在线发布，问卷的收集周期为 2019-09-25—2019-10-25，收集范围为全国（各省）的保护相关单位，由中国林学会与各省分会协助发放，国家林业和草原局、云南省林业和草原局协助通知，各单位自愿填写。

调查共收回有效问卷 341 份，含 279 家保护单位（图 5.2），样本覆盖全国 25 个省（自治区、直辖市），湖南省和广东省参与调研的单位最多。样本单位类型以保护区为主（64%），保护区样本中包含 114 个国家级、60 个省级和 6 个县级保护区。其中，森林公园、湿地公园、地质公园与风景名胜区等自然公园类型的保护地合计占 32%，问卷同时收集到了现已并入国家公园试点区域的 6 家单位，以及少数自然教育学校和研究基地。其中有 27 家单位存在数量不等的重复填写的问卷。数据处理时，在以机构数量或比例为统计单位的分析内容上，去除重复问卷；在对主观题的分析中，考虑到观点的差异性，保留所有有效问卷。

表 5.2　问卷调查所涉及的保护目标问题

问卷题目	选项
贵保护地在未来 5 年内的保护目标是什么?（备注：计划通过保护行动使保护对象达成的目标状态）	填空 若无具体保护目标请填“无” 若不清楚保护目标请跳过此题
您认为贵保护地近五年的工作 / 管理重点是哪些方面? （多选排序题，请选取您认为最优先的 3～5 项并对重要性排序，括号内依次填入数字：1. 最重要，2. 第二重要，以此类推）	[　]机构设置与人员配置 [　]范围界限与土地权属 [　]基础设施建设 [　]运行经费保障 [　]主要保护对象变化动态 [　]违法违规项目 [　]日常管护 [　]资源本底调查与监测 [　]规划制定与执行 [　]能力建设 [　]宣传与自然教育
您认为保护区编制的总体规划中的内容，对保护区实际的管理方向、计划的代表性如何?	5 分量表 1（无代表性）2　3　4　5（完全代表保护区管理计划）

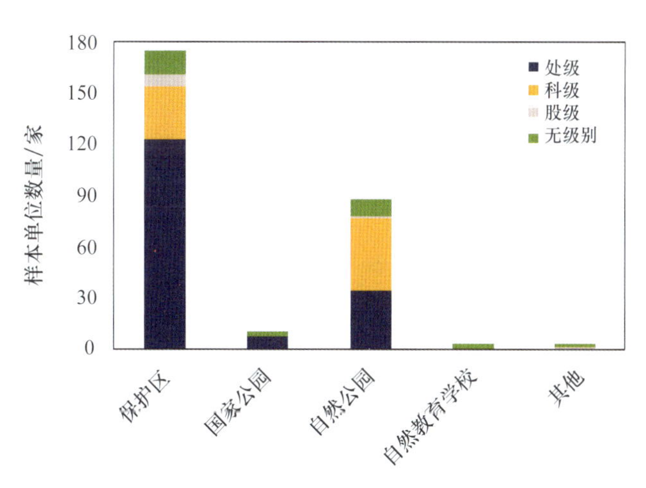

图5.2　问卷调研样本组成

调查结果显示，70% 以上的保护地单位认为总体规划与保护区管理计划一致性高，可以代表管理计划（图 5.3）。

对保护地（含保护区、自然公园、国家公园等）近 5 年保护目标的问卷调查结果显示，受调查样本有 31% 具有明确的保护目标，与总

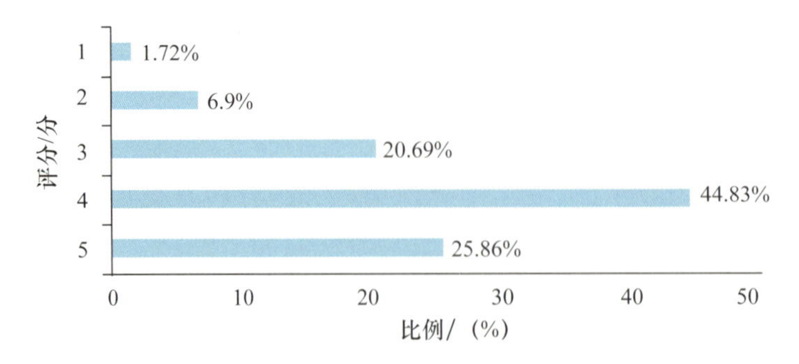

图5.3　各保护地中，总体规划对实际管理计划的代表性
问卷调查中对保护地的打分，分值1～5，1分表示没有代表性，5分表示完全代表了保护地的管理计划，分值越高表示总体规划对管理计划的代表性越高

体规划调查中22%的比例较为接近。其余12%没有保护目标，57%则不清楚其保护目标。在保护地提出的保护目标中，主要包括恢复物种种群数量、保护野生动物栖息地、提高监测能力、减少周边社区资源利用等方面。在保护区对其近5年管理工作优先级的排序中可以看出，宣传与自然教育优先级最高，其次是物种多样性调查与监测、日常巡护，但对主要保护对象的关注尚有不足（图5.4）。

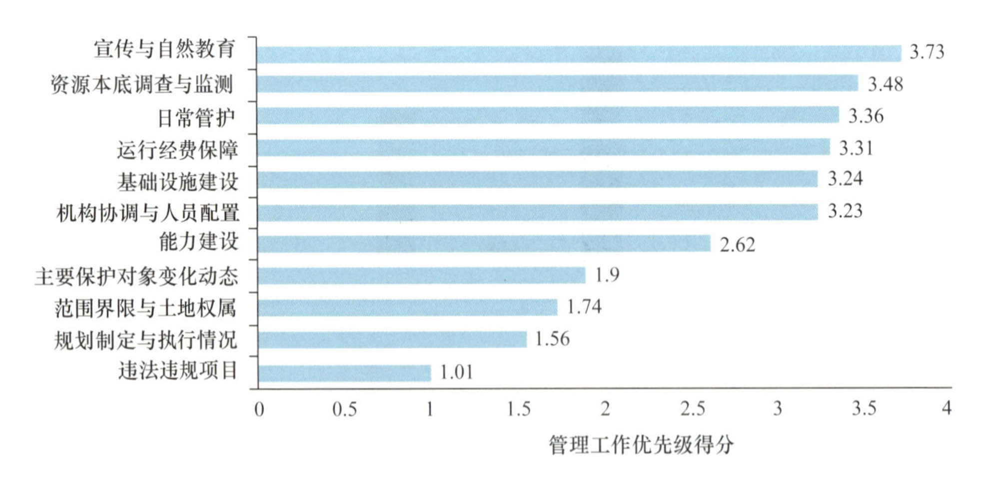

图5.4　保护地对管理工作的优先级排序
排序题中各选项平均得分是由问卷星系统根据所有填写者对选项的排序情况自动计算得出的，它反映了选项的综合排名情况，得分越高表示综合排序越靠前。计算方法为：选项平均得分＝（Σ频数×权值）/本题填写人次。权值由选项被排列的位置决定

有保护对象，却缺乏对保护对象所面临的实际问题和保护需求的了解，缺乏清晰的指导保护行动的保护目标，是目前国内多数保护地存在的问题。从保护地类型上看，野生动物类型的保护地的保护目标较其他类型的保护要更清晰一些，平均得分也稍高。这与我们于2017—2018年在保护地实地走访中所了解到的情况较为一致，同时也与团队在2010年对全国范围内49个保护区的实地走访所了解到的情况较为一致。

5.2.2　生物多样性监测

生物多样性监测泛指对生物多样性的重复性的调查，在时间和方法上具有可比性，且通过多次调查累计，能够反映目标物种的现状与动态变化。生物多样性监测的数据反映保护区内物种方面保护目标的变化，是实施相关指标评价的必要数据，因此，一个保护区是否已经在积累这方面的数据，对能否进行相关模块指标的评价至关重要。

对保护区生物多样性信息积累现状的调研以线上结构化问卷调查为主，数据收集周期为2019-09-25—2019-10-25，收集范围为各省（自治区、直辖市），由保护相关单位自愿填写。问卷收集的信息包括保护地的生物多样性综合调查情况（本底调查）、监测类别、监测覆盖面积与持续年份、监测数据积累现状等（表5.3）。

表5.3　问卷调查所涉及的生物多样性监测问题

问卷题目	选项
保护地曾开展过几次综合性的本底调查	无 1次 2～3次 3次以上
保护地已开展的长期监测有哪些？分别持续了多少年？	（多选） □无任何监测 □植被/森林/重点保护植物 ____________ □兽类 ____________ □鸟类 ____________ □昆虫 ____________ □两栖类 ____________

续表

问卷题目	选项
	□爬行类 ________ □鱼类 ________ □真菌 ________ □气象监测 ________ □土壤监测 ________ □湿地 / 水体监测 ________ □社会经济 / 社区监测 ________ □其他 ________
截至目前，保护地各类型的监测工作大概能覆盖多大范围（占保护区总面积比例）	[0（无覆盖）到 100（全覆盖）的数字] ________
贵保护地的数据库（电子版）中已累计收录了多少年的监测数据?	○无 ○<3 年 ○ 3 ～ 5 年 ○ 6 ～ 10 年 ○ 11 ～ 20 年 ○>20 年
这些监测数据会定期使用与分析吗?（单纯的红外相机照片展示除外）	○没使用过 / 不知如何使用 ○不定期使用（如编写报告、有科研项目需求时） ○会定期分析和反馈（如每年、每两年） ○其他 ________

问卷调查结果显示，88% 的保护地都已积累了生物多样性本底信息，至少开展过一次综合科学考察，18% 开展过 3 次以上的综合科学考察。保护区的综合科学考察次数多在 1 ～ 3 次之间，仅有 5% 的保护地目前还缺乏生物多样性的本底信息，而自然公园或风景区有 23% 仍缺乏本底信息（图 5.5）。

在长期监测方面，有 88% 的保护地至少开展了一项长期监测，其中 73% 的保护地都已有植物监测，约半数开展了鸟类（57%）和兽类（50%）监测（图 5.6）。至少开展一项监测的比例在抽样的保护区中达 92%。保护区（特别是国家级保护区）和国家公园在监测上更加完善，覆盖的类别（包括物种门类、气候和环境等）更全面。国家公园的监测项目平均为 5 项，保护区（包括所有级别）平均为 4 项，自然公园或风景区平均为 3 项。相较于保护区（7%），自然公园或风景区（16%）没有任何监测的比例要高一些。

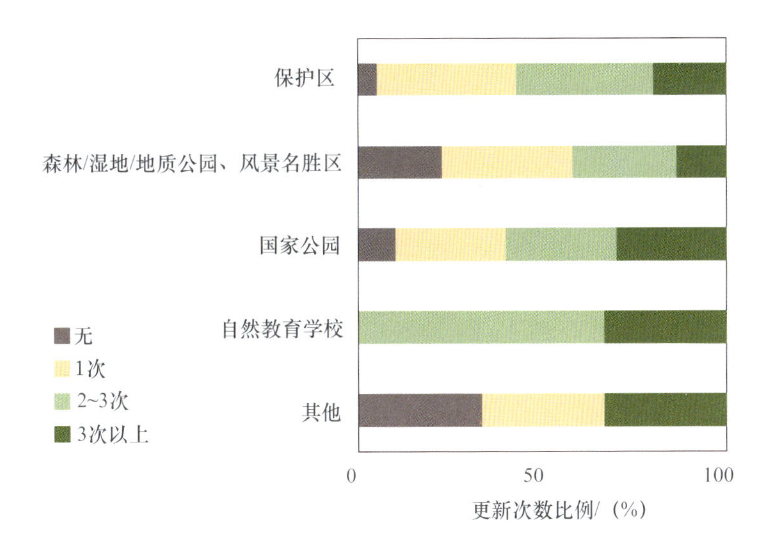

图5.5　保护地的生物多样性本底信息更新次数

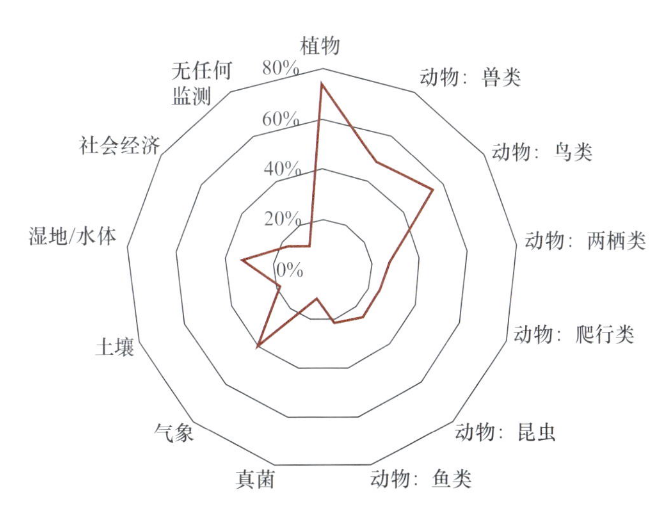

图5.6　保护地开展的监测类别与比例

在覆盖度上，保护地的监测平均能够覆盖 50% 的区域面积，70% 以上的保护地至少覆盖了 20% 的面积。在监测积累上，25% 的保护地完全无监测数据积累，但半数以上的保护地的监测数据积累大于 3 年。保护区中有监测数据积累的比例达 81%，其中 57% 积累了 3 年以上。15% 的保护地积累了 10 年以上的监测数据，在保护区中（含国家公园试点），监测数据积累 10 年以上的比例为 17%，其中国家级保护区有 20% 具有 10 年以上监测数据积累。国家公园的监测类别相对于其他保护地类型要更加全面，数据积累也更久。在数据的使用上，尚有 27% 的保护地从未使用过其监测数据或不知如何使用，48% 的保护地会不定期分析其监测数据，21% 的保护地则会定期对监测数据进行分析。在保护区中，不会定期分析监测数据（含未使用过）的比例达 78%。

我们进行问卷调查时，还同时调研了保护区目前的保护威胁和干扰情况，其中占比最高的保护威胁是火灾，其次为病虫害；人类干扰中旅游和非法采集威胁程度最高，其次是盗猎和放牧。关于对保护对象动态方面的认识，大部分保护区仍较差。

在关于保护区当前重点关注的工作内容方面，资源调查与监测、保护宣传被认为是重点内容。

此外，从保护区自主反馈的管理上存在的问题主要可以分成以下几类：① 缺人、缺钱；② 与周边社区的矛盾；③ 有资金却不懂使用，有人力却没有技术，对保护区内的生物多样性状况和物种动态缺乏了解；④ 务虚的工作太多，导致没时间做保护工作。根据我们的经验，与保护区一起做保护成效评估时，可以帮助参与评估的工作人员梳理保护的脉络与空缺，其实就解决了保护区反馈的问题③和④。

总结一下我们对保护区是否明确保护目标和是否有足够监测数据来支持保护成效评估这方面所获得的结果。

回顾我们在 2010 年对 49 个保护区的实地调研结果，其中有 30 个保护区制订了监测计划，但只有 13 个保护区制定了明确的监测样线，16 个保护区明确了全年的监测次数，13 个保护区建立了监测数据库，只有 4 个保护区的监测样线能覆盖全区的范围。

在 2017—2018 年我们的调研走访中，受访的国家级保护区大多数都已开展至少一项监测活动，最为常见的监测活动是森林类型保护区对陆生脊椎动物的样线监测，多配合红外相机的样方法监测来进行。部分保护区在监测开展上进步显著，如纳板河保护区，其生态监测包含了陆生脊椎动物、植物、水质、土壤、气候等多个类型，监测范围也基本覆盖了核心区和缓冲区，以及部分实验区，监测数据积累相对较为完善。从2010年到2018年，很多保护区在监测方面都取得了长足进步。

然而，保护区对于监测数据的整理、归档能力参差不齐，大多数保护区对监测数据的运用能力较弱，存在投入千万资金开展监测，但积累了多年的、大量的监测数据却不知如何分析和使用，只能搁置起来的情况。

省级保护区的管理能力地域差异较大，其监测开展的现状及监测能力整体不如国家级保护区；而市县级保护区的情况更差一些，相当一部分的市县级保护区无管理机构、人员和配套的资金开展工作。

对生态保护成效的定量化评估需要结合大量的监测和地面调查数据、资料，因此对保护区的监测能力和监测数据的积累存在一定要求。国家级保护区相较于其他级别的保护区和多数其他类型的保护地来说更具有开展成效评估的条件，也是建议先行开展试点和案例研究的对象。

5.3 人才需求

生物多样性管理是人主导的管理，在保护地的长期发展中，人才队伍是不可或缺的一环。自然保护地事业的建设与发展需要大量的基层从业人员参与到在地保护、巡护、监测、基础建设、宣传教育等非常具体的管理事务中，因此人才的储备、从业环境与能力培养等对于保护地的长期、可持续的保护管理工作是至关重要的影响因素，也是保护地管理事业未来能否不断提升和壮大的潜在限制因素。因此，了解保护地行业的从业现状、人员储备及发展潜力，有助于决策者在制定相关政策时对人才因素予以适应性的考虑。

对于保护地从业者的调研，我们分成两类：一类是保护地在岗从业者，如已在保护地就职和从事基础性工作的职工、护林员等；一类是未来可能进入保护行业的潜在从业者，如高校生态与野生动植物保护相关专业的学生。我们对这两类群体分别进行调研，以期了解：① 保护地基层从业人员对保护地工作的认识、态度、建议和能力需求；② 调研高校学生群体中，潜在的从事保护行业以及保护地工作的人才规模，了解其对保护地工作的认识、态度和从业意愿。

5.3.1　保护地在岗从业者

在对保护区的抽样调研中，我们在问卷中设置了与基层保护从业者相关的问题，包括能力需求、对保护区管理工作优先级的思考，并在实地调研过程中了解了保护区在编职工、护林员等对保护工作的看法和建议。其中，保护区反映职工在专业技能上的需求主要集中在资源调查能力、数据管理能力和宣传教育能力等方面，保护区基层职工的从业黏性也普遍较高。此外，云南省内的部分保护区在员工管理中实施了“多劳多得”的奖励激励制度，如云南云龙天池国家级自然保护区会按照巡护与入户访谈的工作努力发放补贴，通过实践反映这种激励制度能够体现管理的公平性，对促进员工的工作积极性有帮助。

5.3.2　潜在保护地从业者

自然保护地建设是我国实施生态与生物多样性保护的重点工程，保护地的工作人员是生态文明建设的一线工作人员。保护地的人员组成及专业水平对保护工作的开展及成效的取得起到了关键作用。新中国成立初期，由于当时的保护地基本上为森林类型的自然保护区，保护区工作人员多为林业及相关专业毕业，从事与森林培育、病虫害防治相关的保护工作。随着 20 世纪 80 年代保护区数量及类型的增加，该领域的人才需求更加多样化，数量也有所增加。2002 年 12 月，北京林业大学在全国率先建立了自然保护区学科，同年开始招收自然保护区学专业的博士和硕士研究生，并于 2006 年开始招收野生动物与自然保护区管理专业本科生。该专业旨在培养掌握野生动植物保护，野生动物驯养、繁殖、疫病与检验及自然保护区建设与管理的基本理论和基本知识，具备较强的专业技能，能在相关的科研院所、自然保护区等部门或单位从事野生动物保护、利用、检疫和自然保护区管理的高级科学技术人才。在此之后，各地林业大学纷纷开设保护区相关专业，为全国保护区培养后备人才。如今，保护相关专业人才培养已颇具规模，培养计划与课程设置也趋于稳定。

5.3.3 保护相关专业开设情况

我们对各大学保护相关专业的开设情况进行了综述，并通过问卷调查的方式调查了相关专业就读学生的反馈及就业情况，旨在以此反映自然保护潜在从业者的受教育情况及就业意向，为相关专业本科生教育的进一步完善与自然保护地吸引该领域人才提供建议。

本次问卷调查共收回有效问卷 232 份，涉及 53 所高校，其中 69 份问卷来自生态学、野生动植物保护与利用、自然保护区学等保护相关专业。有效问卷中，被调查者有 26.59% 来自大学一年级，9.25% 来自大二，16.76% 来自大三，11.56% 来自大四，除此之外，31.21% 为硕士和博士研究生，4.62% 为已工作人员。受访者中约 60% 为将要就业的硕士和博士研究生及高年级本科生，针对他们的就业意向调查能在一定程度上反映相关专业学生的普遍情况。

我国高校现开设的本科专业中，与自然保护相关的，如野生动物与自然保护区管理专业等，旨在培养保护领域综合应用型人才；如野生动植物保护与利用、植物保护专业等，旨在培养保护领域研究型人才；如生态学、环境科学等，旨在培养与生态保护相关的研究型人才。其中尤以野生动物与自然保护区管理专业的培养目标与保护地涉及的工作最为相关。

截至 2018 年，我国开设野生动物与自然保护区管理本科专业的高校有 9 所（表 5.4），分别为北京林业大学、东北林业大学、海南大学、吉林农业大学、吉林农业科技学院、四川农业大学、西昌学院、西华师范大学、西南林业大学，包含 2 所教育部直属高校，4 所 211 工程大学，层次丰富。从地理位置上看，这 9 所院校所在地包括华北地区、东北地区、西南地区、华南地区，其中东北地区和西南地区开设该专业的高校明显多于其他地区。在大部分高校中，该专业由生命科学或动物科学相关学院开设，而在北京林业大学中，该专业由专门的自然保护区学院开设，且为该学院开设的唯一一个本科专业，可见学校对该专业方向的重视。从招生情况来看，各高校该专业每年的招生人数均在100人以下，较多的如海南大学每年招生人数为90人，较少的如东北林业大学，每年招生人数仅为40人左右。值得注意的是，2014年四川农业大学明确停止该专业的招生，而西昌学院和西华师范大学均没有查询到2018年该专业的招生信息，说明部分高校该专业的招生存在缩减，甚至取消的情况。综上所述，全国该专业开设院校在东北和西南地区较集中，专业规模较小，且招生人数有缩减的趋势。

表5.4　2018年9所高校野生动物与自然保护区管理本科专业开设情况

高校	教育部直属	211工程	专业名称	所属学院	招生人数
北京林业大学	√	√	野生动物与自然保护区管理	自然保护区学院	无数据
东北林业大学	√	√	野生动物保护与管理	野生动物资源学院	43
海南大学		√	野生动物与自然保护区管理	热带农林学院	90
吉林农业大学			野生动物与自然保护区管理	动物科学技术学院	420（动物生产类，内含动物科学、动物医学、水产养殖学、草业科学及该专业共5个专业）
吉林农业科技学院			野生动物与自然保护区管理（经济动物）	动物科技学院	70
四川农业大学		√	野生动物与自然保护区管理	动物科技学院	无数据
西昌学院			野生动物与自然保护区管理	动物科学学院	30
西华师范大学			野生动物与自然保护区管理	生命科学学院	60
西南林业大学			野生动物与自然保护区管理	生物多样性保护与利用学院	50

除野生动物与自然保护区管理专业之外，其他与生态保护相关的研究型专业，如植物保护、生态学、环境科学等，开设的院校地区分布较广，数量较多，特别是在一些综合性大学。就招生人数而言，部分院校每年能达到百人以上的规模。这些专业的培养目标虽并非为保护地培养管理人才，课程设置中缺少自然保护地管理及实践的相关内容，但部分专业知识与技能的教授和野生动物与自然保护区管理专业有重叠，并且这些专业毕业生规模远大于野生动物与自然保护区管理专业，组成了保护地从业人员的又一个重要来源。

5.3.4 保护专业课程设置

对于野生动物保护领域的从业人员，野生生物协会（The Wildlife Society）设置了野生动物生物学家证书，该证书的评定可以反映该领域对专业人才的要求。该证书获得者在社会科学与人文学科领域要求有经济学、政治学与政府管理、环境法规、自然资源利用与规划等相关知识，具备科技期刊写作、公众演讲及其他交流技能；在自然科学领域，该证书获得者要求对化学、物理学、地质学或土壤学有一定了解，掌握野生动植物管理、动物学、植物学、生态学等专业知识，对自己所从事的专业有从基本科学角度的深入理解。除此之外，该证书获得者需要掌握高等数学、生物计量、系统分析、数学建模、采样统计等定量分析知识，以用于调查、统计和数据分析。在该证书的评定标准中，要求证书获得者社会科学、自然科学及专业分析技能并重，具有广泛的学科交叉教育背景，在公众交流、科研分析、项目管理等领域具有充足的能力。

根据网上公布的东北林业大学、海南大学、西南林业大学的野生动物保护领域相关专业的培养计划（表 5.5），本科毕业学分要求约为 160 学分，其中数、理、生化等大类基础知识课程约为 60 学分，约占总学分的 37.5%。野生动物管理、自然保护区学、GIS 及遥感技术等专业理论及技术课程约为 30 学分，占总学分的 18.7%。实习类课程约为 10 学分，仅占总学分的 6%。各高校的实习课程包含动物生态学实习、野生动物管理学实习、自然保护区管理实习等，实习场所多为与高校所在地邻近的自然保护区，是学生获得保护区日常运营及项目管理知识的重要渠道。将以上高校野生动物保护相关专业的课程设置与野生生物协会的野生动物生物学家证书要求相比较可知，我国的高校重视自然科学基础知识的培养，但社会科学与人文科学领域的相关课程有所欠缺，不利于学生毕业后进行与公众交流和项目管理相关的工作。

表5.5　2018年3所高校野生动物保护领域相关专业课程设置 *

高校	专业名称	课程总学分	基础课学分	专业类课程学分	实践课程学分
东北林业大学	野生动物保护与管理	155	58.5	34.5	12
海南大学	野生动物与自然保护区管理	167	62.5	25	15
西南林业大学	野生动物与自然保护区管理	164	30.5	30	9.5

注：*，信息来源于各高校官网上的专业培养计划。

问卷调查结果显示，被调查者对专业所学能否满足自然保护工作需求的评分仅为3.21/5（图5.7），说明课程设置仍需要进一步改进。对于培养中所欠缺的专业知识及技能，超过1/4的受访者提到了实践不足，超过1/10的被调查者提及保护区规划、建立、管理、评估的相关知识和统计分析、保护方法、ArcGIS/R语言、遥感制图等相关技能。在专业人才培养的过程中，以上所欠缺的知识和技能需要更加重视，

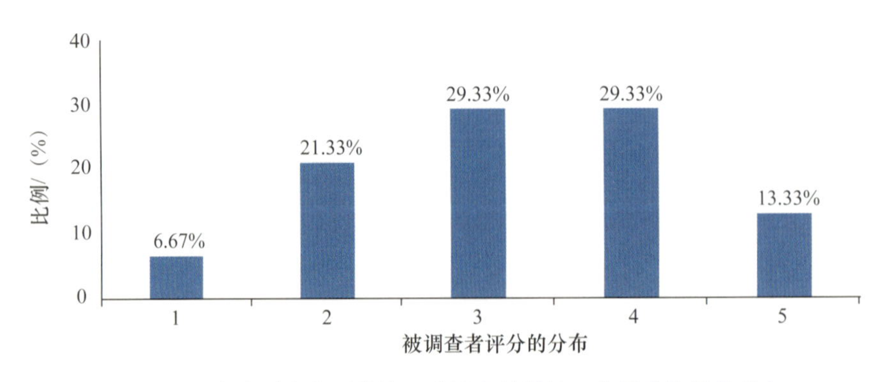

图5.7　被调查者对专业所学能否满足自然保护工作需求的评分分布

并为学生创造更多的实践机会，让学生能够真正在实践中对一线保护有所了解。

5.3.5　学生就业意向分析

对于在自然保护相关专业就读的被调查者，大多数对保护相关工作有强烈兴趣，并且因兴趣爱好或职业理想而进入相关专业就读的学生占了大多数。至于就业方向，56% 的学生表示今后会从事保护相关工作，仅有 8% 的明确表示今后不会从事保护相关工作。说明该专业的教学和实践能较好地满足学生对相关工作的兴趣和情怀，在就业时仍然能够坚持自己的兴趣，愿意克服相关工作中的一些恶劣条件，投身于环境保护领域。对于在非保护相关专业就读的被调查者，约 35% 的表示会考虑选择环境保护作为自己今后的就业方向。分析影响学生就业选择的因素，我们发现学校为学生提供的相关实践、实习或推荐信息对学生就业选择有一定的影响。获得了相关的实践、实习信息或被推荐的被调查者中有 70.5% 的人确认会从事保护相关专业，而没有获得学校主动信息分享，仅通过自行查询资料获得信息的被调查者则有 57.1% 的人决定从事保护相关专业。由此可以推断，学校主动为学生提供相关的实践、实习或推荐信息在一定程度上可以增加学生对保护领域的认识，提高学生进入保护相关专业的意愿。

就工作单位的选择而言，被调查者对政府或事业单位、自然保护地、国内非政府组织（NGO）、国际 NGO 与国际组织、科研院校这几类单位并没有明显的偏好（图 5.8），对科研院校的偏好略高于其他 4 类单位。说明学生对各类机构都表现出一定的认可度，就业时有较多可接受的选择。而工作性质的选择则表现出明显的偏好，大多数受访者将学术研究或者自然教育、公众科普与宣传列为第一或第二意愿，而行政管理和基层保护实践这两个选项进入第一或第二意愿的比例不超过 1/3。这说明被调查者倾向于进行研究与公众教育性质的工作，而对管理及实践方面的工作兴趣不大。

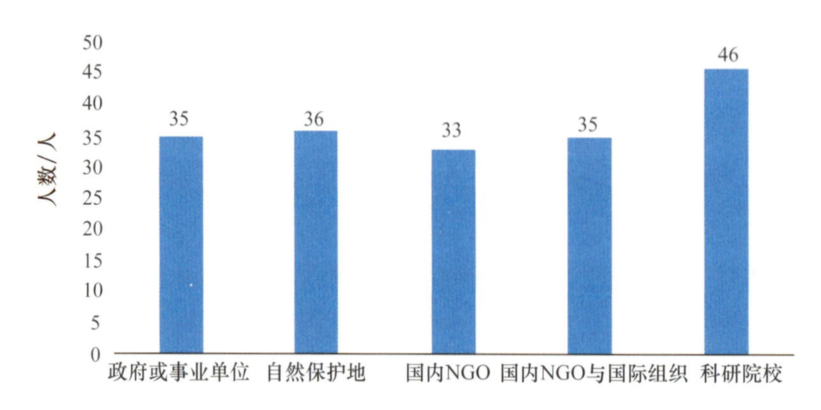

图5.8 被调查者就业单位选择频数

被调查者对保护工作的期望薪资平均为 15 400 元 / 月，大多数被调查者的期望薪资在 10 000 ～ 20 000 元之间（图 5.9）。被调查者中有 59% 的人希望在硕士结束后开始工作，36% 的人希望在博士结束后开始工作，仅有 5% 的人希望在本科结束后立即开始工作。较高的学历期望在一定程度上能够解释潜在从业者较高的薪资期望。薪资期望和工作单位及类型选择关系不大，而与被调查者就读高校的所在地存在一定联系，如对薪资有较高期望的被调查者多来自北京地区，这

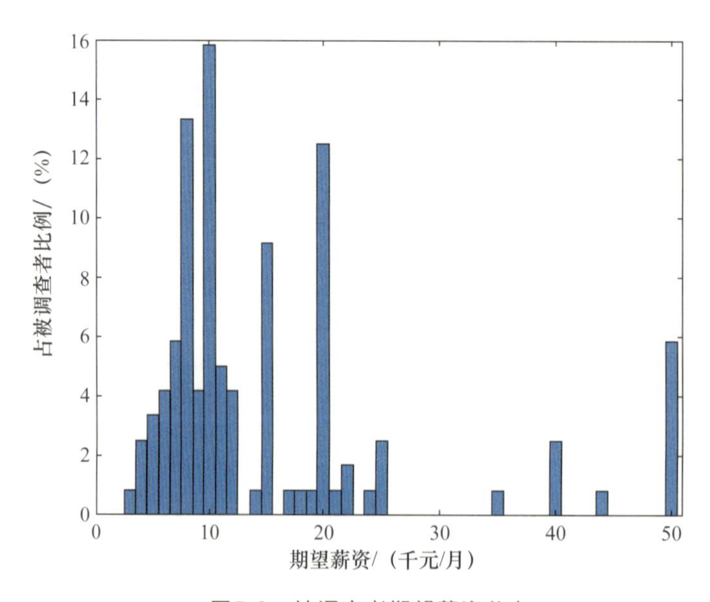

图5.9 被调查者期望薪资分布

可能是因为北京毕业生平均薪资较高，从而提升了该地区学生的期望。根据现在保护地从业人员的平均薪资来看，被调查者的薪资期望高于实际情况，且当前保护地难以提供如此多具有高学历要求的工作岗位。当他们实际加入这个行业后，或许会面临现实与期望之间的冲突，从而对工作的满意度产生影响。而这样的冲突是否会导致年轻的高学历从业人员在工作一段时间后选择离职或者转行，是保护行业面临的一个重要问题。

针对国内自然保护相关专业开设情况的调查显示，高校每年培养的保护地管理及保护相关科研人才已经能够满足各保护地的就业需要。针对相关专业学生的就业意向调查显示，大部分保护相关专业的学生愿意在毕业后继续投身于保护领域，一定比例的非保护专业学生作为环保爱好者也乐于加入保护行业，这为各保护地提供了重要的人才来源。

就预期工作单位而言，保护领域潜在从业者并不排斥进入保护地工作，但就预期薪资水平及工作学历而言，保护地所提供的工作岗位可能难以满足他们的期望，从而导致工作满意度不高、离职率高等问题。

为了应对这一问题，我们需要从两方面入手：① 保护地作为岗位提供方应明确自身所需要的人才种类，并对相应的学生群体的就业预期进行一定了解，由此有针对性地调整自身提供的职位的条件；② 开设自然保护相关专业的学校应了解学生的需求与特点，对他们进行有益的就业指导。我们希望通过一般的就业单位评估体系与大学生就业定位体系，对就业者与就业单位双方进行定位，并就以上两个问题提出理论层面的支持。

首先，本次调查在就业学历方面已经在一定程度上明确了“职位是否对口”，即保护地相关专业学生是否直接选择保护地工作的问题。在本科生、硕士研究生与博士研究生三类人群中，本科生是人力资本异质性最大的群体，个人能力以及就业能力存在很大差异且在单一专业上的能力具有显著劣势，也就是说，相较于研究生，本科生能够选择的就业岗位的专业性要求要低些。

希望选择保护地就业的本科生有两种可能：① 本身非保护相关专业（没有或较少经历专业的学术或实践训练），但对保护地的工作感兴趣；② 本身为保护相关专业，希望直接进入保护地从事实践工作（此处不考虑此后深造的问题）。

因此，在面对本科生时，保护地的人才选拔应该使用不同的方法：对本科生的专业知识要求应当有所降低，同时，应当重点考察学习能力、发展潜质与工作意向。对于研究生，由于在这一专业上已经投入了相当的时间成本，且相比本科生、专科生有更高的学历、能力与经验优势，因此他们对未来收入的预期高于本科生。对未来收入的高预期决定了他们在工作找寻中秉持着宁缺毋滥的原则，对于不匹配的工作机会，他们更倾向于拒绝。

为了将人才纳入保护区，作为用人单位，保护区一方面应当发挥吸引人才的优势，另一方面有计划地与院校开展合作活动，增加在校生到保护区实习的机会。

5.4 小结和讨论

5.4.1 调研反映出的问题

从我们对不同级别保护区调研的结果来看，相当比例的国家级保护区已经具备了必要的适应性管理基础，可以优先推进。然而，怎样实现适应性管理，还需要相当多的细致的工作，即需要建立起几大类的示范和模式。在此阶段，生态环境部可以推进一批示范和试点建设，鼓励有意愿尝试的保护地快速提升管理水平，提高保护成效，尝试制定适合不同级别的保护地的“适应性管理”解决方案。

在积极推动建立以“保护地保护成效报告”为基础的目标导向的保护地管理评估体系的同时，生态环境部可以前瞻性地探索与这一体系相适应的顶层设计，以及国家层面的生态环境质量监管机制。

我国保护地在适应性管理与成效研究方面起步较晚，目前从研究、保护地管理、试点与政策导向上还存在较多空缺。主要包括：

（1）研究方面：

① 缺乏对中国特色的保护地适应性管理体系的系统性研究，对成效评估指标体系的设计和规范，尚未形成标准和共识。

② 针对保护成效的定量分析较少，对保护对象的动态分析不足，对变化的解释和关联性说明不足。

③ 缺乏保护地与社区良性互动策略的案例研究和指导意见。

（2）保护地管理方面：

保护地管理机构定位尚不明确，机构性质、编制、职能等设置在全国范围内仍不统一，并衍生出保护地在编人员同时需承担大量保护地工作之外的其他部门调度的任务的现象。

保护地管理计划与保护需求和目标的衔接不足。例如，多数国家级保护区保护规划不够完善，缺乏对保护需求和优先级的科学判断。

科研监测体系不够规范和完整，后续对监测数据的分析跟不上，难以就监测结果反映保护对象的实际动态；我国保护地的科研监测多为自行设计与开展，监测能力和进度参差不齐，监测设计与方法也不统一，对于监测数据的处理和分析能力严重不足，这些问题会影响监测的效率和效果，同时也不利于在较大区域和全国尺度上对生态和保护现状、变化机制等问题的了解和研究。

缺乏系统性的保护规划，相应的，保护地在管理举措上可能会偏离重心，对关键保护对象的动态监测和管护的投入上存在不足。

保护地管理能力和资源差异大，省级及以下级别的保护地管理体系建设和能力更为欠缺。

（3）政策导向和顶层设计方面：

① 缺乏对保护地适应性管理的规范化和要求，缺乏相应的技术标准。

② 保护地的实际保护需求和目标、保护计划的规范性不足。

③ 保护地科研监测体系的规范化设计、技术标准缺乏。

④ 投入资金结构有待调整，目前的资金结构重建设轻管护，保护性的支出比例有待提高，如完善科研监测体系的资金保障。

⑤ 在对保护地内社区居民的关系处理上缺乏统一的指导性意见，对人为干扰活动的分类和解决办法缺乏对策建议。

5.4.2 建议

针对以上空缺，目前建议优先完善两方面的内容，以在较短的时间内较快提升保护区的保护能力，且这种优化在现阶段也较为可行。这两方面的内容包括：

（1）加强保护区管理计划与保护目标的衔接性。可以保护区的10年总体规划为基础，分别在保护目标、管理目标、管理计划（短期2～3年，中期5年，长期10年）、考核指标等几个方面给出具体要求，使保护区在做规划时，能够对所管护区域的生态现状、保护威胁和需求进行全面的梳理，以此制订更切合生态和生物多样性保护需求的管理目标和切实可行的管理计划。同时，目标与计划应条理清晰，具有可监测性和可评估性，以此来指导实际的保护行动，然后在新阶段的总体规划中对上一阶段的管理目标与计划进行成效考评。在现有的国家级保护区的总体规划文本中，江苏盐城湿地珍禽国家级自然保护区2011—2025年的总体规划文本对管理目标和评估指标的设计较为接近建议的规划形式。

（2）完善保护区科研监测体系建设的技术标准和规范。对保护对象的生态监测与动态变化的掌握是回答保护成效的基础，同时也是制定科学有效的在地保护管理措施的有效依据。建议主管部门增设与全国保护区科研监测相关的指导和管理部门、数据库开发和维护部门，并尽快制定能较为全面和详细地指导保护区开展生物多样性监测的技术标准，可以分别对不同生态系统、物种类别、监测目的和尝试回答的生态问题等进行分类，对不同的监测类别和对应的方法进行编码，在保护区根据实际需求和生态状况进行选择和组合后，上报给主管单位存档，并周期性地整理、汇报进展和数据。

5.4.3 不要让指标变成目标

有个很有名的定律叫古德哈特定律（Goodhart’s law），以英国经济学家和银行家查尔斯 · 古德哈特（Charles Goodhart）的名字命名，内容是“Any observed statistical regularity will tend to collapse once pressure is placed upon it for control purposes”（当出于控制的目的而施加了压力后，任何观察到的统计数字规律性都将趋于崩溃——著者译）（Goodhart，1975）。该定律最初用于批评英国在扩张和紧缩货币上所采取的政策，经济指标本是用来衡量经济状况，以支持经济方面的决策的，当这项指标变成了国家要达成的目标时，再以此指标作为决策依据就有问题了。后来，有很多学者发现这个定律不仅适用于经济学领域，而是适用于很多领域，人类学家 Marilyn Strathern 给出了更为简洁的总结，“When a measure becomes a target，it ceases to be a good measure”（当一项指标变成了目标后，它将不再是一个好的指标了——著者译）（Strathern，1997）。

例如，作为入学要求而进行的学生外语能力水平考试，原初的设计可能仅是为了筛选掉那些不具备基本外语能力的学生，避免出现学生听不懂外语授课的情况。而当大部分参加考试的学生都能达到基本要求，且学生们发现这项考试成绩排序对自己能否入学有一定帮助后，获得高分就成为参加这项考试的目的。在这种实际需求的驱动下，催生了通过分析考题来获得高分的做法，甚至由此出现了商业化的运作。参加了相关考试培训的学生，就会在考试成绩上显著地超过那些没有参加过培训的，尽管前者的实际水平可能还不如后者。在某种程度上，考试已经偏离了其原初设计的意义，而单纯变成了技巧和金钱的竞争。

这样的例子不胜枚举，包括对职工的关键绩效指标（KPI）考核，对官员的绩效评价，以及学术能力评价、学科评价、大学排名等。我们很担心在保护成效评估领域，所设计的指标也会因此而降低效能，或者完全失效。

为了防止这种有害情况的发生，我们建议不要用总分来对保护区进行排名，并且不要依据排名作为资金分配的依据，更要避免少量的分数差距导致保护区所获得的资金配额上的巨大差距。一旦评估指标的表现换算成分数，确定为总分中的相对固定的份额，而每一分的高低都对保护区得到的资源有显著影响，那么保护区就会去寻求如何投入较少资源，而获得更多得分的策略，出现我们最不想看到的情况，即以得分为驱动的策略中所包含的保护行动远远地偏离了保护区的原初设计目标。

使用多样和分散的保护指标，鼓励并肯定保护区在指标上取得增长的成绩，在未达成成效指标时给予保护区更多的解释机会，都能够不同程度地防止成效指标失去效能的情况发生。作为制定评价指标规则的管理者，不迷失在指标中，总能清醒地洞悉指标下的保护初心，就能很好地防止指标变为目标的不利情况。

附　录

参与调研的自然保护单位名录

序号	保护单位名称	省份	保护地类型
1	福建武夷山国家公园	福建	国家公园
2	甘肃盐池湾国家级自然保护区（祁连山国家公园范围）	甘肃	国家公园
3	海南热带雨林国家公园	海南	国家公园
4	湖南南山国家公园	湖南	国家公园
5	陕西长青国家级自然保护区（大熊猫国家公园范围）	陕西	国家公园
6	四川卧龙国家级自然保护区（大熊猫国家公园范围）	四川	国家公园
7	安徽牯牛降国家级自然保护区	安徽	自然保护区
8	安徽贵池十八索省级自然保护区	安徽	自然保护区
9	安徽明光女山湖省级自然保护区	安徽	自然保护区
10	安徽青阳盘台省级自然保护区	安徽	自然保护区
11	安徽潜山板仓省级自然保护区	安徽	自然保护区
12	安徽清凉峰国家级自然保护区（绩溪）	安徽	自然保护区
13	安徽贵池老山省级自然保护区	安徽	自然保护区
14	安徽宁国板桥省级自然保护区	安徽	自然保护区
15	安徽休宁六股尖省级自然保护区	安徽	自然保护区
16	安徽天马国家级自然保护区	安徽	自然保护区
17	安徽扬子鳄国家级自然保护区	安徽	自然保护区
18	安徽黄山九龙峰省级自然保护区	安徽	自然保护区
19	安徽舒城县万佛山国家级自然保护区	安徽	自然保护区
20	安徽徽州天湖省级自然保护区	安徽	自然保护区
21	安徽萧县黄河故道湿地省级自然保护区	安徽	自然保护区
22	北京市怀沙河怀九河水生野生动物省级自然保护区	北京	自然保护区
23	北京松山国家级自然保护区	北京	自然保护区
24	北京百花山国家级自然保护区	北京	自然保护区
25	福建君子峰国家级自然保护区	福建	自然保护区
26	福建茫荡山国家级自然保护区	福建	自然保护区
27	福建汀江源国家级自然保护区	福建	自然保护区
28	福建建瓯万木林省级自然保护区	福建	自然保护区
29	甘肃敦煌西湖国家级自然保护区	甘肃	自然保护区
30	甘肃安南坝野骆驼国家级自然保护区	甘肃	自然保护区
31	甘肃尕海-则岔国家级自然保护区	甘肃	自然保护区

续表

序号	保护单位名称	省份	保护地类型
32	广东丹霞山国家级自然保护区	广东	自然保护区
33	广东从化陈禾洞省级自然保护区	广东	自然保护区
34	广东海丰鸟类省级自然保护区	广东	自然保护区
35	广东怀集大稠顶省级自然保护区	广东	自然保护区
36	广东怀集三岳省级自然保护区	广东	自然保护区
37	广东惠东古田省级自然保护区	广东	自然保护区
38	广东惠东海龟国家级自然保护区	广东	自然保护区
39	广东江门古兜山省级自然保护区	广东	自然保护区
40	广东江门中华白海豚省级自然保护区	广东	自然保护区
41	广东雷州珍稀海洋生物国家级自然保护区	广东	自然保护区
42	广东连山笔架山省级自然保护区	广东	自然保护区
43	广东龙门南昆山省级自然保护区	广东	自然保护区
44	广东罗坑鳄蜥国家级自然保护区	广东	自然保护区
45	广东梅县阴那山省级自然保护区	广东	自然保护区
46	广东南澎列岛国家级自然保护区	广东	自然保护区
47	广东南雄小流坑—青嶂山省级自然保护区	广东	自然保护区
48	广东内伶仃福田国家级自然保护区	广东	自然保护区
49	广东清新白湾省级自然保护区	广东	自然保护区
50	广东曲江沙溪省级自然保护区	广东	自然保护区
51	广东乳源大峡谷省级自然保护区	广东	自然保护区
52	广东云开山国家级自然保护区	广东	自然保护区
53	广东石门台国家级自然保护区	广东	自然保护区
54	广东翁源青云山省级自然保护区	广东	自然保护区
55	广东象头山国家级自然保护区	广东	自然保护区
56	广东新丰云髻山省级自然保护区	广东	自然保护区
57	广东阳春鹅凰嶂省级自然保护区	广东	自然保护区
58	广东粤北华南虎省级自然保护区	广东	自然保护区
59	广东湛江红树林国家级自然保护区	广东	自然保护区
60	广东珠江口中华白海豚国家级自然保护区	广东	自然保护区
61	广东车八岭国家级自然保护区	广东	自然保护区

续表

序号	保护单位名称	省份	保护地类型
62	广东南澳候鸟省级自然保护区	广东	自然保护区
63	广东台山上川岛猕猴省级自然保护区	广东	自然保护区
64	广东郁南同乐大山省级自然保护区	广东	自然保护区
65	广西邦亮长臂猿国家级自然保护区	广西	自然保护区
66	广西弄岗国家级自然保护区	广西	自然保护区
67	广西山口红树林国家级自然保护区	广西	自然保护区
68	贵州梵净山国家级自然保护区	贵州	自然保护区
69	贵州宽阔水国家级自然保护区	贵州	自然保护区
70	贵州雷公山国家级自然保护区	贵州	自然保护区
71	贵州印江洋溪省级自然保护区	贵州	自然保护区
72	河北衡水湖国家级自然保护区	河北	自然保护区
73	河北大海陀国家级自然保护区	河北	自然保护区
74	河北青崖寨国家级自然保护区	河北	自然保护区
75	河南董寨国家级自然保护区	河南	自然保护区
76	河南宝天曼国家级自然保护区	河南	自然保护区
77	黑龙江八岔岛国家级自然保护区	黑龙江	自然保护区
78	黑龙江丰林国家级自然保护区	黑龙江	自然保护区
79	黑龙江中央站黑嘴松鸡国家级自然保护区	黑龙江	自然保护区
80	黑龙江五大连池国家级自然保护区	黑龙江	自然保护区
81	黑龙江南翁河国家级自然保护区	黑龙江	自然保护区
82	黑龙江呼中国家级自然保护区	黑龙江	自然保护区
83	黑龙江绰纳河国家级自然保护区	黑龙江	自然保护区
84	湖北巴东金丝猴国家级自然保护区	湖北	自然保护区
85	湖北大别山国家级自然保护区	湖北	自然保护区
86	湖北大老岭国家级自然保护区	湖北	自然保护区
87	湖北堵河源国家级自然保护区	湖北	自然保护区
88	湖北洪湖国家级自然保护区	湖北	自然保护区
89	湖北九宫山国家级自然保护区	湖北	自然保护区
90	湖北青龙山恐龙蛋化石群国家级自然保护区	湖北	自然保护区
91	湖北星斗山国家级自然保护区	湖北	自然保护区
92	湖北长江天鹅洲白暨豚国家级自然保护区	湖北	自然保护区
93	湖北石首麋鹿国家级自然保护区	湖北	自然保护区

续表

序号	保护单位名称	省份	保护地类型
94	湖北咸丰忠建河大鲵国家级自然保护区	湖北	自然保护区
95	湖北大老岭国家级自然保护区	湖北	自然保护区
96	湖南常宁大义山省级自然保护区	湖南	自然保护区
97	湖南都庞岭国家级自然保护区	湖南	自然保护区
98	湖南江口鸟洲省级自然保护区	湖南	自然保护区
99	湖南衡阳三阳县级自然保护区	湖南	自然保护区
100	湖南平江幕阜山省级自然保护区	湖南	自然保护区
101	湖南祁阳小鲵省级自然保护区	湖南	自然保护区
102	湖南桃源望阳山省级自然保护区	湖南	自然保护区
103	湖南乌云界国家级自然保护区	湖南	自然保护区
104	湖南西洞庭湖国家级自然保护区	湖南	自然保护区
105	湖南武陵源张家界省级自然保护区	湖南	自然保护区
106	湖南借母溪国家级自然保护区	湖南	自然保护区
107	湖南九嶷山国家级自然保护区	湖南	自然保护区
108	湖南六步溪国家级自然保护区	湖南	自然保护区
109	湖南武陵源索溪峪省级自然保护区	湖南	自然保护区
110	湖南武陵源天子山省级自然保护区	湖南	自然保护区
111	湖南湘潭隐山县级自然保护区	湖南	自然保护区
112	湖南八大公山国家级自然保护区	湖南	自然保护区
113	湖南莽山国家级自然保护区	湖南	自然保护区
114	吉林查干湖国家级自然保护区	吉林	自然保护区
115	吉林哈泥国家级自然保护区	吉林	自然保护区
116	吉林黄泥河国家级自然保护区	吉林	自然保护区
117	吉林龙湾国家级自然保护区	吉林	自然保护区
118	吉林向海国家级自然保护区	吉林	自然保护区
119	吉林鸭绿江上游国家级自然保护区	吉林	自然保护区
120	四平山门中生代火山国家级自然保护区	吉林	自然保护区
121	江苏大丰麋鹿国家级自然保护区	江苏	自然保护区
122	江苏盐城湿地珍禽国家级自然保护区	江苏	自然保护区
123	江西姑塘湿地县级自然保护区	江西	自然保护区
124	江西湖口天然阔叶林县级自然保护区	江西	自然保护区
125	江西湖口付垅天然林县级自然保护区	江西	自然保护区

续表

序号	保护单位名称	省份	保护地类型
126	江西湖口屏峰县级自然保护区	江西	自然保护区
127	江西九岭山国家级自然保护区	江西	自然保护区
128	江西庐山国家级自然保护区	江西	自然保护区
129	江西婺源森林鸟类国家级自然保护区	江西	自然保护区
130	辽宁葫芦岛虹螺山国家级自然保护区	辽宁	自然保护区
131	内蒙古大兴安岭汗马国家级自然保护区	内蒙古	自然保护区
132	内蒙古额尔古纳国家级自然保护区	内蒙古	自然保护区
133	内蒙古呼伦湖国家级自然保护区	内蒙古	自然保护区
134	内蒙古赛罕乌拉国家级自然保护区	内蒙古	自然保护区
135	内蒙古红花尔基樟子松林国家级自然保护区	内蒙古	自然保护区
136	山东山旺国家级自然保护区	山东	自然保护区
137	山东黄河三角洲国家级自然保护区	山东	自然保护区
138	山东昆嵛山国家级自然保护区	山东	自然保护区
139	陕西米仓山国家级自然保护区	陕西	自然保护区
140	陕西牛背梁国家级自然保护区	陕西	自然保护区
141	陕西太白山国家级自然保护区	陕西	自然保护区
142	四川察青松多白唇鹿国家级自然保护区	四川	自然保护区
143	四川长沙贡玛国家级自然保护区	四川	自然保护区
144	四川麻咪泽省级自然保护区	四川	自然保护区
145	四川龙溪-虹口国家级自然保护区	四川	自然保护区
146	四川美姑大风顶国家级自然保护区	四川	自然保护区
147	四川蜂桶寨国家级自然保护区	四川	自然保护区
148	四川马边大风顶国家级自然保护区	四川	自然保护区
149	四川唐家河国家级自然保护区	四川	自然保护区
150	四川王朗国家级自然保护区	四川	自然保护区
151	四川小寨子沟国家级自然保护区	四川	自然保护区
152	四川雪宝顶国家级自然保护区	四川	自然保护区
153	四川小河沟省级自然保护区	四川	自然保护区
154	西藏色林错国家级自然保护区	西藏	自然保护区
155	新疆阿尔金山国家级自然保护区	新疆	自然保护区
156	新疆天山天池国家级自然保护区	新疆	自然保护区
157	新疆阿尔泰山两河源自然保护区	新疆	自然保护区

续表

序号	保护单位名称	省份	保护地类型
158	新疆西天山国家级自然保护区	新疆	自然保护区
159	云南巍山青华绿孔雀省级自然保护区	云南	自然保护区
160	云南哈巴雪山省级自然保护区	云南	自然保护区
161	云南高黎贡山国家级自然保护区	云南	自然保护区
162	云南广南八宝省级自然保护区	云南	自然保护区
163	云南会泽黑颈鹤国家级自然保护区	云南	自然保护区
164	云南墨江西歧桫椤省级自然保护区	云南	自然保护区
165	云南纳板河流域国家级自然保护区	云南	自然保护区
166	云南纳帕海省级自然保护区	云南	自然保护区
167	云南高黎贡山国家级自然保护区（怒江州片区）	云南	自然保护区
168	云南白马雪山国家级自然保护区	云南	自然保护区
169	云南高黎贡山国家级自然保护区（保山市片区）	云南	自然保护区
170	云南黄连山国家级自然保护区	云南	自然保护区
171	云南八宝省级自然保护区	云南	自然保护区
172	云南文山老君山省级自然保护区	云南	自然保护区
173	云南铜壁关省级自然保护区	云南	自然保护区
174	云南乌蒙山国家级自然保护区	云南	自然保护区
175	云南哀牢山国家级自然保护区	云南	自然保护区
176	云南无量山国家级自然保护区	云南	自然保护区
177	云南元江国家级自然保护区	云南	自然保护区
178	云南云龙天池国家级自然保护区	云南	自然保护区
179	云南紫溪山省级自然保护区	云南	自然保护区
180	云南西双版纳国家级自然保护区	云南	自然保护区
181	云南碧塔海省级自然保护区	云南	自然保护区
182	浙江常山黄泥塘“金钉子”地质遗迹省级白然保护区	浙江	自然保护区
183	浙江衢江千里岗自然保护区	浙江	自然保护区
184	浙江九龙山国家级自然保护区	浙江	自然保护区
185	浙江天目山国家级自然保护区	浙江	自然保护区
186	浙江舟山五峙山列岛鸟类省级自然保护区	浙江	自然保护区
187	安徽庐州省级森林公园	安徽	自然公园
188	安徽休宁岭南省级自然保护区	安徽	自然保护区
189	安徽红琊山省级森林公园	安徽	自然公园

续表

序号	保护单位名称	省份	保护地类型
190	安徽黄山风景区	安徽	自然公园
191	安徽南屏山省级森林公园	安徽	自然公园
192	安徽神山国家森林公园	安徽	自然公园
193	北京八达岭国家森林公园	北京	自然公园
194	北京翠湖国家城市湿地公园	北京	自然公园
195	北京琉璃庙湿地公园	北京	自然公园
196	北京龙门店森林公园	北京	自然公园
197	北京崎峰山国家森林公园	北京	自然公园
198	福建平和灵通山国家地质公园	福建	自然公园
199	甘肃敦煌鸣沙山月牙泉国家级风景名胜区	甘肃	自然公园
200	雅丹地质遗迹省级自然保护区	甘肃	自然保护区
201	广州海珠国家湿地公园	广东	自然公园
202	乐业一凤山世界地质公园	广西	自然公园
203	贵州省九洞天国家级风景名胜区	贵州	自然公园
204	九龙洞风景名胜区	贵州	自然公园
205	黎平侗乡风景名胜区	贵州	自然公园
206	榕江苗山侗水风景名胜区	贵州	自然公园
207	沿河乌江山峡风景名胜区	贵州	自然公园
208	河北尚义察汗淖尔国家湿地公园	河北	自然公园
209	嵩山风景名胜区	河南	自然公园
210	湖北安陆古银杏国家森林公园	湖北	自然公园
211	湖北返湾湖国家湿地公园	湖北	自然公园
212	湖北金沙湖国家湿地公园	湖北	自然公园
213	湖北长寿岛国家湿地公园	湖北	自然公园
214	黄冈大别山世界地质公园	湖北	自然公园
215	九宫山风景名胜区	湖北	自然公园
216	潘集湖国家湿地公园	湖北	自然公园
217	蕲春赤龙湖国家湿地公园	湖北	自然公园
218	湖南熊峰山国家森林公园	湖南	自然公园
219	湖南岣嵝峰景区	湖南	自然公园
220	湖南衡东洣水国家湿地公园	湖南	自然公园
221	湖南衡山萱洲国家湿地公园	湖南	自然公园

续表

序号	保护单位名称	省份	保护地类型
222	湖南澧州涔槐国家湿地公园	湖南	自然公园
223	湖南衡南莲湖湾国家湿地公园	湖南	自然公园
224	湖南宁远九嶷河国家湿地公园	湖南	自然公园
225	湖南平江黄金河国家湿地公园	湖南	自然公园
226	湖南岐山国家森林公园	湖南	自然公园
227	湖南嘉山风景名胜区	湖南	自然公园
228	湖南乌龙山国家地质公园	湖南	自然公园
229	湖南溆浦思蒙国家湿地公园	湖南	自然公园
230	湖南萱洲国家森林公园	湖南	自然公园
231	湖南中方㵲水国家湿地公园	湖南	自然公园
232	九郎山省级森林公园	湖南	自然公园
233	九天洞-赤溪河风景名胜区	湖南	自然公园
234	临澧太浮山风景名胜区	湖南	自然公园
235	溇水风景名胜区	湖南	自然公园
236	热水汤河风景名胜区	湖南	自然公园
237	天门山国家森林公园	湖南	自然公园
238	天门山茅岩河风景名胜区	湖南	自然公园
239	张家界国家森林公园	湖南	自然公园
240	张家界天门山-茅岩河风景名胜区	湖南	自然公园
241	长沙黑麋峰国家森林公园	湖南	自然公园
242	湖南桂阳春陵国家湿地公园	湖南	自然公园
243	飞天山国家地质公园	湖南	自然公园
244	郴州万华岩风景名胜区	湖南	自然公园
245	韶山风景名胜区	湖南	自然公园
246	吉林兰家大峡谷国家森林公园	吉林	自然公园
247	南京紫金山国家森林公园	江苏	自然公园
248	江西湖口洋港省级湿地公园	江西	自然公园
249	江西庐山风景名胜区	江西	自然公园
250	辽宁兴城海河湿地公园	辽宁	自然公园
251	滨州秦皇河国家湿地公园	山东	自然公园
252	潍坊白浪河国家湿地公园	山东	自然公园
253	山东潍坊禹王国家湿地公园	山东	自然公园

续表

序号	保护单位名称	省份	保护地类型
254	沂蒙山世界地质公园	山东	自然公园
255	秦岭终南山世界地质公园	陕西	自然公园
256	新疆阿尔泰山温泉国家森林公园	新疆	自然公园
257	玛纳斯国家湿地公园	新疆	自然公园
258	玛纳斯凤凰山森林公园	新疆	自然公园
259	新疆疏勒香妃湖国家湿地公园	新疆	自然公园
260	新疆阜康特纳格尔国家湿地公园	新疆	自然公园
261	新疆呼图壁大海子国家湿地公园	新疆	自然公园
262	新疆江布拉克国家森林公园	新疆	自然公园
263	新疆天山大峡谷国家级森林公园 / 新疆照壁山国家湿地公园	新疆	自然公园
264	富蕴神钟山森林公园	新疆	自然公园
265	新疆乌齐里克国家湿地公园	新疆	自然公园
266	新疆阿尔泰山温泉国家森林公园	新疆	自然公园
267	白哈巴国家森林公园	新疆	自然公园
268	石林风景名胜区	云南	自然公园
269	富春江-新安江国家级风景名胜区	浙江	自然公园
270	杭州半山国家森林公园	浙江	自然公园
271	杭州西山国家森林公园	浙江	自然公园
272	乌溪江国家湿地公园	浙江	自然公园
273	浙江永康省级湿地公园	浙江	自然公园
274	北京亚成鸟自然学校	北京	自然教育学校
275	青野生态	北京	自然教育学校
276	广西南宁市恩泽社会工作服务中心	广西	自然教育学校
277	山东芽梭自然教育	山东	自然教育学校
278	邵武市国有林场有限责任公司	福建	其他
279	广西崇左北京大学研究基地	广西	其他

参考文献

- ADAMS M，2008. Foundational myths：country and conservation in Australia[J]. A Transform Cult E Journal，3：291-317.
- ADAMS V M，BARNES M，PRESSEY R L，2019. Shortfalls in conservation evidence：moving from ecological effects of interventions to policy evaluation[J]. One Earth，1：62-75.
- ADDISON P F E，FLANDER L B，COOK C N，2015. Are we missing the boat? Current uses of long-term biological monitoring data in the evaluation and management of marine protected areas[J]. J Environ Manage，149：148-156.
- ADDISON P F E，FLANDER L B，COOK C N，2017. Towards quantitative condition assessment of biodiversity outcomes：insights from Australian marine protected areas[J]. J Environ Manage，198：183-191.
- ALLAN C，2007. Adaptive management of natural resources in proceedings of the 5th Australian stream management conference. Australian Rivers：Making a Difference[D]. New South Wales：Charles Stuart University：1-6.
- ANDAM K S，FERRARO P J，PFAFF A，et al，2008. Measuring the effectiveness of protected area networks in reducing deforestation[J]. Proc Natl Acad Sci，105：16089-16094.
- ANDO A，CAMM J，POLASKY S，et al，1998. Species distributions land values and efficient conservation[J]. Science，279：2126-2128.
- BABCOCK R C，SHEARS N T，ALCALA A C，et al，2010. Decadal trends in marine reserves reveal differential rates of change in direct and indirect effects[J]. Proc Natl Acad Sci，107：18256 -18261.
- BALMFORD A，GASTON K J，BLYTH S，et al，2003. Global variation in terrestrial conservation costs conservation benefits and unmet conservation needs[J]. Proc Natl Acad Sci，100：1046-1050.
- BARNES M D，CRAIGIE I D，HARRISON L B，et al，2016. Wildlife population trends in protected areas predicted by national socio-economic metrics and body size[J]. Nat Commun，7：1-9.
- BARNES M D，CRAIGIE I D，DUDLEY N，et al，2017. Understanding local-scale drivers of biodiversity outcomes in terrestrial protected areas[J]. Ann N Y Acad Sci，1399：42-60.
- BARNES M D，GLEW L，WYBORN C，et al，2018. Prevent perverse outcomes from global protected area policy[J]. Nat Ecol Evol，2：759-762.
- BENNETT N J，DEARDEN P，2014. From measuring outcomes to providing inputs：governance，management，and local development for more effective marine protected areas[J]. Mar Policy，50：96-110.
- BLOM A，YAMINDOU J，PRINS H H T，2004. Status of the protected areas of the Central

African Republic[J]. Biol Conserv，118：479-487.
· BORMANN F H，LIKENS G E，1967. Nutrient cycling[J]. Science，155：424-429.
· BOS A B，DE SY V，DUCHELLE A E，et al，2019. Global data and tools for local forest cover loss and REDD+ performance assessment：Accuracy uncertainty complementarity and impact[J]. Int J Appl Earth Obs Geoinf，80：295-311.
· BOTTRILL M C，JOSEPH L N，CARWARDINE J，Et al，2009. Finite conservation funds mean triage is unavoidable[J]. Trends Ecol Evol，24：183-184.
· BRAWATA R，STEVENSON B，SEDDON J，2017. Conservation effectiveness monitoring program：an overview[M]. Canberra：ACT Government.
· BREWER J S，MENZEL T，2009. A method for evaluating outcomes of restoration when no reference sites exist[J]. Restor Ecol，17：4-11.
· BRODIE J，WATERHOUSE J，2012. A critical review of environmental management of the 'not so Great' Barrier ReeF[J]. Estuar，Coast Shelf Sci，104：1-22.
· BROOK B W，SODHI N S，NG P K L，2003. Catastrophic extinctions follow deforestation in Singapore[J]. Nature，424：420.
· BROWN C J，BODE M，VENTER O，et al，2015. Effective conservation requires clear objectives and prioritizing actions not places or species[J]. Proc Natl Acad Sci，112：4342-4342.
· BRUNER A G，GULLISON R E，RICE R E，et al，2001. Effectiveness of parks in protecting tropical biodiversity[J]. Science，291：125-128.
· BULL J W，MILNER-GULLAND E J，ADDISON P F E，et al，2020. Net positive outcomes for nature[J]. Nat Ecol Evol，4：4-7.
· BURIVALOVA Z，ALLNUTT T F，RADEMACHER D，et al，2019. What works in tropical forest conservation and what does not：Effectiveness of four strategies in terms of environmental social and economic outcomes[J]. Conserv Sci Pract，1：e28.
· BURKE L，REYTAR K，SPALDING K，et al，2012. Reefs at risk：revisited in the Coral Triangle. Washington DC：WRI.
· BUTCHART S H M，WALPOLE M，COLLEN B，et al，2010. Global biodiversity：indicators of recent declines[J]. Science，328：1164-1168.
· BUTCHART S H M，CLARKE M，SMITH R J，et al，2015. Shortfalls and solutions for meeting national and global conservation area targets[J]. Conserv Lett，8：329-337.
· BUTCHART S H M，DI MARCO M，WATSON J E M，2016. Formulating smart commitments on biodiversity：lessons from the Aichi Targets[J]. Conserv Lett，9：457-468.
· CARLOTTO M J，2009. Effect of errors in ground truth on classification accuracy[J]. Int J

Remote Sens，30：4831-4849.
· CARO T，GARDNER T A，STONER C，et al，2009. Assessing the effectiveness of protected areas：paradoxes call for pluralism in evaluating conservation performance[J]. Divers Distrib，15：178-182.
· CARRANZA T，MANICA A，KAPOS V，et al，2014. Mismatches between conservation outcomes and management evaluation in protected areas：A case study in the Brazilian Cerrado[J]. Biol Conserv，173：10-16.
· CBD，2010. Aichi biodiversity targets[DB/OL].[2022-08-30] https：//www.cbd.int/sp/targets/.
· CBD，2020. Zero draft of the post-2020 global biodiversity framework. //Open-ended working goup on the post-2020 global biodiversity framework second meeting. Kunming：CBD.
· CHA S，PARK C，2007. The utilization of Google Earth images as reference data for the multitemporal land cover classification with MODIS data of North Korea[J]. Korean J Remote Sens，23：483-491.
· CHAPE S，HARRISON J，SPALDING M，et al，2005. Measuring the extent and effectiveness of protected areas as an indicator for meeting global biodiversity targets[J]. Philos Trans R Soc L B Biol Sci，360：443-455.
· CHARLES A，WILSON L，2008. Human dimensions of marine protected areas[J]. ICES J Mar Sci，66：6-15.
· CHEN J，CHEN J，LIAO A，et al，2015. Global land cover mapping at 30m resolution：a POK-based operational approach[J]. ISPRS J Photogramm Remote Sens，103：7-27.
· CLARK N E，BOAKES E H，MCGOWAN P J，et al，2013. Protected areas in South Asia have not prevented habitat loss：a study using historical models of land-use change[J]. PLoS One，8：e65298.
· CLEMENTS T，SUON S，WILKIE D S，et al，2014. Impacts of protected areas on local livelihoods in Cambodia[J]. World Dev，64：S125-S134.
· CMP，2004. Open standards for the practice of conservation[J]. Bethesda MD：FOS.
· COAD L，LEVERINGTON F，KNIGHTS K，et al，2015. Measuring impact of protected area management interventions：current and future use of the Global Database of Protected Area Management Effectiveness[J]. Philos Trans R Soc B Biol Sci，370：20140281.
· COCHRAN W G，1977. Sampling techniques[M]. 3rd edition. New York：John Wiley & Sons.
· COLLEN B，LOH J，WHITMEE S，et al，2009. Monitoring change in vertebrate abundance：the living planet index[J]. Conserv Biol，23：317-327.

- CONGALTON R G，1991. A review of assessing the accuracy of classifications of remotely sensed data[J]. Remote Sens Environ，37：35-46.
- COOK C N，HOCKINGS M，2011. Opportunities for improving the rigor of management effectiveness evaluations in protected areas[J]. Conserv Lett，4：372-382.
- COULSTON J W，REAMS G A，WEAR D N，et al，2013. An analysis of forest land use forest land cover and change at policy-relevant scales[J]. For An Int J For Res，87：267-276.
- CRAIGIE I D，BAILLIE J E M，BALMFORD A，et al，2010. Large mammal population declines in Africa' s protected areas[J]. Biol Conserv，143：2221-2228.
- CRITCHLOW R，PLUMPTRE A J，DRICIRU M，et al，2015. Spatiotemporal trends of illegal activities from ranger-collected data in a Ugandan national park[J]. Conserv Biol，29：1458-1470.
- CRITCHLOW R，PLUMPTRE A J，ALIDRIA B，et al，2017. Improving law-enforcement effectiveness and efficiency in protected areas using ranger-collected monitoring data[J]. Conserv Lett，10：572-580.
- CURTIS P G，SLAY C M，HARRIS N L，et al，2018. Classifying drivers of global forest loss[J]. Science，361：1108-1111.
- DANIELSEN F，MENDOZA M M，ALVIOLA P，et al，2003. Biodiversity monitoring in developing countries：what are we trying to achieve？ [J] Oryx，37：407-409.
- DÍAZ S，SETTELE J，BRONDÍZIO E S，et al，2019. Pervasive human-driven decline of life on Earth points to the need for transformative change[J]. Science，366：eaax3100.
- DI MARCO M，CHAPMAN S，ALTHOR G，et al，2017. Changing trends and persisting biases in three decades of conservation science[J]. Glob Ecol Conserv，10：32-42.
- DOLMAN P M，PANTER C J，MOSSMAN H L，2012. The biodiversity audit approach challenges regional priorities and identifies a mismatch in conservation[J]. J Appl Ecol，49：986-997.
- DUDLEY N，STOLTON S，2010. Arguments for protected areas：multiple benefits for conservation and use[M]. Gland：WWF.
- DUDLEY N，MALDONADO O，STOLTON S，2007. Conservation action planning：a review of use and adaptation in protected area planning and management[M/OL]. Arlington Virginia：TNC. [2022-08-30]. https：//www.equilibriumconsultants.com/upload/document/CAPinPAs.pdf.
- DUDLEY N，PARRISH J D，REDFORD K H，et al，2010. The revised IUCN protected area management categories：the debate and ways forward[J]. Oryx，44：485-490.
- EDGAR G J，STUART-SMITH R D，WILLIS T J，et al，2014. Global conservation outcomes

depend on marine protected areas with five key features[J]. Nature，506：216.
- ELITH J H，GRAHAM C P，ANDERSON R，et al，2006. Novel methods improve prediction of species' distributions from occurrence data[J]. Ecography，29：129-151.
- ERVIN J，2003. WWF：Rapid assessment and prioritization of protected area management（RAPPAM）methodology[EB/OL]. Gland：WWF. [2022-08-30]. https：//pipap.sprep.org/content/rapid-assessment-and-prioritization-protected-area-management-rappam-methodology.
- FANCY S G，GROSS J E，CARTER S L，2009. Monitoring the condition of natural resources in US national parks[J]. Env Monit Assess，151：161-174.
- FERRARO P J，HANAUER M M，2014. Advances in measuring the environmental and social impacts of environmental programs[J]. Annu Rev Environ Resour，39：495-517.
- FERRARO P J，HANAUER M M，2015. Through what mechanisms do protected areas affect environmental and social outcomes？[J] Philos Trans R Soc B Biol Sci，370（1681）：20140267.
- FERRARO P J，PATTANAYAK S K，2006. Money for nothing？A call for empirical evaluation of biodiversity conservation investments[J]. PLoS Biol，4：e105.
- FERRARO P J，HANAUER M M，SIMS K R E，2011. Conditions associated with protected area success in conservation and poverty reduction[J]. Proc Natl Acad Sci，108：13913-13918.
- FiCK S E，HIJMANS R J，2017. WorldClim 2：new 1-km spatial resolution climate surfaces for global land areas[J]. Int J Climatol，37：4302-4315.
- FiTHIAN W，ELITH J，HASTIE T，et al，2015. Bias correction in species distribution models：pooling survey and collection data for multiple species[J]. Methods Ecol Evol，6：424-438.
- FOLEY J A，DEFRIES R，ASNER G P，et al，2005. Global consequences of land use[J]. Science，309：570-574.
- FRYXELL J M，SINCLAIR A R E，CAUGHLEY G，2014. Wildlife ecology conservation and management[M]. New York：John Wiley & Sons.
- GELDMANN J，BARNES M，COAD L，et al，2013. Effectiveness of terrestrial protected areas in reducing habitat loss and population declines[J]. Biol Conserv，161：230-238.
- GELDMANN J，COAD L，BARNES M，et al，2015. Changes in protected area management effectiveness over time：a global analysis[J]. Biol Conserv，191：692-699.
- GELDMANN J，COAD L，BARNES M D，et al，2018. A global analysis of management capacity and ecological outcomes in terrestrial protected areas[J]. Conserv Lett，11：

e12434.

· GELDMANN J，MANICA A，BURGESS N D，et al，2019. A global-level assessment of the effectiveness of protected areas at resisting anthropogenic pressures[J]. Proc Natl Acad Sci，116：23209-23215.

· GELDMANN J，DEGUIGNET M，BALMFORD A，et al，2020. Essential indicators for measuring area-based conservation effectiveness in the post-2020 global biodiversity framework[J]. Preprints，2020030370.

· GONG P，WANG J，YU L，et al，2013. Finer resolution observation and monitoring of global land cover：first mapping results with Landsat TM and ETM+ data[J]. Int J Remote Sens，34：2607-2654.

· GOODHART C A，1975. Problems of monetary management：the UK experience[J]. Monetary Economics，1-20.

· GORMLEY A M，FORSYTH D M，GRIFfIOEN P，et al，2011. Using presence- only and presence-absence data to estimate the current and potential distributions of established invasive species[J]. J Appl Ecol，48：25-34.

· GU W，SWIHART R K，2004. Absent or undetected？ Effects of non-detection of species occurrence on wildlife-habitat models[J]. Biol Conserv，116：195-203.

· GUERRY A D，POLASKY S，LUBCHENCO J，et al，2015. Natural capital and ecosystem services informing decisions：from promise to practice[J]. Proc Natl Acad Sci，112：7348-7355.

· GUISAN A，ZIMMERMANN N E，2000. Predictive habitat distribution models in ecology[J]. Ecol Modell，135：147-186.

· GUISAN A，EDWARDS T C，HASTIE T，2002. Generalized linear and generalized additive models in studies of species distributions：setting the scene[J]. Ecol Modell，157：89-100.

· GUO J，LIANG L，GONG P，2010. Removing shadows from Google Earth images[J]. Int J Remote Sens，31：1379-1389.

· HAHTOLA K，1990. Pragmatic-hermeneutical human action model for environmental planning[J]. Hallinnon Tutk，9：272-288.

· HALLMANN C A，SORG M，JONGEJANS E，et al，2017. More than 75 percent decline over 27 years in total flying insect biomass in protected areas[J]. PLoS One，12：e0185809.

· HALPERN B S，2003. The impact of marine reserves：do reserves work and does reserve size matter？ [J] Ecol Appl，13：117-137.

· HANSEN M C，POTAPOV P V，MOORE R，et al，2013. High-resolution global maps of 21st-century forest cover change[J]. Science，342：850-853.

- HARRELL F E,2014. Hmisc：a package of miscellaneous R functions（CP/OL）. [2021-12-30]. http：//biostat.mc.vanderbilt.edu/Hmisc.
- HAUKE J，KOSSOWSKI T，2011. Comparison of values of Pearson' s and Spearman' s correlation coefficients on the same sets of data[J]. Quaest Geogr，30：87-93.
- HEINONEN M，2006. Case study V：management effectiveness evaluation of Finland' s protected areas[J]. Gland：IUCN.
- HEINONEN M，2007. State of the parks in Finland：finnish protected areas and their management from 2000 to 2005[J]. Helsinki：Metsähallitus Fi.
- HENRY D，LANDRY A，ELLIOT T，et al，2008. State of the park report：Kluane National Park and Reserve of Canada[M]. Ottawa：Parks Canada.
- HILL D，FASHAM M，TUCKER G，et al，2012. Handbook of biodiversity methods：survey evaluation and monitoring[M]. Cambridge：Cambridge University Press.
- HOCKINGS M，1998. Evaluating management of protected areas：integrating planning and evaluation[J]. Env Manag，22：337-345.
- HOCKINGS M，DUDLEY N，MACKINNON K，et al，2003. Reporting progress in protected areas：a site-level management effectiveness tracking tool[M]. Washington DC：World Bank/WWF.
- HOCKINGS M，STOLTON S，DUDLEY N，2006. Evaluating effectiveness：A framework for assessing the management of protected areas[M]. Gland：IUCN：105.
- HOCKINGS M，STOLTON S，COURRAU J，et al，2007. The world heritage management effectiveness workbook[M]. Gland：IUCN.
- HOCKINGS M，COOK C N，CARTER R W，ET al，2009. Accountability reporting or management improvement? Development of a state of the parks assessment system in New South Wales，Australia[J]. Env Manag，43：1013-1025.
- HOLLING C S，1978. Adaptive environmental assessment and management[M]. New York：John Wiley & Sons.
- HOLLING C S，2001. Understanding the complexity of economic ecological and social systems[J]. Ecosystems，4：390-405.
- HORTAL J，DE BELLO F，DINIZ-FiLHO J A F，et al，2015. Seven Shortfalls that Beset Large-Scale Knowledge of Biodiversity[J/OL]. Annual Review of Ecology，Evolution，and Systematics 46（1），523-549. https：//doi. org/10. 1146/annurev-ecolsys-112414-054400.
- HUANG J，CHEN B，LIU C，et al，2012. Identifying hotspots of endemic woody seed plant diversity in China[J]. Divers Distrib，18：673-688.
- HUETE A R，LIU H Q，BATCHILY K V，et al，1997. A comparison of vegetation indices over

a global set of TM images for EOS-MODIS[J]. Remote Sens Environ，59：440-451.
· JIANG L J，MIAO H，OUYANG Z Y，2006. An investigation of factors that influence the effects of management of protected areas[J]. Acta Ecol Sin，26：3775-3781.
· JOHNSON C N，BALMFORD A，BROOK B W，et al，2017. Biodiversity losses and conservation responses in the Anthropocene[J]. Science，356：270-275.
· JONES G，2000. Outcomes-based evaluation of management for protected areas methodology for incorporating evaluation into management plans[C]. BangkoK：WWF International Conference "Beyond the Trees".
· JONES G，2009. The adaptive management system for the Tasmanian wilderness world heritage area-linking management planning with effectiveness evaluation in adaptive environmental management：a practitioner's guide[M]. Heidelberg：Springer Netherlands：227-258.
· JONES G，2015. What's working what's not：the Monitoring and Reporting System for Tasmania's national parks and reserves[C]. Tenth World Wilderness Congress Symposium：77-90.
· JONES K R，Venter O，Fuller R A，et al，2018. One-third of global protected land is under intense human pressure[J]. Science，360：788-791.
· JÖNSSON M T，RUETE A，KELLNER O，et al，2017. Will forest conservation areas protect functionally important diversity of fungi and lichens over time? [J] Biodivers Conserv，26：2547-2567.
· JOPPA L N，PFAFf A，2009. High and far：biases in the location of protected areas[J]. PLoS One，4：e8273.
· JOPPA L N，PFAFf A，2011. Global protected area impacts[J]. Proc Biol Sci，278：1633-1638.
· JOPPA L N，BAILIE J E，ROBINSON J G，2016a. Protected areas：are they safeguarding biodiversity? [M] New York：John Wiley & Sons.
· JOPPA L N，CONNOR B，VISCONTI P，et al，2016b. Filling in biodiversity threat gaps[J]. Science，352：416-418.
· JUSTICE C O，VERMOTE E，TOWNSHEND J R G，et al，1998. The moderate resolution imaging spectroradiometer（MODIS）：land remote sensing for global change research[J]. IEEE Trans Geoscl Remote Sens，36：1228-1249.
· KAIMARIS D，GEORGOULA O，PATIAS P，et al，2011. Comparative analysis on the archaeological content of imagery from Google Earth[J]. J Cult Herit，12：263-269.
· KANG D，LI J，2018. Role of nature reserves in giant panda protection[J]. Environ Sci Pollut

Res，25：4474-4478.

- KAPOS V，BALMFORD A，AVELING R，et al，2008. Calibrating conservation：new tools for measuring success[J]. Conserv Lett，1：155-164.
- KAPOS V，BALMFORD A，AVELING R，et al，2009. Outcomes not implementation predict conservation success[J]. Oryx，43：336-342.
- KARANTH K U，2002. Nagarahole：limits and opportunities in wildlife conservation[M]. // TERBORGH J，VAN SCHAIK C，DAVENPORT L，et al. Making parks work：strategies for preserving tropical nature. Washington DC：Island Press：189-202.
- KAWAMURA K，AKIYAMA T，YOKOTA H，et al，2005. Comparing MODIS vegetation indices with AVHRR NDVI for monitoring the forage quantity and quality in Inner Mongolia grassland，China[J]. Grassl Sci，51：33-40.
- KHAN A，HANSEN M，POTAPOV P，et al，2018. Evaluating Landsat and RapidEye Data for winter wheat mapping and area estimation in Punjab Pakistan[J]. Remote Sens，10：489.
- KIRKPATRICK J B，2001. Ecotourism local and indigenous people and the conservation of the Tasmanian Wilderness World Heritage Area[J]. J R Soc New Zeal，31：819-829.
- KLEIMAN D G，READING R P，MILLER B J，et al，2000. Improving the evaluation of conservation programs[J]. Conserv Biol，14：356-365.
- KLEIN C J，BROWN C J，HALPERN B S，et al，2015. Shortfalls in the global protected area network at representing marine biodiversity[J]. Sci Rep，5：17539.
- KOH L P，DUNN R R，SODHI N S，et al，2004. Species coextinctions and the biodiversity crisis[J]. Science，305：1632-1634.
- Korean National Parks Service，2009. Korea' s protected areas：evaluating the effectiveness of South Korea' s protected areas system[R]. Seoul：Korean National Parks Service.
- KUEMPEL C D，CHAUVENET A L M，POSSINGHAM H P，2016. Equitable representation of ecoregions is slowly improving despite strategic planning shortfalls[J]. Conserv Lett，9：422-428.
- KUEMPEL C D，CHAUVENET A L M，POSSINGHAM H P，et al，2020. Evidence-based guidelines for prioritizing investments to meet international conservation objectives[J]. One Earth，2：55-63.
- KUIPER T，KAVHU B，NGWENYA N A，et al，2020. Rangers and modellers collaborate to build and evaluate spatial models of African elephant poaching[J]. Biol Conserv，243：108486.
- KURTZ J C，JACKSON L E，FiSHER W S，2001. Strategies for evaluating indicators based on guidelines from the Environmental Protection Agency' s Office of Research and

Development[J]. Ecol Indic，1：49-60.
· LAURANCE W F，CAROLINA USECHE D，RENDEIRO J，et al，2012. Averting biodiversity collapse in tropical forest protected areas[J]. Nature，489：290-294.
· LEVERINGTON F，COSTA K L，PAVESE H，et al，2010. A global analysis of protected area management effectiveness[J]. Env Manag，46：685-698.
· LE SAOUT S，HOFfMANN M，SHI Y，et al，2013. Protected areas and effective biodiversity conservation[J]. Science，342：803-805.
· LI B V，PIMM S L，LI S，et al，2017. Free-ranging livestock threaten the long-term survival of giant pandas[J]. Biol Conserv，216：18-25.
· LI J，XU H，WAN Y，et al，2018. Progress in construction of China mammal diversity observation network (China BON-Mammals) [J]. J Ecol Rural Environ，34：12-19.
· LIKERT R，1932. A technique for the measurement of attitudes[J]. Arch Psychol，22：55.
· LINDENMAYER D B，LIKENS G E，2009. Adaptive monitoring：a new paradigm for long-term research and monitoring[J]. Trends Ecol Evol，24：482-486.
· LINDENMAYER D，HOBBS R J，MONTAGUE-DRAKE R，et al，2008. A checklist for ecological management of landscapes for conservation[J]. Ecol Lett，11：78-91.
· LIU J，LINDERMAN M，OUYANG Z，Et al，2001. Ecological degradation in protected areas：the case of Wolong Nature Reserve for giant pandas[J]. Science，292：98-101.
· LOH J，GREEN R E，RICKETTS T，ET al，2005. The Living Planet Index：using species population time series to track trends in biodiversity[J]. Philos Trans R Soc B Biol Sci，360：289-295.
· LUAN X F，ZHOU J H，ZHOU N，et al，2009. Preliminary assessment on management effectiveness of protected area in Northeast China[J]. J Nat Resour，24：567-575.
· MA K，2011. Assessing progress of biodiversity conservation with monitoring approach[J]. Biodivers Sci，19：125-126.
· MACDICKEN K G，2015. Global Forest Resources Assessment 2015：What why and how? [J] For Ecol Manage，352：3-8.
· MACE G M，2014. Whose conservation? [J]Science，345：1558-1560.
· MACE G M，BARRETT M，BURGESS N D，et al，2018. Aiming higher to bend the curve of biodiversity loss[J]. Nat Sustain，1：448-451.
· MACKENZIE D I，NICHOLS J D，LACHMAN G B，et al，2002. Estimating site occupancy rates when detection probabilities are less than one[J]. Ecology，83：2248-2255.
· MACKENZIE D I，NICHOLS J D，ROYLE J A，et al，2017. Occupancy estimation and modeling：inferring patterns and dynamics of species occurrence[M]. Burlington MA：

Elsevier Academic Press.
· MAISELS F, STRINDBERG S, BLAKE S, et al, 2013. Devastating decline of forest elephants in Central Africa[J]. PLoS One, 8: e59469.
· MARGOLUIS R, STEM C, SALAFSKY N, ET Al, 2009. Using conceptual models as a planning and evaluation tool in conservation[J]. Eval Program Plann, 32: 138-147.
· MARGOLUIS R V, RUSSELL M, GONZALEZ O, ET al, 2001. Maximum yield? Sustainable agriculture as a tool for conservation[M]. Washington DC: CIFOR.
· MARK M M, HENRY G T, JULNES G, 2000. Evaluation: An Integrated Framework for Understanding, Guiding, and Improving Policies and Programs[M]. San Francisco: Jossey-Bass: 49-74.
· MARSHALL E, WINTLE B A, SOUTHWELL D, ET AL, 2020. What are we measuring? A review of metrics used to describe biodiversity in offsets exchanges[J]. Biol Conserv, 241: 108250.
· MARTONE M, RIZZOLI P, GONZALEZ C, et al, 2018. The Global Forest/Non-Forest Classification Map from TanDEM-X Interferometric Data[C]. // EUSAR. 12th European Conference on Synthetic Aperture Radar: 1-6.
· MASCIA M B, PAILLER S, THIEME M L, et al, 2014. Commonalities and complementarities among approaches to conservation monitoring and evaluation[J]. Biol Conserv, 169: 258-267.
· MAXWELL S L, MILNER-GULLAND E J, JONES J P G, ET al, 2015. Being smart about SMART environmental targets[J]. Science, 347: 1075-1076.
· MAYAUX P, EVA H, GALLEGO J, et al, 2006. Validation of the global land cover 2000 map[J]. IEEE Trans Geosci Remote Sens, 44: 1728-1739.
· MCCARTHY M A, POSSINGHAM H P, 2007. Active adaptive management for conservation[J]. Conserv Biol, 21: 956-963.
· MCCARTHY D P, DONALD P F, SCHARLEMANN J P W, et al, 2012. Financial costs of meeting global biodiversity conservation targets: current spending and unmet needs[J]. Science, 338: 946-949.
· MCDONALD-MADDEN E, GORDON A, WINTLE B A, et al, 2009. Conservation progress[J]. Science, 323: 43-44.
· MEA, 2005. Ecosystems and human well-being[M]. Washington DC: Island Press.
· MEFFE G, NIELSEN L, KNIGHT R L, et al, 2012. Ecosystem management: adaptive community-based conservation[M]. Washington DC: Island Press.
· MEYER C, KREFT H, GURALNICK R, et al, 2015. Global priorities for an effective

information basis of biodiversity distributions[J]. Nat Commun，6：8221.
- MI X C，GUO J，HAO Z Q，et al，2016. Chinese forest biodiversity monitoring：scientific foundations and strategic planning[J]. Biodivers Sci，24：1203-1219.
- MOISEN G G，FRESCINO T S，2002. Comparing five modelling techniques for predicting forest characteristics [J]. Ecol Modell，157，209-225.
- MORA C，ANDRÈFOUËT S，COSTELLO M J，et al，2006. Coral reefs and the global network of marine protected areas[J]. Science，312：1750-1751.
- MYERS N，MITTERMEIER R A，MITTERMEIER C G，et al，2000. Biodiversity hotspots for conservation priorities[J]. Nature，403：853-858.
- National Park Service，2017. State of the park report for Rocky Mountain National Park State of the Park Series NO 50[M]. Washington DC：National Park Service.
- NELSON A，CHOMITZ K M，2011. Effectiveness of strict vs multiple use protected areas in reducing tropical forest fires：a global analysis using matching methods[J]. PLoS One，6：e22722.
- NOLTE C，AGRAWAL A，2013. Linking management effectiveness indicators to observed effects of protected areas on fire occurrence in the Amazon rainforest[J]. Conserv Biol，27：155-165.
- NOLTE C，AGRAWAL A，BARRETO P，2013. Setting priorities to avoid deforestation in Amazon protected areas：are we choosing the right indicators？ [J] Environ Res Lett，8：15039.
- OECD，1993. Core set of indicators for environmental performance reviews[J]. Environ Monogr，83.
- OGLETHORPE J，2002. Adaptive management：from theory to practice[M]. Gland：IUCN.
- OLOFSSON P，FOODY G M，HEROLD M，et al，2014. Good practices for estimating area and assessing accuracy of land change[J]. Remote Sens，Environ，148：42 57.
- OPERMANIS O，MACSHARRY B，BAILLY-MAITRE J，et al，2014. The role of published information in reviewing conservation objectives for Natura 2000 protected areas in the European Union[J]. Env Manag，53：702-712.
- PANNELL D J，ROBERTS A M，2009. Conducting and delivering integrated research to influence land-use policy：salinity policy in Australia[J]. Environ Sci Policy，12：1088-1098.
- PAPWORTH S K ，BUNNEFELD N，SLOCOMBE K，et al，2012. Movement ecology of human resource users：using net squared displacement biased random bridges and resource utilization functions to quantify hunter and gatherer behaviour[J]. Methods Ecol Evol，3：584-594.

- Parks and Wildlife Service，2013. Evaluating management effectiveness：the monitoring and reporting system for Tasmania’s national parks and reserves[M]. Hobart Tas：Department of Primary Industries，Parks，Water and Environment.
- Parks Canada，1998. State of the parks 1997 report [M]. Ottawa：Parks Canada Agency：1-193.
- Parks Canada，2006. Parks Canada agency corporate plan 2006/07-2010/11[M]. Ottawa：Parks Canada Agency.
- Parks Canada，2007. Kootenay national park of Canada：state of the park report 2007[M]. Ottawa：Parks Canada Agency.
- Parks Victoria，2007. Victoria’s state of the parks report[M]. Victoria：Parks Victoria Agency.
- PARRISH J D，BRAUN D P，UNNASCH R S，2003. Are we conserving what we say we are? Measuring ecological integrity within protected areas[J]. Bioscience，53：851-860.
- PATTON M Q，2008. Utilization-focused evaluation[M]. California：Sage Publications.
- PAULY D，2007. The sea around us project：documenting and communicating global fisheries impacts on marine ecosystems[J]. AMBIO a J Hum Environ，36：290-295.
- PAWAR S，2003. Taxonomic chauvinism and the methodologically challenged[J]. Bioscience，53：861-864.
- PFAFF A，ROBALINO J，LIMA E，et al，2014. Governance location and avoided deforestation from protected areas：greater restrictions can have lower impact due to differences in location[J]. World Dev，55：7-20.
- PHILLIPS S J，DUDÍK M，2008. Modeling of species distributions with maxent：new extensions and a comprehensive evaluation[J]. Ecography，31：161-175.
- PHILLIPS S J，ANDERSON R P，SCHAPIRE R E，2006. Maximum entropy modeling of species geographic distributions[J]. Ecol Modell，190：231-259.
- PHILLIPS S J，DUDÍK M，ELITH J，et al，2009. Sample selection bias and presence-only distribution models：implications for background and pseudo-absence data[J]. Ecol Appl，19：181-197.
- PHILLIPS S J，ANDERSON R P，DUDÍK M，et al，2017. Opening the black box：an open-source release of Maxent[J]. Ecography，40：887-893.
- PHILLIS C C，O’REGAN S M，GREEN S J，et al，2013. Multiple pathways to conservation success[J]. Conserv Lett，6：98-106.
- POLLNAC R B，CRAWFORD B R，GOROSPE M L G，2001. Discovering factors that influence the success of community-based marine protected areas in the Visayas Philippines[J]. Ocean Coast Manag，44：683-710.

- POSSINGHAM H，2001. The business of biodiversity：applying decision theory principles to nature conservation[J]. Tela，9：1-44.
- POSSINGHAM H，SHEA K，1999. The business of biodiversity[J]. Aust Zool，31：3-5.
- PRESSEY R L，WHISH G L，BARRETT T W，et al，2002. Effectiveness of protected areas in north-eastern New South Wales：recent trends in six measures[J]. Biol Conserv，106：57-69.
- PRESSEY R L，VISCONTI P，FERRARO P J，2015. Making parks make a difference：poor alignment of policy planning and management with protected-area impact and ways forward[J]. Philos Trans R Soc B Biol Sci，370：20140280.
- PULLIN A S，KNIGHT T M，2001. Effectiveness in conservation practice：pointers from medicine and public health[J]. Conserv Biol，15：50-54.
- RABIEE F，2004. Focus-group interview and data analysis[J]. Proc Nutr Soc，63：655-660.
- REDFORD K H，HULVEY K B，WILLIAMSON M A，et al，2018. Assessment of the Conservation Measures Partnership’s effort to improve conservation outcomes through adaptive management[J]. Conserv Biol，32：926-937.
- REN G，YOUNG S S，WANG L，et al，2015. Effectiveness of China’s national forest protection program and nature reserves[J]. Conserv Biol，29：1368-1377.
- RICKETTS T H，DINERSTEIN E，BOUCHER T，et al，2005. Pinpointing and preventing imminent extinctions[J]. Proc Natl Acad Sci，102：18497 - 18501.
- RIGGIO J，JACOBSON A，DOLLAR L，et al，2013. The size of savannah Africa：a lion’s (Panthera leo) view[J]. Biodivers Conserv，22：17-35.
- ROBINSON J G，2006. Conservation biology and real- world conservation[J]. Conserv Biol，20：658-669.
- RODRIGUES A S L，AKÇAKAYA H R，ANDELMAN S J，et al，2004. Global gap analysis：priority regions for expanding the Global Protected Area Network[J]. Bioscience，54：1092-1100.
- RODRÍGUEZ-RODRÍGUEZ D，BOMHARD B，BUTCHART S H M，et al，2011. Progress towards international targets for protected area coverage in mountains：a multi-scale assessment[J]. Biol Conserv，144：2978-2983.
- ROUX D J，FOXCROFT L C，2011. The development and application of strategic adaptive management within South African National Parks[J]. Koedoe，53：01-05.
- RUSSELL-SMITH J，WHITEHEAD P J，COOK G D，et al，2003. Response of eucalyptus-dominated savanna to frequent fires：lessons from Munmarlary 1973-1996[J]. Ecol Monogr，73：349-375.

· SALAFSKY N，MARGOLUIS R，1999. Threat reduction assessment：a practical and cost-effective approach to evaluating conservation and development projects[J]. Conserv Biol，13：830-841.
· SALAFSKY N，MARGOLUIS R，REDFORD K H，et al，2002. Improving the practice of conservation：a conceptual framework and research agenda for conservation[J]. Science Conserv Biol，16：1469-1479.
· SALAFSKY S，MARGOLUIS R，REDFORD K，2001. Adaptive management：a tool for conservation practitioners[M]. Washington DC：WWF.
· SANDBROOK C，FiSHER J A，HOLMES G，et al，2019. The global conservation movement is diverse but not divided[J]. Nat Sustain，2：316-323.
· SEKHON J S，2011. Multivariate and propensity score matching software with automated balance optimization：the matching package for R J Stat[J]. Softw，42：52.
· SELIG E R，BRUNO J F，2010. A global analysis of the effectiveness of marine protected areas in preventing coral loss[J]. PLoS One，5：e9278-e9278.
· SEXTON J O，NOOJIPADY P，SONG X-P，Et al，2015. Conservation policy and the measurement of forests[J]. Nat Clim Chang，6：192.
· SHEN X，LI S，MCSHEA W J，et al，2020. Effectiveness of management zoning designed for flagship species in protecting sympatric species[J]. Conserv Biol，34：158-167.
· SHIMADA M，ITOH T，MOTOOKA T，et al，2014. New global forest/non-forest maps from ALOS PALSAR data，2007-2010[J]. Remote Sens Environ，155：13-31.
· SIMARD M，PINTO N，FiSHER J B，et al，2011. Mapping forest canopy height globally with spaceborne lidar[J]. J Geophys Res Biogeosciences，116.
· SKJAERSETH J B，1992. The ‘successful’ ozone-layer negotiations：are there any lessons to be learned? [J] Glob Environ Chang，2：292-300.
· SMEETS E，WETERINGS R，European Environment Agency，1999. Environmental indicators：typology and overview[M]. Copenhagen：European Environment Agency.
· SOULÉ M E，1985. What is conservation biology? [J]Bioscience，35：727-734.
· STEFfEN W，BROADGATE W，DEUTSCH L，et al，2015. The trajectory of the Anthropocene：the great acceleration[J]. Anthr Rev，2：81-98.
· STEM C，MARGOLUIS R，SALAFSKY N，et al，2005. Monitoring and evaluation in conservation：a review of trends and approaches[J]. Conserv Biol，19：295-309.
· STOLTON S，HOCKINGS M，DUDLEY N，et al，2003. Reporting progress at protected area siteS a simple site-level tracking tool developed for the World Bank and WWF[R]. Washington DC：World Bank/WWF.

- STONER C，CARO T I M，MDUMA S，et al，2007. Assessment of effectiveness of protection strategies in Tanzania based on a decade of survey data for large herbivores[J]. Conserv Biol，21：635-646.
- STRAHLER A H，BOSCHETTI L，FOODY G M，et al，2006. Global land cover validation：recommendations for evaluation and accuracy assessment of global land cover maps[J]. Eur Communities Luxemb，51.
- STRATHERN M，1997. 'Improving ratings' audit in the British university system[J]. European Review，5（3）：305-321
- SUTHERLAND W J，Pullin A S，Dolman P M，et al，2004. The need for evidence-based conservation[J]. Trends Ecol Evol，19：305-308.
- TAPIO P，WILLAMO R，2008. Developing interdisciplinary environmental frameworks[J]. Ambio，125-133.
- TEOFILI C，BATTISTI C，2011. May the conservation measures partnership open standards framework improve the effectiveness of the Natura 2000 European network? A comparative analysis[J]. J Integr Environ Sci，8：7-21.
- TIMKO J，SATTERFiELD T，2008. Criteria and indicators for evaluating social equity and ecological integrity in national parks and protected areas[J]. Nat Areas J，28：307-319.
- TITTENSOR D P，WALPOLE M，HILL S L L，et al，2014. A mid-term analysis of progress toward international biodiversity targets[J]. Science，346：241-244.
- TNC，2003. The Five-S framework for site conservation：a practitioner's handbook for site conservation planning and measuring conservation success[R]. California：TNC.
- TSUTSUMIDA N，COMBER A J，2015. Measures of spatio-temporal accuracy for time series land cover data[J]. Int J Appl Earth Obs Geoinf，41：46-55.
- TUELLER P T，1989. Remote sensing technology for rangeland management applications[J]. Rangel Ecol Manag Range Manag Arch，42：442-453
- TURNER W，2014. Sensing biodiversity[J]. Science，346：301-302.
- UNEP-WCMC，IUCN，2018. Protected planet：the world database on protected areas[M]. Cambridge：WDPA.
- VENTER F J，NAIMAN R J，BIGGS H C，et al，2008. The evolution of conservation management philosophy：Science environmental change and social adjustments in Kruger National Park[J]. Ecosystems，11：173-192.
- VENTER O，FULLER R A，SEGAN D B，et al，2014. Targeting global protected area expansion for imperiled biodiversity[J]. PLoS Biol，12：e1001891.
- VENTER O，MAGRACH A，OUTRAM N，et al，2018. Bias in protected-area location and its

effects on long-term aspirations of biodiversity conventions[J]. Conserv Biol，32：127-134.
- VISCONTI P，BUTCHART S H M，BROOKS T M，et al，2019. Protected area targets post-2020[J]. Science，e6886.
- WALDRON A，MILLER D C，REDDING D，et al，2017. Reductions in global biodiversity loss predicted from conservation spending[J]. Nature，551：364.
- WALTERS C，1997. Challenges in adaptive management of riparian and coastal ecosystems[J]. Conserv Ecol，1（2）：0-16.
- WALTERS C J，1986. Adaptive management of renewable resources[M]. New York：Macmillan Publishers Ltd.
- WANG W，PECHACEK P，ZHANG M，et al，2013. Effectiveness of nature reserve system for conserving tropical forests：a statistical evaluation of Hainan Island China[J]. PLoS One，8：e57561.
- WANG W，FENG C，LIU F，et al，2020. Biodiversity conservation in China：A review of recent studies and practices[J]. Environ Sci Ecotechnology，2：100025.
- WATSON J E M，DUDLEY N，SEGAN D B，et al，2014. The performance and potential of protected areas[J]. Nature，515：67-73.
- WEI W，SWAISGOOD R R，PILFOLD N W，et al，2020. Assessing the effectiveness of China' s panda protection system[J]. Curr Biol，30：1280-1286.
- WESTERN D，RUSSELL S，CUTHILL I，2009. The status of wildlife in protected areas compared to non-protected areas of Kenya[J]. PLoS One，4：e6140.
- WHITE H，2009. Theory-based impact evaluation：principles and practice[J]. J Dev Eff，1：271-284.
- WHITTAKER R J，ARAÚJO M B，JEPSON P，et al，2005. Conservation biogeography：assessment and prospect[J]. Divers Distrib，11：3-23.
- WICKHAM H，2009. GGplot2：elegant graphics for data analysis[M]. New York：Springer.
- WILLIAMS B K，2011. Adaptive management of natural resources—framework and issues[J]. J Environ Manage，92：1346-1353.
- WINTLE B A，CADENHEAD N C R，MORGAIN R A，et al，2019. Spending to save：what will it cost to halt Australia' s extinction crisis? [J] Conserv Lett，12：e12682.
- WOLFSLEHNER B，VACIK H，2008. Evaluating sustainable forest management strategies with the analytic network process in a pressure-state-response framework[J]. J Environ Manage，88：1-10.
- WOODLEY S，KAY J，1993. Ecological integrity and the management of ecosystems[M]. Florida：CRC Press.

· WOODLEY S，BAILLIE J E M，DUDLEY N，et al，2019. A bold successor to Aichi Target 11[J]. Science，365：649-650.
· WU B，YUAN Q，YAN C，et al，2014. Land cover changes of China from 2000 to 2010[J]. Quat Sci，34：723-731.
· WU R，POSSINGHAM H P，YU G，et al，2019. Strengthening China's national biodiversity strategy to attain an ecological civilization[J]. Conserv Lett，12：e12660.
· WU W，YAN S，FENG R，et al，2017. Development of an environmental performance indicator framework to evaluate management effectiveness for Jiaozhou Bay coastal wetland special marine protected area Qingdao China[J]. Ocean Coast Manag，142：71-89.
· WULDER M A，MASEK J G，COHEN W B，et al，2012. Opening the archive：how free data has enabled the Science，and monitoring promise of Landsat[J]. Remote Sens Environ，122：2-10.
· XU H，CAO M，WANG Z，et al，2018a. Low ecological representation in the protected area network of China[J]. Ecol Evol，8：6290-6298.
· XU H，WU Y，CAO Y，et al，2018b. Low overlaps between hotspots and complementary sets of vertebrate and plant species in China[J]. Biodivers Conserv，27：2713-2727.
· XU W，XIAO Y，ZHANG J，et al，2017. Strengthening protected areas for biodiversity and ecosystem services in China[J]. Proc Natl Acad Sci，114：1601-1606.
· XU W，PIMM S L，DU A，et al，2019a. Transforming protected area management in China[J]. Trends Ecol Evol，34：762-766.
· XU W，FAN X，MA J，et al，2019b. Hidden loss of wetlands in China[J]. Curr Biol，29：3065-3071.
· YU L，GONG P，2012. Google Earth as a virtual globe tool for Earth Science，applications at the global scale：progress and perspectives[J]. Int J Remote Sens，33：3966-3986.
· ZHANG D，WANG H，WANG X，et al，2020a. Accuracy assessment of the global forest watch tree cover 2000 in China[J]. Int J Appl Earth Obs Geoinf，87：102033.
· ZHANG D，WANG H，WANG X，et al，2020b. The reference data for accuracy assessment of the Global Forest Watch tree cover 2000 in China[J]. Data Br，29：105238.
· ZHAO H，WU R，LONG Y，et al，2019. Individual-level performance of nature reserves in forest protection and the effects of management level and establishment age[J]. Biol Conserv，233：23-30.
· 安辉，谭伟福，2015. 广西自然保护区保护成效调查评估 [J]. 广西林业科学，44：80-83.
· 白效明，1993. 关于制定我国区域生物多样性中心评价标准的思考 [J]. 农村生态环境，4：50-53+64.

- 蔡磊，2014. 野生植物类型自然保护区保护成效评估研究 [D]. 长沙：中南林业科技大学 .
- 陈冰，刘方正，张玉波，等，2017. 基于倾向评分配比法评估苍山自然保护区的森林保护成效 [J]. 生物多样性，25：999-1007.
- 程鲲，马建章，2008. 中国自然保护区有效管理措施探讨 [J]. 林业资源管理，（2）：11-14+56.
- 代云川，薛亚东，张云毅，等，2019. 国家公园生态系统完整性评价研究进展 [J]. 生物多样性，27（1）：104-113.
- 邓舒雨，董向忠，马明哲，等，2018. 基于森林碳库动态评估神农架国家级自然保护区的保护成效 [J]. 生物多样性，26（1）：27-35.
- 杜金鸿，张玉波，刘方正，等，2017. 中国草地类自然保护区生态环境质量动态评价指标体系构建与案例 [J]. 草业科学，34（11）：2378-2387.
- 冯春婷，罗建武，刘方正，等，2020. 长江经济带国家级自然保护区管理状况评价 [J]. 环境科学研究，33（3）：709-717.
- 冯雪萍，刘金福，郑世群，等，2017. 环三都澳湿地水禽红树林自然保护区的保护效果比较研究 [J]. 西南林业大学学报（自然科学），37（2）：142-147.
- 关博，2013. 吉林长白山国家级自然保护区野生动物保护成效与适宜规模研究 [D]. 北京：北京林业大学 .
- 郭子良，崔国发，王小平，等，2017. 内蒙古阿鲁科尔沁国家级自然保护区景观动态及保护成效 [J]. 应用生态学报，28（8）：2649-2656.
- 韩晓东，孔维尧，徐克，等，2017. 基于 METT 技术的吉林省自然保护区管理有效性评价研究 [J]. 吉林林业科技，46（4）：22-33+39.
- 黄族豪，刘迺发，张立勋，等，2005. 甘肃盐池湾自然保护区有蹄类动物资源变化 [J]. 经济动物学报，9（4）：246-248.
- 蒋达元，蒋明康，吴小敏，等，1995. 中国自然保护区投资现状及其分析 [J]. 农村生态环境，（2）：56-59.
- 靳勇超，罗建武，朱彦鹏，等，2015. 内蒙古辉河国家级自然保护区湿地保护成效 [J]. 环境科学研究，28（9）：1424-1429.
- 李利红，张华国，史爱琴，等，2013. 基于 RS/GIS 的西门岛海洋特别保护区滩涂湿地景观格局变化分析 [J]. 遥感技术与应用，28（1）：129-136.
- 路春燕，王宗明，刘明月，等，2015. 松嫩平原西部湿地自然保护区保护有效性遥感分析 [J]. 中国环境科学，35（2）：599-609.
- 罗玫，王昊，吕植，2017. 使用大熊猫数据评估 Biomod2 和 MaxEnt 分布预测模型的表现 [J]. 应用生态学报，28（12）：4001-4006.
- 吕植，顾垒，闻丞，等，2015. 中国自然观察 2014：一份关于中国生物多样性保护的独立报告 [J]. 生物多样性，23（5）：570-574.

· 刘方正，张建亮，王亮，等，2016. 甘肃安西极旱荒漠国家级自然保护区南片植被长势与保护成效 [J]. 生态学报，36（6）：1582-1590.
· 刘义，袁秀，李景文，等，2008. 北京市自然保护区管理有效性评估及优先性确定 [J]. 林业资源管理 .（4）：58-63.
· 马金双，2013. 中国入侵植物名录 [M]. 北京：高等教育出版社 .
· 欧阳志云，刘建国，肖寒，等，2001. 卧龙自然保护区大熊猫生境评价 [J]. 生态学报，（11）：1869-1874.
· 潘文石，吕植，朱小健，等，2001. 继续生存的机会 [M]. 北京：北京大学出版社 .
· 权佳，欧阳志云，徐卫华，2009. 自然保护区管理快速评价和优先性确定方法及应用 [J]. 生态学杂志，28（6）：1206-1212.
· 任春颖，张柏，张树清，等，2008. 基于 RS 与 GIS 的湿地保护有效性分析——以向海自然保护区为例 [J]. 干旱区资源与环境，（2）：133-139.
· 邵建斌，赵文超，解振锋，等，2012. 牛背梁国家级自然保护区羚牛种群状况及濒危原因分析 [J]. 野生动物，33（2）：55-58.
· 宋瑞玲，王昊，张迪，等，2018. 基于 MODIS-EVI 评估三江源高寒草地的保护成效 [J]. 生物多样性，26（2）：149-157.
· 苏杨，2006. 中国自然保护区资金机制问题及对策 [J]. 环境保护，（21）：55-59.
· 唐小平，蒋亚芳，刘增力，等，2019. 中国自然保护地体系的顶层设计 [J]. 林业资源管理，（3）：1-7.
· 王放，2012. 栖息地适宜度与连通性：秦岭滑水河大熊猫走廊带案例研究 [D]. 北京：北京大学 .
· 王昊，吕植，顾垒，等，2015. 基于 Global Forest Watch 观察 2000-2013 年间中国森林变化 [J]. 生物多样性，23（5）：575-582.
· 王昊，孙姗，杨彪，等，2010. 中国保护地的成效——现状及改善措施 [R]. 北京：北京大学自然保护与社会发展研究中心，山水自然保护中心 .
· 王昊，张迪，刘春宏，2019. 中国自然保护地生态环质量监管现状与政策研究 [R]. 北京：北京大学自然保护与社会发展研究中心 .
· 王伟，辛利娟，杜金鸿，等，2016. 自然保护地保护成效评估：进展与展望 [J]. 生物多样性，24（10）：1177-1188.
· 王毅，2017. 中国国家公园顶层制度设计的实践与创新 [J]. 生物多样性，25（10）：1037-1039.
· 王在峰，刘晴，徐敏，等，2011. 海门市蛎岈山牡蛎礁海洋特别保护区生态系统健康评价 [J]. 生态与农村环境学报，27（2）：21-27.
· 韦惠兰，杨凯凯，2013. 秦岭自然保护区保护成效评估 [J]. 生态经济（学术版），（1）：374-379+383.
· 闻丞，顾垒，王昊，等，2015. 基于最受关注濒危物种分布的国家级自然保护区空缺分析 [J]. 生物多样性，23（5）：591-600.
- 辛利娟，王伟，靳勇超，等，2014. 全国草地类自然保护区的成效评估指标 [J]. 草业科学，31（1）：75-82.
- 辛利娟，朱彦鹏，陈冰，等，2015a. 基于 PSR 模型的云南苍山保护区保护成效研究 [J]. 生态经济，31（12）：125-128+141.
- 辛利娟，靳勇超，朱彦鹏，等，2015b. 中国荒漠类自然保护区保护成效评估指标及其应用 [J]. 中国沙漠，35（6）：1693-1699.
- 徐海根，2001. 中国自然保护区经费政策探讨 [J]. 农村生态环境，（1）：13-16.
- 晏玉莹，杨道德，邓娇，等，2015. 国家级自然保护区保护成效评估指标体系构建——以陆生脊椎动物（除候鸟外）类型为例 [J]. 应用生态学报，26（5）：1571-1578.
- 晏玉莹，2014. 湖北石首麋鹿国家级自然保护区保护成效评估 [D]. 长沙：中南林业科技大学 .
- 杨道德，邓娇，周先雁，等，2015. 候鸟类型国家级自然保护区保护成效评估指标体系构建与案例研究 [J]. 生态学报，35（6）：1891-1898.
- 喻泓，肖曙光，杨晓晖，等，2006. 我国部分自然保护区建设管理现状分析 [J]. 生态学杂志，（9）：1061-1067.
- 余建平，王江月，肖慧芸，等，2019. 利用红外相机公里网格调查钱江源国家公园的兽类及鸟类多样性 [J]. 生物多样性，27（12）：1339-1344.
- 张秀霞，2018. 极度干旱环境下自然保护区的保护成效评估 [D]. 兰州：兰州大学 .
- 张镱锂，胡忠俊，祁威，等，2015. 基于 NPP 数据和样区对比法的青藏高原自然保护区保护成效分析 [J]. 地理学报，70（7）：1027-1040.
- 郑姚闽，张海英，牛振国，等，2012. 中国国家级湿地自然保护区保护成效初步评估 [J]. 科学通报，57（4）：207-230.
- 周大庆，高军，钱者东，等，2016. 中国脊椎动物就地保护状况评估 [J]. 生态与农村环境学报，32（1）：7-12.
- 左丹丹，罗鹏，杨浩，等，2019. 保护地空间邻近效应和保护成效评估——以若尔盖湿地国家级自然保护区为例 [J]. 应用与环境生物学报，25（4）：854-861.

致谢

评估保护行动的成效，是保护生物学的核心问题之一。自2004年起，笔者所在的北京大学自然保护与社会发展研究中心就开始了对保护区成效评估的初步探索，彼时中国的保护区监测体系尚在建立初期，数据积累少，评估条件还不完善。经历了近20年的发展，我们得以从满足评估条件的保护区中选取了三个作为研究对象，就如何评估中国保护区的保护成效，设计了评估框架COR并进行试点评估，并于2020年初完成本书主体内容的撰写。在随后的修改阶段，我们尽可能地增补了近几年国内外保护成效评估领域的新进展。本书的内容包含了我们对这个领域的理解和认识，其中很多观点还需要在实践中进一步检验和修正；评估中采用的分析方法和对结果的解读也有很多可提高的空间，随着科技的发展和新监测技术的不断应用，数据分析方法也会不断完善；评估的目标是为了改善保护行动，这种行动导向的本质要求本领域的研究必须植根于一线保护实践，因此评估的指标和对行动的指导建议都将随着实践中新出现的问题和方向而不断调整。

本书在众多机构、保护区和学者专家的支持下得以完成。在此特别感谢保护区的广大同人们，他们包括王朗国家级自然保护区的陈佑平、赵联军、蒋仕伟、罗春平，白水江国家级自然保护区的何礼文、腾继荣，纳板河流域国家级自然保护区的李忠清、刘峰、黄瑞，以及这几个保护区内帮助过我们的职工们。在纳板河流域的保护区中，一半是9个少数民族的社区，另一半是原始林和野生动物生境的特殊性，启发了我们对人与自然关系的思考。

从在王朗国家级自然保护区萌发模块化的体系框架的想法，到总结出评估框架的四项原则，再到尝试着提出适用于全国保护区评估体系的想法，要感谢国家林业和草原局的周志华、生态环境部的陶思明和房志、云南省林业和草原局的钟明川和杨芳、广西北仑河口国家级自然保护区的苏搏、云南云龙天池国家级自然保护区的徐会明，同他们多次的讨论使我们获益良多。我们要感谢西双版纳国家级自然保护区的杨云，他曾经在纳板河国家级自然保护区担任过局长，不仅对我们的研究给予了一贯的支持，还用他在保护区管理中长年积累的丰富经验让我们的研究不脱离实际，这方面的帮助是无价的。

我们要特别感谢中国环境科学研究院的王伟和李俊生，以及他们团队中的刘方正、罗建武、冯春婷、周越、杜金鸿等同志，在共同致力的保护区成效评估领域，我们保持了长期良好的交流和不遗余力的彼此支持，一起向本领域的未知地带探索。

能完成本书，要特别感谢蒙秉波先生，我们共同策划和完成了很多保护区的旅行和调查，以及对保护区员工的培训和在地保护项目的实施，在他的帮助下，很多困难的事情都迎刃而解。

感谢在评估体系设计和分析过程中参与和合作过的个人。罗玫参与和帮助了王朗保护区的数据收集和分析，以及成效评估中物种分布和空缺的分析；与宋瑞玲合作，完成了三江源地区草地保护成效的分析；与王旭合作，完成了全球森林观察数据的质量评估；同刘春宏合作，完成了保护地行业的潜在从业者人员状况调查。感谢 Graeme Worboys 教授、Jonas Geldmann 博士在 COR 体系设计方面的指导，感谢 Renee Brawata 博士、Larry O'Loughlin 先生和澳大利亚首都领地国家公园管理局的同人们分享了当地的保护管理经验，为 COR 体系的设计和完善提供了借鉴。

参与本研究的有北京大学符哲瀚、陶野、罗辰、疏沛原、王云崧、郭佳慧等同学，他们在数据收集中提供了很多帮助。北京山水自然保护中心的周嘉鼎和田一杰帮助并参与了我们在云南的自然保护区的实地调研，在此一并表示感谢。

曾对本课题的数据收集提供帮助的，还有国家林业和草原局、中国林学会、北京市园林局的同志们，也感谢所有曾参与过问卷调查和访谈的保护区与个人。

本书的研究，先后直接或间接得到了许多机构的资金资助，这些机构包括国家林业和草原局、中国环境科学研究院、云南省林业和草原局、三江源国家公园、四川王朗国家级自然保护区、云南纳板河流域国家级自然保护区、甘肃白水江国家级自然保护区、北京山水自然保护中心等，没有这些机构的慷慨支持，我们是无法将这项工作坚持下来的。

我们要特别感谢北京大学出版社的黄炜女士，她在本书的筹备和成稿方面做了大量的工作，在她的细心校正下，我们发现并改正了很多疏漏，在保持逻辑清晰的同时还提高了文字的可读性。我们还要衷心感谢她的不懈督促，让我们克服困难，使得这本书能及时同读者见面。

在形成本书的过程中，我们得到了来自难以计数的机构和个人的帮助，这里无法一一列举，如有遗漏，还请海涵。

近些年，保护生物多样性正以极快的速度进入主流化，评估保护地成效的体系和指标，也一直在不断地完善和发展，目前我们所采用的框架，必然将随着快速变化的情势而改进。尽管如此，我们还是觉得有必要将目前尚不完全成熟的思路和方法通过本书分享出来。对于文中出现的错误，我们愿意负完全的责任，并将尽快予以改正。请阅读本书的读者、在一线进行保护行动的实践者和研究保护成效评估的学者尝试本书推荐的方法，发现和告知我们未曾发现的错误，以弥补模块上的缺失和填补不足之处，我们欢迎并感谢关心自然保护的各方人士所提出的批评和建议，这对推进保护成效评估事业的发展至关重要。